城市绿地作为城市生态系统的重要组成部分,在改善城市生态环境、建设宜居城市等方面发挥着重要作用。近年来,我国城市绿化建设发展迅速,到2019年底,有19个城市荣膺"国家生态园林城市"称号,384个城市和363个县城成功创建国家园林城市(县城)。

国家园林城市——深圳

国家生态园林城市——徐州

根据《城市绿地分类标准》(CJJ/T 85—2017),城市绿地分为五大类:公园绿地、防护绿地、广场用地、附属绿地、区域绿地。

G1 公园绿地

G2 防护绿地

G3 广场用地

XG附属绿地

EG 区域绿地

公园绿地是向公众开放,以游憩为主要功能,兼具生态、景观、文教和应急避险等功能,有一定游憩和服务设施的绿地。公园绿地包括综合公园、社区公园、专类公园、游园。

G11 综合公园

G12 社区公园

G13 专类公园之植物园

G13 专类公园之带状公园

G14 游园

附属绿地是附属于各类城市建设用地(除"绿地与广场用地")的绿化用地,包括居住用地、公共管理与公共服务设施用地、商业服务业设施用地、工业用地、物流仓储用地、道路与交通设施用地、公用设施用地等用地中的绿地。

工业用地附属绿地

居住用地附属绿地

道路与交通设施用地附属绿地

公共管理与公共服务设施用地附属绿地

公共设施用地附属绿地

居住绿地包括居住区公园、居住小区游园、组团绿地、宅旁绿地、道路绿地、配套公建绿地，具有改善和美化居住区环境，为居住区居民提供休闲娱乐、体育锻炼、邻里交往空间的功能。

居住区公园

居住小区游园

居住区组团绿地

居住区宅旁绿地

居住区道路绿地

居住区配套公建绿地

道路绿地包括道路绿带、交通岛绿地、广场绿地和停车场绿地，其中道路绿带又分为分车绿带、行道树绿带和路侧绿带，担负着改善和美化道路环境，城市绿色廊道等重要功能。

交通岛绿地

分车绿带

行道树绿带

路侧绿带

停车场绿地

城市绿地系统规划是指在充分认识城市自然条件、自然植被及地方性园林植物特点的基础上,从城市实际情况出发,根据国家相关标准和城市性质、发展目标,将各级各类绿地按合理的规模、位置及空间结构形式进行布置。

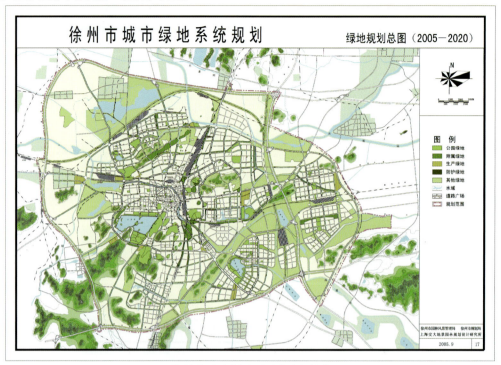

徐州市城市绿地系统规划总图

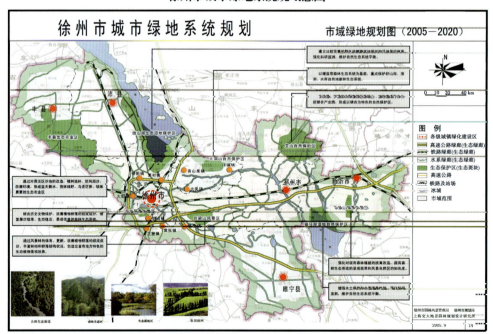

徐州市市域绿地系统规划图

徐州市公园绿地规划图

徐州市生产防护绿地规划图

徐州市附属绿地率控制图

公园绿地规划包括现场调查与分析、出入口位置的确定、功能分区、景观分区、河湖水系规划、道路系统规划、竖向规划、植物种植规划、基础工程规划等内容。

宿州市灵璧县灵璧石公园规划设计　　　　　　　　　　　　　　　　　　　鸟瞰图

THE LANDSCAPE DESIGN OF THE STONE PARK IN SUZHOU

宿州市灵璧县灵璧石公园规划设计鸟瞰图

宿州市灵璧县灵璧石公园规划设计　　　　　　　　　　　　　　　　　　总平面图

THE LANDSCAPE DESIGN OF THE STONE PARK IN SUZHOU

宿州市灵璧县灵璧石公园规划设计总平面图

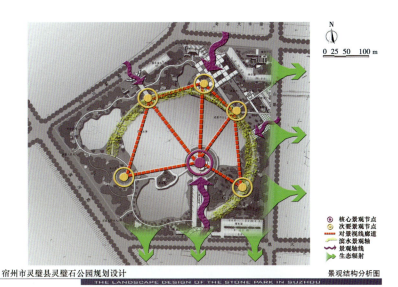

宿州市灵璧县灵璧石公园规划设计 · 景观结构分析图
THE LANDSCAPE DESIGN OF THE STONE PARK IN SUZHOU

宿州市灵璧县灵璧石公园景观结构分析图

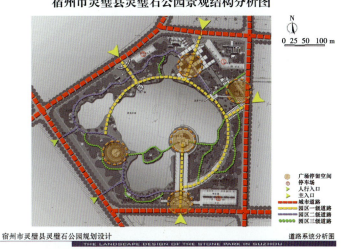

宿州市灵璧县灵璧石公园规划设计 · 道路系统分析图
THE LANDSCAPE DESIGN OF THE STONE PARK IN SUZHOU

宿州市灵璧县灵璧石公园道路系统分析图

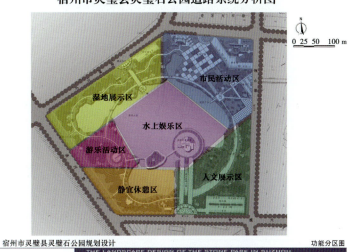

宿州市灵璧县灵璧石公园规划设计 · 功能分区图
THE LANDSCAPE DESIGN OF THE STONE PARK IN SUZHOU

宿州市灵璧县灵璧石公园功能分区图

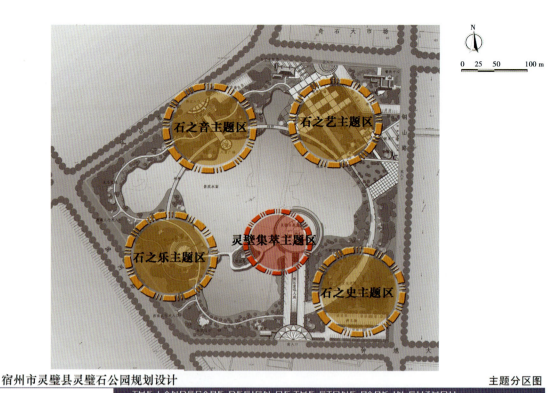

宿州市灵璧县灵璧石公园规划设计

主题分区图

THE LANDSCAPE DESIGN OF THE STONE PARK IN SUZHOU

宿州市灵璧县灵璧石公园主题分区图

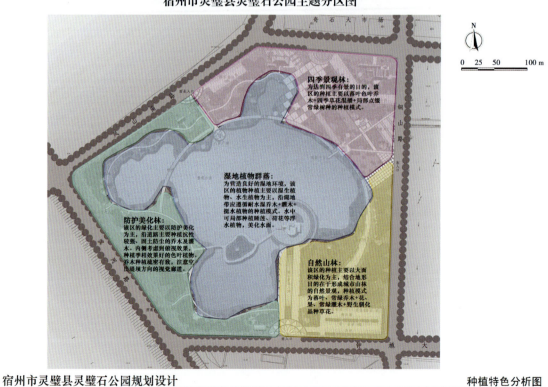

宿州市灵璧县灵璧石公园规划设计

种植特色分析图

THE LANDSCAPE DESIGN OF THE STONE PARK IN SUZHOU

宿州市灵璧县灵璧石公园种植特色分析图

宿州市灵璧县灵璧石公园规划设计 　　　　　　　　　　　　　　　　奇石大道效果图

THE LANDSCAPE DESIGN OF THE STONE PARK IN SUZHOU

宿州市灵璧县灵璧石公园奇石大道景观效果图

宿州市灵璧县灵璧石公园规划设计 　　　　　　　　　　　　　　　　灵璧石展览馆效果图

THE LANDSCAPE DESIGN OF THE STONE PARK IN SUZHOU

宿州市灵璧县灵璧石公园灵璧石展览馆效果图

宿州市灵璧县灵璧石公园规划设计　　　　　　　　　　　　　　张氏亭园效果图
THE LANDSCAPE DESIGN OF THE STONE PARK IN SUZHOU

宿州市灵璧县灵璧石公园张氏亭园效果图

宿州市灵璧县灵璧石公园规划设计　　　　　　　　　　　　　灵璧历史文化长廊效果图
THE LANDSCAPE DESIGN OF THE STONE PARK IN SUZHOU

宿州市灵璧县灵璧石公园历史文化长廊景观效果图

宿州市灵璧县灵璧石公园规划设计　　　　　　　　　　　　　　　　　　　　　赏石亭效果图

THE LANDSCAPE DESIGN OF THE STONE PARK IN SUZHOU

宿州市灵璧县灵璧石公园赏石亭效果图

宿州市灵璧县灵璧石公园规划设计　　　　　　　　　　　　　　　　　　　　　石艺广场效果图

THE LANDSCAPE DESIGN OF THE STONE PARK IN SUZHOU

宿州市灵璧县灵璧石公园石艺广场景观效果图

北京奥林匹克公园规划总平面图

北京奥林匹克公园内场馆日景

北京奥林匹克公园内场馆夜景

北京奥林匹克运河景观

法国拉维莱特公园规划总平面图

法国拉维莱特公园景观 1

法国拉维莱特公园景观 2

附属绿地包括的类型较多,规划设计时应从其用地特点分析出发,充分考虑其功能和景观要求,营造功能适宜、景观特色鲜明、满足人们使用要求的绿地景观。

总平面标注

N

0 10 20   50

1. 入口大门
2. 清泉丽景园
3. 苍穹翠谷园
4. 浅翠浮影园

泉山路

惠苑路

居住绿地规划平面图

1. 特色种植池
2. 圆形树池
3. 景观亭
4. 弧形坐凳
5. 阳光草坪
6. 沙坑
7. 弧形艺术景墙
8. 儿童活动器械
9. 人行出入口
10. 圆形树池
11. 中心活动广场
12. 嵌草铺装
13. 景观廊架
14. 人行出入口

清泉丽景园

索引图

居住绿地分区规划图

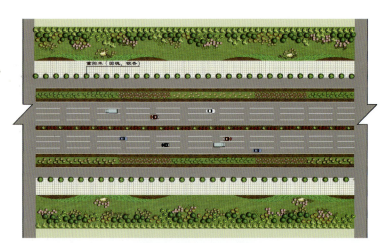

道路绿地规划平面图

1．人行道
2．特色铺装
3．组团绿地
4．坐凳
5．入口花坛
6．花坛绿地
7．树阵
8．交易市场
9．汽配城

道路绿地节点规划图

工业绿地规划鸟瞰图

风景园林

高等院校风景园林类专业系列教材·应用类

城市绿地
系统规划

第3版

CHENGSHI LÜDI XITONG
GUIHUA

主编　杨瑞卿　陈宇
副主编　管旸　徐海顺　郭敏
主审　胡长龙

重庆大学出版社
国家一级出版社
全国百佳图书出版单位

内容提要

本书是高等院校风景园林类专业系列教材之一,从我国城市绿地系统建设发展和风景园林专业相关课程的教学需要出发,以《城市绿地分类标准》(GB/T 51346—2019)、《城市绿地规划标准》(GB/T 51346—2019)等相关标准、规范为依据,吸收城市绿地系统规划建设的最新研究成果,结合相关案例系统介绍了城市绿地系统规划的理论和方法。主要内容包括绪论及 11 个章节,分别介绍了城市规划的基本知识、城市绿地系统规划的理论发展、城市绿地的功能、城市绿地系统规划编制的相关内容、城市各类绿地的规划设计要点等。

本书配有微课资源和电子课件,读者扫描书中二维码即可学习。

本书内容新颖丰富,资料翔实,实践性强,可作为风景园林专业、园林专业、园林技术专业教学用书,也可供城市规划、风景园林规划设计人员参考。

图书在版编目(CIP)数据

城市绿地系统规划 / 杨瑞卿,陈宇主编. -- 3 版
. -- 重庆:重庆大学出版社,2024.2
高等院校风景园林类专业系列教材. 应用类
ISBN 978-7-5689-1405-5

Ⅰ. ①城… Ⅱ. ①杨… ②陈… Ⅲ. ①城市绿地—绿
化规划—中国—高等学校—教材 Ⅳ. ①TU985.2

中国国家版本馆 CIP 数据核字(2023)第 141609 号

城市绿地系统规划
第 3 版
主　编　杨瑞卿　陈　宇
副主编　管　旸　徐海顺　郭　敏
主　审　胡长龙
策划编辑　何　明
责任编辑:何　明　　版式设计:莫　西　黄俊棚　何　明
责任校对:谢　芳　　责任印制:赵　晟
＊
重庆大学出版社出版发行
出版人:陈晓阳
社址:重庆市沙坪坝区大学城西路 21 号
邮编:401331
电话:(023) 88617190　88617185(中小学)
传真:(023) 88617186　88617166
网址:http://www.cqup.com.cn
邮箱:fxk@ cqup.com.cn(营销中心)
全国新华书店经销
重庆长虹印务有限公司印刷
＊
开本:787mm×1092mm　1/16　印张:17.75　字数:488 千　插页:16 开 10 页
2019 年 2 月第 1 版　2024 年 2 月第 3 版　2024 年 2 月第 5 次印刷
印数:10 501—13 500
ISBN 978-7-5689-1405-5　定价:57.00 元

· 编委会 ·

·编写人员·

主　编　杨瑞卿　徐州工程学院

　　　　陈　宇　南京农业大学

副主编　管　旸　中国城市科学研究会

　　　　徐海顺　南京林业大学

　　　　郭　敏　南京农业大学

参　编　戴　洪　上海师范大学

　　　　陈涵子　常州大学

　　　　魏绪英　江西财经大学

　　　　郝思思　新乡学院

主　审　胡长龙　南京农业大学

PREFACE / 前言

建设美丽中国是我国生态文明建设的宏伟目标。城市绿地,作为城市生态系统中自然生产力的主体,在改善城市生态环境、营造城市景观风貌、美化城市环境、建设城市生态文明等方面具有其他系统不可替代的重要作用。

近年来,我国城市绿化建设发展迅速,相关的研究成果不断出现。本书以2018年6月正式颁布实施的《城市绿地分类标准》(GB/T 51346—2019)等相关标准、规范为依据,力求吸收城市绿地系统规划建设的最新研究成果,较好地反映城市绿地系统规划研究取得的新成就。考虑到本书主要是作为教材,故编写过程中同时注意了以下3点:

(1)以基本概念和基本理论为重点,强调基础知识的掌握。

(2)强调编写内容的规范性。书中章节的安排、绿地的分类、规划设计内容等均与相关规范、标准保持一致。

(3)强调实践性。在介绍相关规划设计要点时,附上了相关案例和图片,做到理论与实践相结合;主要章节后均安排了实训作业,便于学生实践能力的培养。

本书内容丰富,资料新颖翔实,实践性强,可作为风景园林专业、园林专业、园林技术专业教学用书,也可供城市规划、风景园林规划设计人员参考。

本书由杨瑞卿、陈宇担任主编,负责全书的统稿、编写体例等工作,胡长龙担任主审。具体编写任务如下:绪论、第1章、第2章,管旸、戴洪;第3章、第6章,徐海顺;第4章、第10章,杨瑞卿、郭敏、魏绪英;第5章,陈宇;第7章,郭敏;第8章、第9章,杨瑞卿、郭敏、魏绪英;第11章,陈涵子、徐海顺、赫思思、魏绪英。在本书编写过程中,参考了相关单位和个人的研究成果,在此表示衷心感谢。

第 3 版在第 2 版的基础上,依据《城市绿地规划标准》(GB/T 51346—2019)、《城市居住区规划设计标准》(GB 50180—2018)等新标准,增加了广场用地规划、城市绿地景观风貌规划、生态修复规划等内容,同时对城市绿地系统规划、居住区绿地规划、区域绿地规划等章节的内容做了较大幅度的更新和调整,使内容更加紧跟时代发展需要,与行业新标准紧密衔接,知识更全面,逻辑性更强。

为满足线上教学和学生自主学习需求,第 3 版由传统教材改为新形态教材,主要章节增加了微课资源,读者扫描书中二维码即可学习。

由于编写人员水平有限,书中难免有不妥之处,敬请读者批评指正,以便今后修改完善。

编 者

2023 年 10 月

CONTENTS 目录

0 绪　论

[本章导读]本章介绍了城市绿地系统对于城市生态文明建设的作用,分析了我国城市绿化建设现状,指出在今天的社会发展背景下,城市绿地系统建设新的价值和意义,在此基础上介绍了城市绿地系统规划的研究对象和任务。

0.1　城市生态文明建设与城市绿地

当前我国正面临有史以来世界范围内规模最大的城镇化过程,这一进程目前还处于加速阶段。在这个史无前例的大转变中,必然要发生由农村到城市的超大规模的人口城镇化、土地城镇化、生活方式城镇化和居住环境城镇化,这些进程将对我国乃至世界的经济、政治和生态格局产生深远的影响。诺贝尔经济学奖获得者约·斯蒂格利茨(Joseph Stiglitz)甚至说:"新技术和中国的城镇化将是影响 21 世纪人类进程的两大关键因素。"

高速的城市发展并不等于理想的城市人居环境,以往我国的城市建设受片面追求经济增长,忽视环境保护的发展观念指导,有意无意中重复了发达国家在工业革命之初"先污染、后治理"的老路。进入 21 世纪后,中国城市的环境压力变得空前严峻,我们开始为先前的生态欠债付出代价。在全球十大污染城市中,我国竟占了 8 个;113 个重点城市中,有 48 个城市空气质量达不到二级标准;灰霾和臭氧污染已成为我国东部城市空气污染的突出问题。上海、广州、天津等城市的灰霾天数在全年已占三到五成;每年因酸雨和二氧化硫污染对生态环境和居民健康损害造成 1 100 亿元左右的经济损失。

可见,在我国目前大规模、快速的城镇化进程中,如果不能解决好经济发展与环境保护的关系,在生态上将会出现一场灾难。目前,人民群众对居住福利日益增长的需要,与落后的城市人居环境质量和逐渐加剧的环境污染间形成了尖锐矛盾。人们如果不能身心健康地在城市中生活居住,物质财富积累再多也没有意义。

在这样的形势下,党的十八大提出了把生态文明建设放在突出地位,融入经济建设、政治建设、文化建设、社会建设各方面和全过程,努力建设美丽中国,实现中华民族永续发展。把生态文明建设摆在总体布局的高度来论述,这不仅表明生态文明建设的重要性得到了进一步提高,更是科学发展观的进一步体现。城市作为大部分人口居住、生活的场所,建设生态文明的重要性尤为突出,可以说建设城市生态文明是一场在城市建设方式、生活方式和规划价值观等方面都必然需要根本转变的革命。

在城市中建设生态文明,必须从建设高质量的城市园林绿地系统开始。因为在城市用地分类系统中,绿地是担负维持城市生态环境职责的最重要的一类用地,它当之无愧地被称为"城市之肺"。在现代城市中如果没有绿地,城市的环境将变得无法生活居住。除此之外,绿地还起着提供居民游憩活动场所,提供生物栖息地,使城市居民能与自然环境近距离接触,美化城市景观等多方面的重要作用。

0.2　现代城市环境及园林绿地建设概况

随着社会的进步,环境保护观念开始在全世界范围内深入人心,城市规划也充分反映了这一趋势,在世界各地的城市规划中园林绿地建设的地位逐渐提高。一些新兴或重建城市,由于在建设之初便高度重视环境问题,故能拥有很高的绿化水平。如在平地上建设起来的堪培拉,整个城市坐落在绿色环境中,城市规划建设完全是在不破坏原有生态环境系统的前提下进行,城市人均绿地面积达到 70 m^2;第二次世界大战后在废墟上重建的波兰首都华沙,人均绿地面积更是达到 77 m^2,被称为森林中的城市。在西方发达国家的其他大城市,人均绿地面积通常也能达到 20 m^2 左右。

近年来,我国城市环境和园林绿地建设取得了很大进展,全国城市的平均绿化水平有了显著提高。从 1986 年到 2016 年末,全国城市建成区平均绿化覆盖率由 16.86% 上升到 40.30%,绿地率由 15% 提高到 36.43%,人均公园绿地面积由 3.45 m^2 上升到 13.70 m^2。

图 0.1　上海浦东世纪公园鸟瞰

以上海为例,长期以来上海的绿化覆盖率和人均公共绿地面积都很低,在全国大中城市中排在末位。1949 年人均绿地面积仅为 0.132 m^2,勉强能放进一双鞋;20 世纪 80 年代到 90 年代初,人均绿地一直徘徊在 0.45 m^2 左右,跟一页报纸一样大;到 1995 年上海人均绿地面积为 1.69 m^2,差不多有一张床大;近 10 年间,上海城市绿化建设进入加速期,人均绿地面积几乎每年增加 1 m^2,到 2016 年底,上海市人均公园绿地面积达到 8.02 m^2,绿地率达到 36.17%,绿化覆盖率达 38.8%,全市217 个公园中,80% 免费开放。形象地说,中华人民共和国成立至今,上海市人均绿地面积经历了从一双鞋、一页报、一张床到一间房的巨大变化(图 0.1)。

在数量上提高的同时,我国现阶段城市园林绿地建设在质量上也有了很大变化,园林绿地建设的指导思想从以往片面强调绿地率、人均绿地面积等数据指标,发展到今天开始注重对城市整体生态环境安全的保障,有意识地对湿地等生态敏感区和重要生物栖息地进行生态恢复,开始重视河滨、海滨等地段的绿道建设(图 0.2、图 0.3)。因为拥有高质量的绿地建设和优良的人居环境,珠海、中山等城市先后荣获了联合国人居环境奖,珠海还被联合国评为最适宜居住的城市。

图 0.2　青岛城市海滨绿道

图 0.3 桂林漓江江滨城市绿道

但另一方面,也要看到问题和隐忧。在很多城市中心城区,建筑密度极大,开敞空间非常稀缺,根本没有空地来建设公共绿地(图 0.4、图 0.5)。当环境质量破坏严重到一定程度时,地方政府不得不花费巨大代价"拆房建绿",不仅增加了城市建设的财政支出,还带来拆迁居民安置的一系列社会问题。

图 0.4 缺乏开敞空间的宁波旧城区 **图 0.5 建筑密度极高的上海市区**

在城市园林绿化建设中,好大喜功、盲目攀比地建设华而不实的"景观大道""城市标志"等"政绩工程""面子工程",在绿地中不是营造生态效益良好的乔木—灌木—草本立体植物群落,而是热衷于"气派大"但生态效益却极为有限的大面积纯草坪,造成社会财富和土地资源的巨大浪费(图 0.6)。

图0.6　某城市华而不实、用地铺张的绿地建设

在某些城市,绿地指标似乎很高,但实际上城市环境质量并不好,居民们也感到并没有那么多绿地可用。其中的原因可能是:

①绿地构成不合理,公共绿地所占比例过低,像高尔夫球场这样的用地都被计入城市绿地,形成"绿地私有化"现象。

②绿地布局不平衡,大量绿地集中于城市某一区域,而其他大部分城区缺乏绿地。

③绿地统计口径不科学,或者是统计中的偷梁换柱,例如有的城市将位于城市建成区以外的风景区或山体林地也计入城市绿地,造成绿化建设水平很高的假象。

由此看出,城市园林绿地建设绝不是栽花种树铺草坪那么简单,城市园林绿地系统规划的好坏不仅决定了每一笔绿化投资的效果,还在很大程度上影响着城市的环境质量,决定着城市的生态环境是否安全。因此,建设科学、合理的城市绿地系统,必须有科学的规划做指导。

0.3　城市绿地系统规划学科与工作概述

城市绿地系统规划既是风景园林规划设计的分支学科,也是城市规划研究内容的一部分。与风景园林规划设计的其他分支学科相比,城市绿地系统规划的思维方法、工作模式更注重以抽象性为主的理性分析、归纳思维,它的工作对象是在城市尺度上的人居空间,是对城市空间中的绿地做出位置、面积、总体风格等方面的安排。

要做好城市绿地系统规划,需要有良好的生态学、景观生态学等方面的基础。只有在这些方面具备良好的科学知识素养,在进行城市绿地规划时才知道如何从城市的生态环境等实际情况出发合理进行城市绿地布局,以更好地发挥绿地的综合效益。同时,进行城市绿地系统规划还必须具备城市规划的基本知识以及良好的整体统筹意识,这既有助于熟悉规划的基本工作程序,还能在工作中更好地与城市总体规划及其他专项规划相协调。

城市绿地系统是城市中具有联系的各种不同性质、类型和规模的绿地相互结合而形成的有机整体,担负着改善城市环境,保障城市生态安全,保护城市生物多样性,为居民提供游憩场所等多种重要功能。作为城市生态系统的一个子系统,与城市本身一样,具有多元性、相关性和整体性。多元性体现在城市绿地系统包括多种组成部分、不同类型的绿地;相关性表现为不同类型、不同区域的绿地之间相互关联、相互作用;整体性则意味着城市绿地系统整体的功能大于各组成部分功能的简单加和。随着对城市与周围环境之间生态关系了解的深入,城市绿地系统的概念也不再局限于城市建成区或规划区内,而包括了在城市以外,对城市生态环境质量具有关键影响的森林、湿地、农田、水域等景观单元。因此,著名学者吴良镛教授提出:"当今的城市之'肺'已不再是公园绿地,而是城乡之间广阔的生态绿地。"

如果只考虑城市生态环境质量的话,城市中的绿地当然越多越好,但城市是一个复杂巨系统,包括绿地在内的每一类用地都有自己不可替代的作用,规划工作者必须站在城市全局的高度上来看待分析问题。在城市规划中绿地面积应占多大比例?要解决这个问题,只有立足本地自然条件和社会发展情况,并以现阶段绿化水平为依据,才能对未来城市绿地建设确定数量目标。确定绿地的量只是绿地规划工作的第一步,在绿地总量一定的情况下,绿地在城市中的分布状况、各种绿地类型所占比例的不同,将会极大地影响绿地的生态效益。

因此,城市园林绿地系统规划工作的任务就是:从城市实际情况出发,确定城市各个阶段绿化建设的目标和指标,分析得出在一个城市的市域(或城市中的一个区域)范围内,生态、社会综合效益最佳的园林绿地布局结构,制订各类绿地规划、树种规划、生物多样性保护规划及避灾绿地规划等专类规划,并为绿地系统规划目标的实现进行切实可行的建设安排。

城市园林绿地系统规划工作的出发点必须是满足城市居民对理想人居环境的需求,在工作中以生态学、城市微气象学、城市规划等方面的理论为指导,用理性的系统归纳思维来进行分析研究。

从使命上说,城市园林绿地系统规划与城市生态规划、景观规划十分相似,它们都以创造最理想的人居环境为基本任务。所不同的是:相比城市园林绿地系统规划,城市生态规划是站在统筹城市各个系统、部门的高度来进行研究,在研究的视角上更加宏观,涉及学科的跨度更大;而景观规划则是从完整的景观单元出发,研究的地域范围不仅包括城市建成区,也包括城市周围的乡村和自然环境,在研究的空间尺度上更加宏观。尽管研究范围并不完全一样,但城市生态规划、景观规划中的很多思考视角、研究方法,对于城市园林绿地系统规划工作都有十分重要的指导意义,在将来的工作中,城市园林绿地系统规划势必会与这二者有更紧密的联系。因此在本书的一些章节中,我们将适当地介绍城市生态规划、景观规划的基本内容,并从这两者的角度来研究、理解城市环境。

总而言之,城市园林绿地系统规划对于当前我国城市人居环境建设是一门意义重大的学科。我们一方面既要看到已经取得的成就和整个学科的美好前景;另一方面也要正视园林绿地规划当前面对的艰巨任务,认真总结现阶段城市园林绿地系统规划和建设中存在的问题,充分认识本学科肩负的重要社会责任。

思考与练习

1. 简要概述当前中国城市生态环境状况。
2. 城市绿地系统对建设城市生态文明有何意义?
3. 在你的理解中,城市绿地系统规划是一项什么工作?
4. 你认为今后我国的城市绿地建设中应该重视哪些问题?
5. 查阅相关资料,了解国内外城市园林绿化的发展历史及现状。

1 城市规划概论

[本章导读]本章简明介绍了城市规划的基本知识、工作实务以及主要的城市规划思想理论,同时简介了城市地理学、城市社会学等相关城市科学的基本内容。通过学习,使学生了解和掌握城市规划的基本知识,为后面各章的学习打下理论基础。

1.1 城市科学基本知识

1.1.1 城市与城市发展

1.1、1.2 微课

(1)城市 从广义上说,城市是指以非农产业和非农业人口聚集为主要特征的居民点,包括按国家行政建制设立的市和镇。从狭义上说,城市专指经国家批准有市建制的城镇。

(2)城市性 又称城市状态,是指在文化、社会结构和生活方式等方面,城市有别于农村的、特有的各种特征的总和。

(3)城市化 又称城镇化、都市化,是指人类生产和生活方式由乡村型向城市型转化的历史过程,表现为乡村人口向城市人口转化以及城市不断发展和完善的过程。美国城市规划学者弗里德曼(John Friedmann)将城市化过程分为两个部分:第一部分包括人口和非农业活动在城市环境中的地域集中过程、非城市景观转化为城市景观的地域推进过程;第二部分包括城市文化、城市生活方式和价值观从城市向外的扩散过程。

(4)城市化水平 在城市化的各种表现中,人口的迁移是最便于统计的,因此通常将一定地域内城市人口占总人口的比例作为城市化水平的测度指标。

(5)大都市带 这是法国城市地理学家戈特曼(Jean Gottmann)提出的一个概念,是指城市区域大面积地连接在一起,消灭了城乡的明显景观差异的地区。一个大都市带至少应居住2 500万过着现代城市生活的人口,而且是国家(甚至国际区域)的核心区域。

(6)郊区化 也称郊区城镇化、逆城市化,是指由于私家汽车的广泛使用,引发城市向郊区蔓延的现象,在过程中先是中上阶级向郊区搬迁,形成大规模低密度独立住宅区,住宅的郊区化引发了商业服务部门、事务部门、工厂纷纷向郊区迁移的连锁反应。这一过程发展下去的必然结果就是郊区出现密度很低的住宅区,住宅之间距离很远,居民的大部分日常出行都必须依赖私家汽车,而市中心由于人口减少而变得"空洞化"(图1.1)。

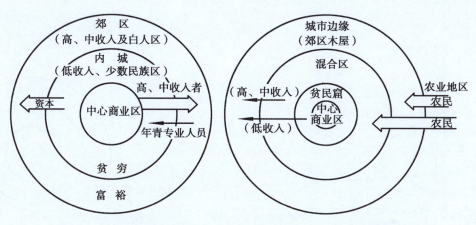

图1.1　大城市城乡之间的人口迁移,发达国家(左)、发展中国家(右)

1.1.2　城市职能与土地利用

1)城市职能

城市职能是指城市在更大体系(国家或区域)的城市协作分工中所起到的作用。

2)城市性质

城市性质是城市主要职能的概括,指一个城市在全国或地区的政治、经济、文化生活中的地位和作用,代表了城市的发展目标和方向。

3)城市地租理论

地租是指为使用土地付出的代价。根据李嘉图(Ricardo)的经典地租理论,土地经济地租的计算公式是:

$$某块土地的经济地租=该土地的生产力-条件最差土地的生产力$$

在城市中,土地的经济地租呈现出从中心商业区向外递减的规律,但不同的功能对交通条件的依赖程度不同,因此不同功能的土地经济地租递减梯度不同。一般来说,零售业的递减梯度最大,工业、批发业递减梯度次之,住宅又次之,其中多层住宅的梯度较独立平房要大,农业的递减梯度最小(图1.2、图1.3)。

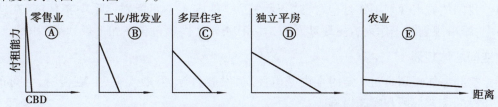

图1.2　不同土地利用方式付租能力随区位的递减

将上述各功能的递减曲线重叠,我们便能直观地看出在城市中各地段经济地租最高的分别是什么功能。在一个完全竞争的社会中,城市中心的功能便是零售业,然后向外是专业性的服务业、工业和批发业,再向外则是高密度多层住宅,然后是低密度住宅,最外面是农业。如果城市处于一块均质的平地上,则各种土地利用将呈同心环式布局,这能解释美国城市社会学家伯吉斯(Ernest Burgess)于1923年提出的城市土地利用的同心环模式(图1.4)。

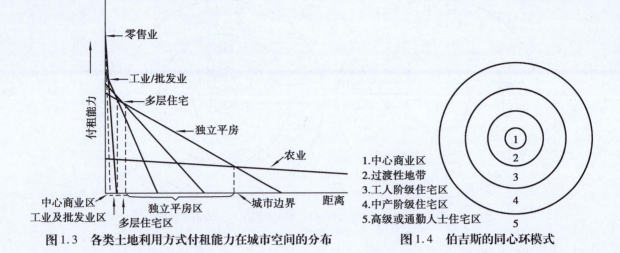

图 1.3 各类土地利用方式付租能力在城市空间的分布   图 1.4 伯吉斯的同心环模式

1.2 城市规划基本知识

1.2.1 城市规划的意义和任务

城市规划是对一定时期内城市的经济和社会发展、土地利用、空间布局以及各项建设的综合部署、具体安排和实施管理。

城市规划的核心任务是根据不同的目的进行空间安排,探索和实现城市不同功能用地之间的协调关系,并以公共导向的决策为保障,一方面,解决居民的安全、健康问题,并提供舒适的生活环境;另一方面,实现城市社会经济文化的发展。

城市规划是建设城市和管理城市的基本依据,是确保城市空间资源的有效配置和土地合理利用的前提和基础,是实现城市经济和社会发展目标的重要手段之一。

1.2.2 城市规划工作的类型

当前我国的城市规划工作是包含在"五级三类"的国土空间规划体系中实现的,在这一规划体系中,城市规划的工作内容主要涉及市、县两级,工作内容包含在如下规划类型中:

1)国土空间总体规划

国土空间总体规划是对一定时期内城市性质、发展目标、发展规模、土地利用、空间布局以及各项建设的综合部署和实施措施。

2)国土空间详细规划

国土空间详细规划是在国土空间总体规划的基础上,对局部地区的土地利用、人口分布、公共设施、城市基础设施的配置等方面所作的进一步安排。按规划目标和约束性的不同又可分为控制性详细规划和修建性详细规划。控制性详细规划是以城市总体规划或分区规划为依据,确定建设地区的土地使用性质和使用强度的控制指标、道路和工程管线控制性位置、空间环境控制的规划要求。修建性详细规划是以国土空间总体规划或控制性详细规划为依据,制订用以指导各项建筑和工程设施的设计和施工的规划设计。

3）国土空间专项规划

国土空间专项规划是在国土空间总体规划指导约束下，针对具有的特殊属性的特定区域（流域）或特定领域，在国土空间开发保护利用上作出的专门安排。

1.2.3　城市规划的工作原则

在城市规划工作中，规划师的工作需遵循如下原则：

1）严守底线，高质量发展

我国城市规划工作应在国土空间规划的编制原则"严守底线，高质量发展"之下进行。

底线是允许容忍的最低限度，一旦突破失守会造成不可逆转影响，当前城市规划工作涉及的底线主要包括生态环境安全底线和粮食安全底线。为了不突破生态环境安全底线，要求城市规划从人地关系地域系统视角出发，识别重点生态功能区、重要生态廊道和重要生态节点，严格保护这些生态基础设施。为了不突破粮食安全底线，城市规划必须遵守国土空间规划中划定的基本农田保护区红线，不得使城市建设活动突破这一底线。

改革开放后，我国经历了快速的大规模城镇化进程，2019年城镇化水平超过60%标志着城镇化进程的加速阶段已基本结束。城市发展的主要目标从让迁入人口"留得下"变为"过得好"，城市生活的功能需求开始从基本保障转向品质提升，这是"高质量发展"理念出现的背景。在此背景下，城市规划工作的关注点也势必需要从增量空间转向存量空间，从开发导向型转向治理导向型，城市更新、生活圈建设等新类型成为城市规划工作的热点。

2）社会经济发展与人居环境建设相协调

社会经济必然要向前发展，这是基本常识，也是人类历史的规律。但还有一个更加基本的常识不容违背：人必须首先活着、健康地活着，然后谈发展才有意义。因此对于城市规划而言，为保护环境而放弃发展并不现实，单纯追求发展而不惜破坏人居环境更是本末倒置、饮鸩止渴。

城市发展建设肯定会影响到生态系统的健康运行，但这两方面是可以兼顾的。如何对城市布局进行合理安排，尽量优化城市人居环境，在工作实践中绝非易事，但从另一个角度说，这正体现了城市规划这项工作的重要性。要实现上述目标，需要有周全的深谋远虑，需要高明的规划技巧，更需要有强烈的社会责任感和坚定的职业道德。

3）城市中各阶层、群体之间公正和谐

在处于全球化时代的今天，城市人口构成高度多样化，在城市中不同人群的生活状况常常分化严重。当城市中的社会环境不能充分地保证公正、向弱势群体提供权益保障时，就有可能引发民众的不满，破坏社会稳定，在这种情况下自然谈不上城市的健康发展。公平对待城市中的所有居民，充分考虑不同民族、年龄、性别、收入、职业、宗教信仰的城市人群的需要，照顾弱势群体的利益，这既是保证城市社会稳定的基本原则，也是城市规划师应有的基本立场。

4）历史遗产保护与发展相协调

对一座城市来说，历史遗产并不仅仅是几座可供游人参观的老房子、几条售卖仿古工艺品的老街。城市的历史遗产是由物质遗存和非物质遗存两部分组成的，二者密不可分、缺一不可。前者包括传统街区、历史建筑等实体形态；后者包括过去几代人对城市空间的记忆和心理认同感、传统习俗及其他非物质文化遗产。

一味强调保存历史遗产,不顾未来发展的需要当然行不通。但目前在我国城市建设中更常见的情况是盲目追求发展速度,要求"一年一个样、三年大变样",致使很多极有价值的历史建筑、传统街区被拆除,造成无可挽回的损失,这不能不说是造成目前我国城市风貌缺乏特色、大江南北千城一面的主要原因。

1.2.4 城市用地分类

2020年,自然资源部编制了《空间调查、规划、用途管制用地用海分类指南(试行)》(以下简称《分类指南》),在整合原《土地利用现状分类》《城市用地分类与规划建设用地标准》《海域使用分类》等分类基础上,建立了全国统一、覆盖全域的国土空间用地用海分类。《分类指南》共设置了24种一级类、106种二级类及39种三级类。

《分类指南》消除了建设用地与非建设用地、城市建设用地与乡村建设用地、城市建设用地与区域建设用地的层次区别。在分类体系中,与城市规划和城市功能相关程度较高的用地主要包括如下11种一级类。

表1.1 《分类指南》中与城市相关的用地分类和含义

代码	名称	含义
07	居住用地	指城乡住宅用地及其居住生活配套的社区服务设施用地
08	公共管理与公共服务用地	指机关团体、科研、文化、教育、体育、卫生、社会福利等机构和设施的用地,不包括农村社区服务设施用地和城镇社区服务设施用地
09	商业服务业用地	指商业、商务金融以及娱乐康体等设施用地,不包括农村社区服务设施用地和城镇社区服务设施用地
10	工矿用地	指用于工矿业生产的土地
11	仓储用地	指物流仓储和战略性物资储备库用地
12	交通运输用地	指铁路、公路、机场、港口码头、管道运输、城市轨道交通、各种道路及交通场站等交通运输设施及其附属设用地,不包括其他用地内的附属道路、停车场等用地
13	公用设施用地	指用于城乡和区域基础设施的供水、排水、供电、供燃气、供热、通信邮政、广播电视、环卫、消防、干渠、水工等设施用地
14	绿地与开敞空间用地	指城镇、村庄建设用地范围内的公园绿地、防护绿地、广场等公共开敞空间用地,不包括其他建设用地中的附属绿地
15	特殊用地	指军事、外事、宗教、安保、殡葬,以及文物古迹等具有特殊性质的用地
16	留白用地	指国土空间规划确定的城镇、村庄范围内暂未明确规划用途、规划期内不开发或特定条件下开发的用地
17	陆地水域	指陆域内的河流、湖泊、冰川及常年积雪等天然陆地水域,以及水库、坑塘水面、沟渠等人工陆地水域

1.2.5 城市规划实务基本名词

（1）城市建成区　是指城市行政区内实际已成片开发建设、市政公用设施和公共设施基本齐备的地域。

（2）城镇开发边界　是在国土空间规划中划定的，在一定时期内因城镇发展需要，可以进行城镇开发和城镇集中建设，重点完善城镇功能的区域边界。

（3）容积率　是反映和衡量建筑用地使用强度的一项重要指标，是指一定地块内建筑物的总建筑面积与地块面积的比值，即容积率＝总建筑面积/地块面积。

（4）道路红线　是指在规划中城市道路路幅的边界线。

（5）城市蓝线　也称水系规划控制线，是指城市规划确定的江河、湖泊、水库、渠道和湿地等城市地表水体保护和控制的地域界线。

（6）城市绿线　是指城市各类绿地范围的控制线。城市要按规定标准确定绿化用地面积，分层次合理布局公园绿地，确定防护绿地、大型公园绿地等的绿线。城市绿线范围内的用地不得改作他用；在城市绿线范围内，不符合规划要求的建筑物、构筑物及其他设施应当限期迁出。

（7）城市黄线　是指对城市发展全局有影响的、城市规划中确定的、必须控制的城市基础设施用地的控制界线。

（8）城市紫线　是指国家历史文化名城内的历史文化街区和省、自治区、直辖市公布的历史文化街区的保护范围界线，以及历史文化街区外，经县级以上人民政府公布保护的历史建筑的保护范围界线。

（9）城市黑线　是指市政公用设施用地范围的控制线。黑线导控的核心是控制各类市政公用设施、地面输送管廊的用地范围，以保证各类设施的正常运行。

（10）城市橙线　是指为了降低城市中重大危险设施的风险水平，对其周边区域的土地利用和建设活动进行引导或限制的安全防护范围的界线。划定对象包括核电站、油气及其他化学危险品仓储区、超高压管道、化工园区及其他必须进行重点安全防护的重大危险设施。

1.3　城市规划的主要思想

1.3.1　现代主义城市规划思想理论

1.3.1 微课

现代主义城市规划通常也被称为理性功能主义规划，它的基本工作范式可被概括为"三段论"，即发现具体问题—提出解决问题的对策—在新框架下整合各类要素和对策。现代主义城市规划的核心观点是：人的理性能力和思维方式是认识城市的唯一途径，运用理性主义思维方式可以认识城市和组织城市，城市规划工作就是要将城市拆分为一个个组成部分，在全面考虑各种影响因素的基础上，通过理性分析各个城市组成部分、找到城市问题产生的结构性原因，可以重构原有城市并创造一个全新城市，找到规划策略的终极最优解，从根本上解决城市问题。

现代主义城市规划思想自19世纪末形成以来，主要的理论有：

1)田园城市(Garden City)理论

1898年,英国人霍华德(Ebenezer Howard)(图1.5)提出田园城市理论,他指出:工业化时代的城市发展模式造成了大城市与自然隔离的矛盾,因此当时的城市出现生活环境恶劣、居民身心健康等问题具有必然性,根源在于城市无限制地发展和城市中的土地投机。

图1.5 埃比尼泽·霍华德

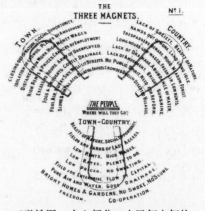

图1.6 霍华德描述城乡利弊的三磁铁图

为了从根本上解决这些问题,霍华德系统地提出了田园城市理想,详细地设想了通过建立一种全新的城乡结构,消灭土地投机,有意识地引导城市吸引人口的"磁力"来限制城市膨胀,最终以形成城乡一体化的田园城市来解决城市问题(图1.6)。为了更详细地阐述田园城市理论,霍华德在书中提出了一套示意性的规划方案图,来具体解释田园城市的规划思路(图1.7、图1.8)。

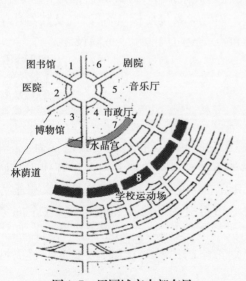

图1.7 田园城市内部布局

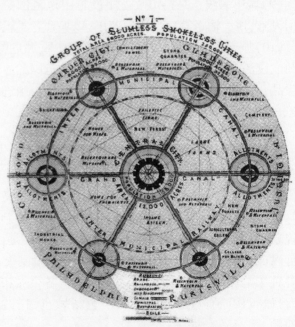

图1.8 田园城市群体系布局

在这个理想模型中,田园城市占地6 000英亩(约2 430 hm^2),其中城市用地占1/5。城市人口3.2万,从城市中心到城区边缘距离为0.75英里(1.2 km)。城市部分由一系列同心圆组成，中心为面积 2.2 hm² 左右的中央公园，从城内任何一个地方到这里都不超过 600 m。公园四周布置大型公共建筑，如图书馆、市政厅、医院、展览馆等。从中心花园向郊区辐射出 6 条林荫大道，5 条环形大街和放射状林荫道构成了城市交通框架。在 5 条环形大街中，"宏伟大街"实际上是一条长达 4.8 km、面积达 0.47 km² 的带状绿地，在大街上设有 6 所公立学校和教堂。城区最外侧是环形铁路，与通过城市的铁路干线相连，铁路附近布置工厂、仓库等生产性企业，从而使物资运输尽可能不通过城区，以减轻城市道路压力。

霍华德认为，为了保证城市的合理规模，当一个田园城市人口增长到突破 3.2 万人的极限时，就应在附近的乡村地带另外建设新的田园城市，这样就逐渐形成了田园城市群。在田园城市模型中，城市群是由一个中心城市和若干个围绕着它的周围城市组成，中心城市面积 1.2 万英亩（约 4 860 hm²），人口 5.8 万人，与周围城市间相距 2 英里（约 3.2 km）。各个城市之间，有城际铁路、城际运河和双层道路（下层为地铁）将它们连接起来。可见，"田园城市"模型实际上是一个城乡系统。

霍华德将城市作为一个整体来研究，他非常重视协调城乡关系，强调通过建设新城吸引人口、减轻大城市负担。田园城市理论对城市人口密度、城市经济、绿化及生态环境等重要问题都提出了系统性的见解，对 20 世纪的城市规划、区域规划和绿地系统规划都产生了很大影响，为后来城市规划学科的建立起到了引路的作用。因此，今天我们把田园城市思想的提出作为现代城市规划的开端，将霍华德尊为"现代城市规划之父"。

2）"光明城市"（The Radiant City）模型

法国建筑师勒·柯布西耶（Le Corbusier）1922 年出版了《明日的城市》（*The City of Tomorrow*），在书中提出的巴黎改建设想规划中，他将城市总平面规划为由直线道路组成的方格状路网，城市空间为行列式布置，市中心全部建成 60 层的高楼，摩天楼之间分布着大片绿地。柯布西耶在 1925 年又发表了《城市规划设计》，进一步阐述了自己的城市规划思想，核心内容是将工业化思想大胆地引入城市规划，主张提高城市中心区的人口密度和建筑高度，使城市向空中发展。柯布西耶在规划上坚持城市集中，他将自己的城市规划模型称为"垂直的田园城市"，不过流传更广的名称则是"光明城市"（图 1.9—图 1.11）。

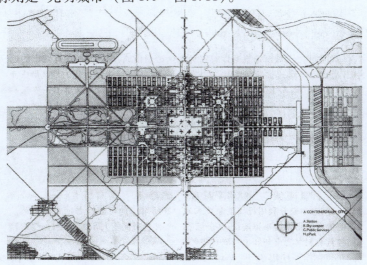

图 1.9　柯布西耶的《明日的城市》规划方案

图1.10　柯布西耶的手和他的伏瓦生规划
（引自孙施文《现代城市规划理论》）

柯布西耶是功能主义的坚定支持者,他有一句名言"房屋是居住的机器",反映了他对功能的极端重视,他的"光明城市"模型可以说是这种设计观在城市规划领域的延伸。与之前学院派建筑师以平面图案为出发点的城市规划相比,"光明城市"思想关心的是城市的实际功能需要,而且柯布西耶重视新技术对城市发展的重要影响,这些都是积极的一面。但"光明城市"思想忽视了城市居民的心理感受,漠视城市历史文脉的意义,使得城市规划成为规划师个人意志的体现。虽然柯布西耶一直认为自己是在为大众设计,但是事实上对机械美、机器理性与形式的追求才是他的最高理想,他的规划思想中都体现出了这种明显的思想特征。因此从这个意义上说,当代批评家将柯布西耶的城市规划理论评价为"独裁的"是有一定道理的。

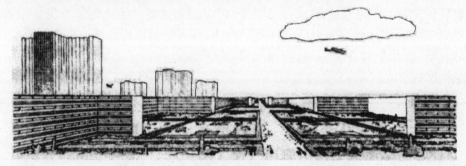

图1.11　柯布西耶对"光明城市"的理想蓝图

3)"广亩城市"(Broadacre City)思想

美国建筑师赖特(Frank Lloyd Wright)的城市规划思想是典型的分散主义,他同样高度重视新技术发明(尤其是电话和私家汽车)对城市发展的影响,但与柯布西耶不同的是:赖特认为现代科技的发展已足以使人们不必非要住在拥挤的城市中了,他对现代大都市持否定态度。在他的理想中:未来城市将会走向消解,人们借助方便的通信手段和交通条件,完全可以住在乡村而享有与城市同样的物质、精神生活。

赖特于1935年发表了《广亩城市:一个新的社区规划》(Broadacre City:A New Community Plan),在书中提出了分散化低密度发展的"广亩城市"模式,在这一模式中,居住密度甚至低到平均每公顷居住2.5人。"广亩城市"像一个铺开的大地毯,公寓、办公楼和购物中心都置于其中,住宅与农田森林交织在一起,这些农田森林是留给后代的遗产(图1.12)。赖特这样总结他对城市发展的展望:"我认为今天我们所知道的城市将要消失掉。"

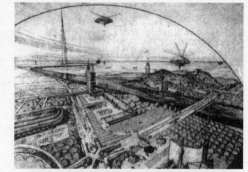

图1.12　赖特的"广亩城市"理想蓝图

赖特的极端分散主义主张与柯布西耶的极端集中主义形成了鲜明对照,前者出现在美国和后者出现在法国有文化上的必然性。赖特从来都不掩饰他对现代化大都市远离自然、使人性异化的反感,他的反都市规划从思想上可以溯源到从惠特曼开始的那种挚爱大自然和农村的美国传统。赖特本人无疑是十分热爱自然环境的,然而他的"广亩城市"模式在随后的美国城市发展中,不但没有使城市环境自然化成为现实,反而在某种程度上成为美国城市无度蔓延和郊区化进程的助推力量,这是他始料不及的。

4)有机疏散思想

有机疏散思想是芬兰建筑师伊里尔·沙里宁(Eliel Saarinen)于1918年在大赫尔辛基规划中提出的关于城市发展及其布局结构的理论。在1942年出版的《城市——它的生长、衰退和将来》一书中,沙里宁对有机疏散论做了更加系统的阐述。

沙里宁将城市与生物体进行类比,强调城市在不断生长变化的特性,他认为城市就像生物体一样,也是由"细胞"组成,细胞之间的空隙给细胞的生长繁殖预留了空间。如果要缓解各种"城市病",就必须要有良好的城市结构,城市才能健康发展。有机疏散就是把扩大的城市范围,划分为不同的集中点所使用的区域,这种区域又可分为不同活动所需要的地段(图1.13)。

有机疏散思想的两个基本原则:

①把个人日常生活工作(即沙里宁说的"日常活动")的区域作集中布置;不经常的"偶然活动"的场所,不必拘泥于一定的位置,故可以分散布置。

②日常活动尽可能集中在一定的范围内,使活动需要的交通量减到最少,并且不必都使用机械化交通工具,个人日常生活应以步行为主。往返于偶然活动的场所,路程较长也无妨,因为日常活动范围外缘的绿地中设有高速交通干道,可以迅速往返。

在城市功能布置上,有机疏散理论认为:工业应该从城市中心区疏散出去,而许多事业单位和城市行政管理部门必须设置在城市中心位置。城市中心区由于工业外迁而腾出的用地应改作绿地,也可以供必须在城市中心地区工作的技术人员、行政管理人员、商业人员居住,让他们就近享受家庭生活。很多原来拥挤在城市中心区的家庭将随着疏散的进展而搬迁到新区去,他们将得到更适合的居住环境,城市中心区的人口密度也就随之降低。

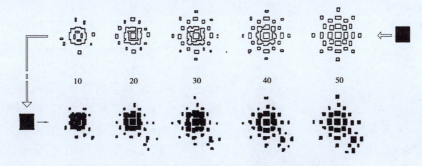

图1.13 伊里尔·沙里宁的城市有机疏散图解

有机疏散论在第二次世界大战后对欧美各国建设新城、改建旧城,以及大城市向城郊疏散扩展的过程有重要影响。

5)《雅典宪章》(*Charter of Athens*)

1933年,国际现代建筑协会(CIAM)在雅典举行会议,中心议题是城市规划,会议大纲被称为《雅典宪章》,集中反映了现代主义建筑学派的城市规划观念,也代表了工业时代城市规划的理论精华。

在方法论上,《雅典宪章》认为,城市规划是一门科学,应以"综合分析+理性思想"为基本思维模式,城市规划工作的基本出发点是解决城市的功能问题,应确立"发现具体问题—提出解决问题的对策—在新框架下整合各类要素和对策"的基本工作流程。同时,《雅典宪章》提出:城市与它周围的地区应作为一个有机整体来进行研究,今天的乡村可能就是明天的城市。

在功能活动上,《雅典宪章》认为城市具有居住、工作、游憩和交通四大功能,而城市规划的目的就是要满足这四大功能的正常运行,通过使四大功能之间形成最合理的布局关系来克服城市问题的产生。城市规划考虑的不仅是长宽两个维度的平面空间,更是三维尺度上的立体空间。在规划方法上,应有计划地确定工业与居住的关系,在平衡居住、工作、游憩功能的原则上进行功能分区,并建立满足三者联系的交通网。

对于空间建设,《雅典宪章》认为在城市平面上进行图案构成、追求宏大气派的古典主义城市模式是不能适应现代城市规划需求的。当时的城市空间严重缺乏开敞空间,城市绿地面积过少而且位置不当。因此建议在新建居住区中要多保留空地,旧城区建筑物拆除后留下的空地应辟为绿地,在市郊要保留风景良好的自然地带。

这些观点具有非常重要的积极意义:《雅典宪章》中高举理性精神,强调城市规划工作中满足功能需求的重要性,否定了基于美学和建筑师灵感的古典城市建设范式,提出了较为普适化的城市规划内容和思想方法,这对之后的半个世纪中全球城市规划工作产生了深远的影响。贯穿于《雅典宪章》中的综合理性思维模式,使得城市规划完全脱离了建筑学科的从属,发展成为一门独立的学科,这一思维模式也成为现代城市规划的基石。因此,《雅典宪章》成为现代主义城市规划思想理论的标志。

但也必须看到《雅典宪章》和现代主义城市规划思想理论的局限:在方法论上走向"技术决定论",过于强调理性精神,认为通过建立纯粹的、没有环境和人际差异的技术手段,可以普遍地解决城市问题。在实践中忽略了以人为本,强调城市生活的物质属性,忽视城市居民作为人的社会需要和心理感受具有丰富的多样性,企图通过建立完美的城市结构,来实现理想的城市社会生活。这种愿望虽然美好,但由于脱离了人的基本需求,因而只能是一种乌托邦思想,在实践中遭遇失败是必然的。

巴西利亚就是这种乌托邦城市的典型代表。在 1957 年开始的巴西利亚规划中,规划师卢·科斯塔(Lucio Costa)和奥·尼迈耶(Oscar Niemeyer)很好地实现了通过新城市规划塑造新兴国家形象的愿望,规划手法也体现出很高的艺术性,1987 年巴西利亚甚至成为迄今为止最年轻的世界文化遗产,但大多数巴西民众对它并不认可。由于规划中并未充分考虑人的需要,使得巴西利亚成为一个汽车交通占据统治地位、对步行者缺乏善意的城市,这里只有公路,没有街道,城市中的空间巨大而让人无所适从(图1.14—图1.16)。与其说巴西利亚是个城市,不如说是一个纪念碑式的主题公园,相反在长期自然发展中形成的里约热内卢或圣保罗虽然混乱,

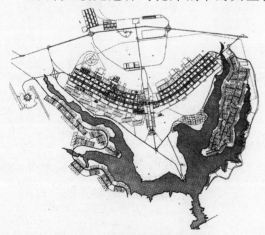

图 1.14　巴西利亚城市平面图

但远比巴西利亚更有生机活力、更有人情味。

图 1.15　由公路和旷野构成的巴西利亚城市空间

图 1.16　巴西利亚空旷的三权广场

1.3.2　后现代主义城市规划思想理论

第二次世界大战之后,后现代主义思潮在西方国家兴起,后现代主义在方法论上强调不确定性,在价值观方面主张多元并存。进入 20 世纪 60 年代之后,现代主义城市规划思想在实践中暴露出诸多问题,后现代主义思潮在批判这些现象中开始形成后现代主义城市规划思想。

1.3.2—1.4 微课

后现代主义主要的思想理论有:

1)渐进式规划(Progressive Planning)

渐进式规划认识到主导人类行动的实际上是有限理性,而且各类资源(如知识、时间、人力等)的短缺也是常态,因此现实中决策很难找到最优解,结果通常是次优的。不应去寻求综合性的最终解决方案,而应遵循问题导向,就事论事地解决问题,从而使新的决策实施后优于现状。

2)《马丘比丘宪章》(Charter of Machu Picchu)

1977 年 12 月,一些城市规划设计师聚集于秘鲁首都利马,对《雅典宪章》在新形势下的命运进行了讨论,12 日在秘鲁的马丘比丘印加帝国遗址签署了具有宣言性质的《马丘比丘宪章》。

《马丘比丘宪章》既继承了《雅典宪章》的精华,肯定《雅典宪章》仍然是关于城市规划的一项基本文件,也指出了其中很多思想(尤其是认为通过进行物质层面的规划,便能自然而然地解决城市中的社会问题)已不能适应新的社会环境之下的城市规划,迫切需要修正和发展。

关于城市功能分区,《马丘比丘宪章》批评了《雅典宪章》为了追求分区清楚却牺牲了城市的有机构成,否认人类活动要求流动的、连续的空间。认为过度追求城市空间结构清晰的功能分区而牺牲城市的有机构成会造成严重后果,这在许多新建城市中可以看到。不能把城市当作一系列孤立的组成部分拼在一起,而必须努力去创造一个综合的、多功能的环境。

在交通组织方面,《马丘比丘宪章》反对《雅典宪章》把私人汽车看作现代交通主导的观点,提出"公共交通是城市发展规划和城市增长的基本要素",城市交通的政策应当使私人汽车从属于公共运输系统的发展。

《马丘比丘宪章》指出:区域规划和城市规划是个动态过程,它不仅包括规划的制订,也包括规划的实施;这一过程应能适应城市这个有机体的物质和文化的不断变化。每一特定城市和区域应当制订适合自己特点的标准和开发方针,不应照抄来自不同条件和不同文化的解决方案。

《马丘比丘宪章》充分考虑到第二次世界大战后城市化进程中出现的新的问题,总结其间的实践经验,提出了一些卓越的、具有很强指导性的观点。1933 年的雅典、1977 年的马丘比丘,这两次会议的地点具有重要意义:雅典是西欧文明的摇篮,马丘比丘则是在另一个世界里,一个独立文化体系的象征。雅典代表的是亚里士多德和柏拉图的理性主义,而马丘比丘代表的却是理性主义所不能包括的种种未知的世界。

3)"新城市主义"(New Urbanism)

"新城市主义"是从 20 世纪 80 年代开始,西方城市规划界兴起的一种思潮和运动,新城市主义者对现代主义城市模式展开反思,对城市、社区的意义和形式重新定义,试图通过城市设计来创造新型城市社区。新城市主义运动有固定的组织:新城市主义大会(CNU)。

CNU 认为新城市主义的任务是把现代生活的要素(住宅、工作场所、购物和娱乐活动),重新整合到一个紧凑的社区里,社区之间由公共交通连接起来。CNU 还指出,现代主义城市规划缺乏对人的生活的关注,过于强调物质环境的重要性,忽视了社区意识,并且城市的郊区化趋势和无度蔓延破坏了在社区中的人际联系。因此,新城市主义十分重视社区建设,强调在城市设计中突出社区感和宜居性,力求建设有凝聚力的新社区。

近年来,新城市主义思想在美国的旧城改造和新城建设中得到了广泛应用。在实践中新城市主义主要有两种模式:传统邻里开发(Traditional Neighborhood Development,TND)和公交导向开发(Transit Oriented Development,TOD),其中 TOD 模式在我国城市建设中得到了广泛运用。

4)精明增长理念(Smart Growth Concept)

在美国城市郊区化程度明显、城市蔓延发展严重的背景下,"新城市主义"运动与可持续发展、紧凑城市理念结合,结合渐进式规划的工作模式,形成了精明增长理念。2000 年,美国规划协会联合 60 家公共团体组成了"美国精明增长联盟"(Smart Growth America),将精明增长的核心内容定义为:用足城市存量空间,减少盲目扩张;加强对现有社区的重建,重新开发废弃、污染工业用地,以节约基础设施和公共服务成本;城市建设相对集中,空间紧凑,混合用地功能,鼓励乘坐公共交通工具和步行,保护开放空间和创造舒适的环境,通过鼓励、限制和保护措施,实现经济、环境和社会的协调。

今天我国的城市规划中吸收了精明增长理念的很多内容:如以划定城市增长边界(Urban Growth Boundary,UGB)约束城市蔓延是当前城镇开发边界划定的理论依据;填充式开发的理论与实践则成为今天城市更新行动的源头。

1.4　城市绿地系统规划与上位规划的关系

城市绿地是城市用地中的一个分类,在传统的规划体系中,城市绿地系统规划是城市总体规划中的一个专项规划。在程序上,城市绿地系统规划应在确定城市总体规划之后进行。而在我国以往几十年的城市规划实践中,我们往往也是这么做的。

但在改革开放以来快速城市化背景之下的城市建设实践中,这种方法已经暴露出了不少严重的问题,阻碍了城市生态环境的进一步改善。

首先,这样的规划程序注定了工作流程一定是先排建筑、道路广场,然后再用绿地来填充边角空地,自然条件良好的用地都被建筑物、道路广场等占据,只留下一些条件较差、不宜进行建设活动的用地作为园林绿地,这实际上是在这些园林绿地还没开始建设时就先给它们预备好了一堆"紧箍咒"。

其次,由于绿地系统规划的地位低下,不仅城市总体规划的些许改动变更都对绿地系统规划具有"指导意义",就连同属于专项规划的道路交通规划、居住区规划等,在与绿地系统规划发生冲突时也往往被放在更重要的位置上,绿地在城市中的重要地位在规划工作中丝毫没有得到体现。有鉴于此,很多规划研究者开始对传统规划程序进行反思,提出了在规划中应先行划定禁止建设区,以保护在生态环境安全中具有重要战略意义的区域。

确立国土空间规划体系,通过推进国土功能的有机统筹,从长远来看是有利于实现上述目标的。当前的规划实践也大大提高了城市建成区以外的生态绿地的优先地位,但城市建成区以内绿地布局的优先程度仍有待提高。

思考与练习

1. 简述霍华德"田园城市"思想的历史和现实意义。
2. 结合实例具体分析《雅典宪章》在当前我国城市规划中正反两方面的意义。
3. 如何评价"光明城市"与"广亩城市"规划思想?

2 城市绿地系统规划的理论与技术

[本章导读] 本章简明概括了城市生态环境及城市园林绿地的发展变迁,概括各个时期人类在城市发展、城市规划中如何对待城市与环境的关系、怎样建设城市绿地。同时介绍了从19世纪后期开始对城市园林绿地进行系统规划以来,城市园林绿地系统规划理论的进展,以及城市园林绿地系统规划工作的技术方法,重点在于景观生态学与规划的结合以及现代科技手段的应用。

城市的产生意味着人类的居住方式发生了根本性转变,而且人类聚居在一起便有了更强大的力量,从而有了主动改造自然环境的可能,地球上首次出现了经由人类改造而产生的环境——城市。从最早的城市出现到今天,人类的自然观和环境伦理经历了从"敬畏它"到"征服改造它",再走向"与它和谐共生"的几度转变。在城市绿地及生态规划中,规划理论也随人类对待自然环境与处理城市绿地的态度而变化。

如果说从古典造园艺术到现代城市公园是风景园林迈向科学化的第一次飞跃,从设计单个的城市公园到有计划地进行城市绿地系统规划是第二次飞跃,那么园林绿地规划与生态学(尤其是景观生态学)的结合,从区域整体的角度对生态要素进行布局规划则是第三次飞跃。

2.1 古代的城市环境观念

人类建立城市并定居其中,是进入文明社会的重要标志之一。城市聚落出现,意味着在一个较小的地理空间内开始有大量人口聚居,并从自然状态改造为满足人类需求的环境。但到工业革命之前,人类生产力水平还无力对自然界进行大规模改造,城市环境仍然受自然因素主导,因此在古代的城市环境观念中,城市仍被视为自然环境的一个普通组成部分。

卡洪城位于撒哈拉沙漠东侧,城市平面呈 380 m×260 m 的矩形,分三部分:城市西部的厚墙以西是奴隶居住区,面向从沙漠吹来的干热风,居住条件相对恶劣;厚墙以东的城区受干热风影响较小,大路以北是奴隶主居住的区域,由宽敞的大院组成;大路以南是平民居住区(图2.1)。乌尔城则坐落在幼发拉底河畔的河漫滩上,面积 1 hm² 左右。由于紧邻常常洪泛的大河,故城内的王宫、神庙及贵族宅邸都坐落在夯土高台上(图2.2)。

在两个城市的布局之中,首先规划者都意识到了自然环境对城市的不利影响(干热的沙漠风和洪水泛滥),从而在城市布局中设法予以规避,将较重要的功能、设施布置在远离这些不利因素的地方;其次,城市中都留有开阔的空地,据推测应该是农田和菜园,很多城市居民平日到这里从事农业生产。在城市中常常保留大面积的耕地,直到今天在中东的一些传统城镇中都还

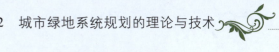

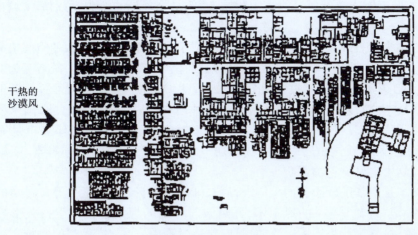

图2.1　卡洪城平面图

存在,这种现象有其合理性。

公元前5世纪,古希腊的建筑师希波丹姆提出了一种特别强调城市整体的秩序和美的城市规划模式,城市布局中体现几何与数的和谐,以形成秩序和美感。米利都城是这种规划模式的典型,城市布局以棋盘式道路网为骨架,城市空间分为三个主要部分:宗教圣地、主要公共建筑区、住宅区,住宅区又分为工匠住宅区、农民住宅区、城邦卫士和公职人员住宅区。

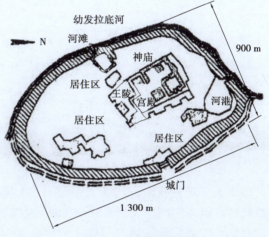

图2.2　乌尔城平面图

在城市发展的早期阶段之后,东西方城市的规划在绿地系统营建和与自然环境的关系上,就体现出了不同的特征。西方城市中园林绿地较少,而广场等公共空间较多,在城市发展中也将周围环境视为需要征服的对象。在被视为西方城市规划鼻祖的希波丹姆式古希腊城市规划中,为了坚持完美的方格网几何构图,城市道路并不对天然地形有任何避让。

直到工业化时代之前,西方城市基本上都缺乏必要的市政基础设施(如排水管道、清洁的饮水供应等)。随着城市规模扩大,这对居民健康造成了严重威胁。14世纪中叶时由于黑死病等瘟疫肆虐,欧洲城市人口明显减少,城市发展陷入停滞、倒退。为了克服这些弊端并创造美好生活,托马斯·莫尔(Thomas More)、康帕内拉(Tommaso Campanella)等人提出了以乌托邦(Utopia)为代表的理想城市模型。

乌托邦理想是整个构建理想社会的一部分,它们在当时不可能成功,但其中蕴含的思想仍不失光辉。首先,乌托邦理想提出了人类居住环境的理想目标;其次,它们明确提出城市规划建设要为大多数人服务,将为大众提供健康的生活环境放在社会改造目标之首。为此,乌托邦模型提出了小规模城市、高密度分布、保持城乡紧密联系、保证城市通风良好等关于环境方面的设想。

这种对人类前景的长远关注和人居环境公平享受的原则,推动了欧文(Robert Owen)等空想社会主义者进一步构思理想社会的物质形态,并在实践中提出新协和村(New Harmony,

图2.3)这样的城市模式,这也是后来"田园城市"等规划理论的源头,可谓后来城市规划科学的开路先驱。

而在以中国为代表的东方,古代城市在近两千年内保持着基本一致的空间格局特征和一脉相承的规划思想基础,即儒家的礼制思想和因地制宜、顺应自然的原则,两者互为补充。

《周礼·考工记》记载了一种"以礼定制"的理想城市模式:"匠人营国,方九里,旁三门,国中九经九纬,经涂九轨,左祖右社,面朝后市。"这种模式在后来不断被强化,国家权力保证了礼制思想对中国古代城市格局的控制。但实际上,迄今尚未发现当时哪座城市是完全按照这种"周制"来规划建设的,反倒是后来在都城规划中的影响越来越深,就连日本、朝鲜等周边国家的古代城市规划中也可见它的影响。

顺应自然本是中华民族固有的宇宙观,后来渐渐与阴阳五行、巫术等非科学的话语体系合流,形成具有一定"理论体系"的风水术,并对人居环境的规划建设产生持久影响。在南方地区,特别是市镇、村落等较小规模聚落的择址、建造过程中,"风水"思想的影响实际上占据主导(图2.4)。

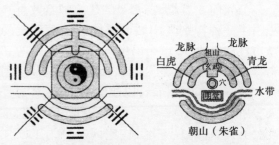

图2.3 欧文的新协和村　　　图2.4 中国传统宇宙模式与"风水"择居模式

隋唐长安城是我国古代城市建设的一个里程碑,城市面积84 km²,鼎盛时人口达百万以上。虽然同样是城市空间中突出秩序,但却与希波丹姆城市模式形同神异:缺乏城市公共集会空间,也没有城市中心宗教区域。园林化的寺观及少量滨水空间成为市民游憩场所。在城市与自然地形冲突时,方格网式布局构图让位于顺应天然地形。如长安城东南角有曲江池这一天然地形,在城市建设时就将城墙向内收缩了一坊多的空间出来(图2.5)。

南宋都城临安(即杭州)是东方山水城市建设的典范:杭州有着得天独厚的风景资源,紧邻山清水秀的西湖,湖滨风景优美的地方纷纷被辟为行宫御苑和私家花园。这些园林建设进一步提升了西湖的风景质量,使之在后世发展为城郊的特大型开放园林、风景名胜区和公共游览地,也奠定了杭州山水城市的格局。到明代之后风水学说更加成熟,在很多南方城市的选址、建设中,顺应自然的环境观念得以更加理论化、体系化地实现。由于自然地形丰富多样,城市形态格局不强求规整方正,更加自由多变,在选址时甚至会将自然山体、河湖完全纳入城市之中,在城市布局中会使重要建筑和视景通廊的朝向面对城市之外的山峰、塔等标志点以形成对景。

进入18世纪以后,日本文化发展到相当高度,这时的日本城市在城市园林绿地和开敞空间的规划上有一些独特之处:幕府将军在江户(今东京)城近郊建造了御殿山、飞鸟山、桃园等多个面向市民开放的景点,并建造了配套的茶室、游路等游览设施。这些公共游园满足了市民休闲活动,功能上已具备现代公共绿地和风景区的某些特征。虽然与同期的中国城市一样,日本城市绿地限于寺院和贵族庭园中,缺少对市民开放的公共绿地,但由于多地震的自然条件及对防火要求较高,日本城市中开始有意识地设置避灾的"火除地"。

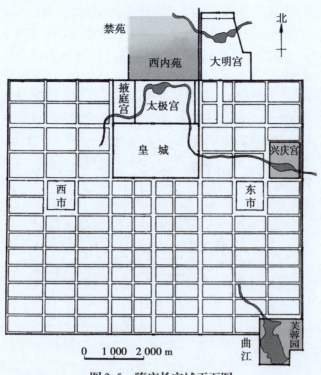

图 2.5　隋唐长安城平面图

2.2　近代城市绿地规划的实践及观念

　　进入工业革命后,随着大量农村人口涌入城市转变为产业工人,城市规模急剧扩张。1685年伯明翰人口仅有 4 000 左右,到 1760 年时便增长到 3 万;曼彻斯特的人口从 1685 年的 6 000增长到 1851 年的 30 多万。产业工人拥挤在狭窄的棚户区内,居住条件极其恶劣。与此同时,工业生产和城市生活毫无顾忌地向环境中排放污染,城市人居环境急剧恶化,这极大地影响了城市居民(尤其是婴幼儿)的健康。在纽约,婴儿死亡率由 1810 年的 12% 上升到 1870 年的24%。1818 年,一场大规模霍乱在英国大流行,致使 6 万余人死亡。1831 年时霍乱再次在整个欧洲大爆发,英国城市中 3 万多人死亡。此时,城市环境问题已成为严重威胁社会稳定,甚至是激发潜在社会矛盾的重要原因。

　　1833 年,英国政府的专家委员会指出:必须进行大规模公共空间建设,保留开放空间作为公共游憩场所,这样才能改善城市环境现状,构建保障城市社会稳定的空间基础。1835 年英国议会通过法令,允许在多数人提出要求的情况下动用税收来兴建城市公园。1843 年,利物浦市议会决定新建伯肯海德公园(Birkenhead Park)(图 2.6),这是根据该法令兴建的第一座公园:市政府出资购买了一块 74.9 公顷的荒地,其中 2/3 用于建设公园,其余土地用于开发住宅。在住宅全部建成后,出售住宅的收入偿还购地和公园建设费用仍有盈余,同时公园周边的人居环境和卫生条件也得到很大改善,传染病发病率大大下降。实践证明:城市公园建设具有重要的社会意义,在资金上也是可持续的。

　　伯肯海德公园是世界上首座真正意义上的城市公园,它的成功标志着现代城市公园运动的产生,此后欧洲大陆国家纷纷效仿英国开展城市公园建设。如法国,在 19 世纪中期著名的巴黎改造规划中,奥斯曼男爵(Baron Haussmann)将城市东西两侧的两个王室禁苑布洛涅林苑(Bois de Boulogne)和文森内林苑(Bois de Vincennes)改建为面向市民开放、适于游憩的森林公园,并在森林公园与市区之间建设宽阔的林荫大道。布洛涅森林公园面积 873 公顷,文森内森林公园面积 995 公顷,这两大绿地成为向城市输送新鲜空气的"绿肺",为改善巴黎城市生态环境、提供公共活动空间发挥了巨大的作用(图 2.7)。

图 2.6　利物浦伯肯海德公园平面图

图 2.7　巴黎的两大城市公园

在美国,由于城市发展没有历史的包袱,因此美国的城市公园及绿地建设后来居上,并且率先走向理论化。纽约中央公园和波士顿"翡翠项链"公园系统的建设是其中具有标志性的事件,前者预示着城市公园运动在美国的开端,随后也成为其他城市公园建设的范本;后者则在城市规划史上第一次将城市公园绿地作为一个完整的系统进行建设实践。

随着城市快速扩展,19 世纪中期纽约城市人居环境开始恶化,特别是曼哈顿区更是嘈杂混乱。1851 年纽约市政府向议会提议建设公园,随后在曼哈顿岛上选定一块位于当时市中心北侧、面积 340 公顷的土地作为将来中央公园的建设用地,计划在大都市中营造出开阔的景观风貌。1857 年,纽约州政府公开征集公园设计方案,要求园中具有游戏场、展厅等设施,还要确保地块上原有的 4 条东西向城市道路畅通。1858 年,美国风景园林学科先驱奥姆斯特德的方案被选中。方案为自然式布局,布置了人工湖、游步道,以及被树丛环绕的大草坪,形成都市中的田园景色,很好地满足了大都市居民渴望看到自然风光的需求。公园内部采用人车分流的交通设置,原有的 4 条城市道路则从地下穿过公园,立体交叉的手法既保证了城市干道的通畅,也确保了公园内部空间的完整(图 2.8—图 2.10)。1873 年正式完工后,中央公园为身处高密度建成环境中的居民提供了稀缺的休闲场所和公共活动空间,并在 1962 年被美国内政部指定为国家历史名胜。

在为其他城市设计了一系列城市公园之后,奥姆斯特德对于城市公园的着眼点开始从如何营造艺术效果转向如何更好地提升城市环境品质。1895 年,奥姆斯特德设计的波士顿公园绿道系统基本建成,系统由 9 部分组成:公地(Boston Common)和公共花园(Public Garden)、联邦林荫道(Commonwealth Avenue Mall)、后湾沼泽(Back Bay Fens)、马迪河(Muddy River)、河滨景观道(Riverway)、莱弗里特公园(Leverett Park)、牙买加池塘公园(Jamaica Pond Park)、阿诺德植物园(Arnold Arboretum)、富兰克林公园(图 2.11)。

图2.8　中央公园与周边林立的高楼

图2.9　中央公园内部的开敞空间

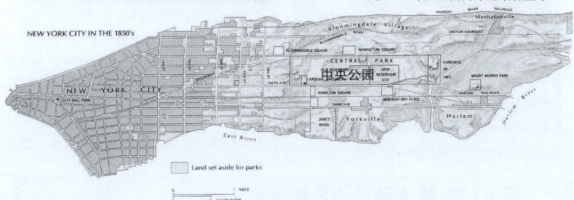
图2.10　中央公园在纽约城市中的区位

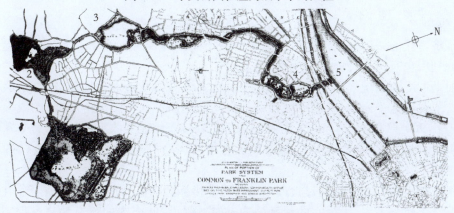
图2.11　波士顿"翡翠项链"绿道系统平面图
1.富兰克林公园　2.牙买加池塘公园　3.莱弗里特公园　4.后湾沼泽　5.查尔斯河

公园绿道系统全程长约11.2 km,总面积约450 km²。与最初的城市公园相比,被誉为"翡翠项链"(Emerald Necklace)的绿道系统更强调系统性,通过一连串的公园路和滨水散步道,将分散的各个公园连接起来,构成一个完整的体系。

在设计纽约中央公园和规划波士顿公园系统时,奥姆斯特德强调要将自然引入城市,以公园环绕城市,他提出用 Landscape Architecture 代替之前习用的 Landscape Gardening 作为行业名称,用 Landscape Architect 代替 Landscape Gardener 作为从业人员的名称,认为风景园林行业不应再局限于私家(或皇家)园林的造园活动,而应与城市环境规划相结合。

城市公园不仅极大改善了城市人居环境,还成为社会平等的重要象征。奥姆斯特德对伯肯海德公园给予很高的评价:"在民主国家,没有什么地方能与人民的花园媲美,所有华丽的娱乐场所全都无保留地永久归人民所有,最贫苦的英国农民都有权像英国女王一样,自由地享受这花园的全部。"霍华德提出田园城市思想之后,城市公园绿地的重要地位越发提高:在规划一座新城市时首次系统性加入了绿地规划的内容,提出用受到保护的永久性绿地环绕城市,以防止城市无度蔓延。这实际上便是后来设置隔离绿带和禁建区等规划思想的源头。

图 2.12　美国黄石国家公园

公园建设的理念在城市以外也得到落实,19 世纪后期在美国提出了建设国家公园保护自然遗产的思想,1872 年美国总统格兰特签署了《黄石公园法案》,黄石国家公园从而成为世界上首个国家公园(图 2.12)。为了保护自然遗产和荒野环境,在美国逐渐形成了区域公园体系,区域公园体系包括城市外的大型自然保护区和风景区,由政府立法机构进行建设,包括州级公园(State Park)和国家公园(National Park)两个层次,在前者中可以开展较多的游憩娱乐活动,而后者则以保护自然生态系统和地形地貌为主。

2.3 微课

2.3　城市绿地系统规划的传统理论

2.3.1　氧平衡理论

计划经济时代的城市规划工作追求确定性,因而试图总结出一些普适性原则。这种想法在绿地系统规划中也有体现,例如氧平衡理论。

这一时期的绿地系统规划中,以城市绿地就地完全提供城市居民所需的氧气,吸收城市居民呼出的二氧化碳这一原则,来确定城市绿地总量。据研究:一个体重 75 kg 的成人每天吸入 750 g O_2,呼出 900 g CO_2,而 1 hm^2 发育良好的温带森林每天能吸收 1 t CO_2,放出 0.73 t O_2。根据这些数据很容易算出:在温带地区城市每人拥有 10 m^2 林地(或 25 m^2 草地),就足以达成 O_2—CO_2 平衡了。

该结果曾很大地影响了我国过去许多城市绿地指标的确定,直到近期仍有著作在沿用。但实际上这一结果意义不大,因为它的计算是基于如下假设:城市内的所有耗氧过程完全自给自足,不需要外界输入氧气。实际上在城市中还有燃料燃烧等其他耗氧过程,据研究:城市中实际耗氧量是城市居民呼吸耗氧量的 10 ~ 20 倍。如果只通过内部供氧达到 O_2—CO_2 平衡,则城市人均绿地面积需要 100 ~ 200 m^2,这显然突破城市形态的基本限制了。由此可见,将城市视为封闭系统的观点显然不能适应现代城市规划的需要。

2.3.2   绿化隔离带理论

很长一段时期内,用绿地来围绕城市或者分隔城市组团是城市规划中的常用手法,目的是对城市的无度蔓延进行限制。这种方法在计划经济年代还是有一定作用的,在一定时期内保持了城市形态的稳定。但在市场经济体制下,纯粹为隔离而建设的绿地因为缺乏综合效益,因而很难抵挡经济催动的城市膨胀。最早在规划中进行绿地分隔城市组团的北京,恰恰曾是"摊大饼"式无度扩张最为典型的城市。

由上可见,上述计划经济时代的绿地规划理论基本出发点合理,一些原则(如公共绿地服务半径)对当前规划实践也有较大价值。但总的来说,这些理论对城市的复杂性估计不足,因而在实际工作中(尤其对大城市、特大城市来说)的指导性不强。另外,这些传统理论科学性不足,难以进一步准确化。

2.3.3   点、线、面结合的布局原则

在城市绿地结构上,传统绿地系统规划的主要布局原则是"点、线、面结合"。点是大中型公共绿地,以其等级确定服务半径,尽量使每块绿地的服务半径将规划区域覆盖满,不要有空白,也不要有重叠;线是道路绿化、河滨绿化等带状绿地,根据城市主导风向,将其中一部分作为引导郊区新鲜空气进入的进风通道和市区被污染空气排出的排风通道;而面则是广泛分布在市区内其他用地中的附属绿地。

"点、线、面结合"的提法看似周全,面面俱到,但由于没有严格准确的定义,使得这个原则缺乏足够的科学性,造成绿地系统规划的结果没有可辩护性,自圆其说过于方便。在实际规划工作中,不少有明显欠缺的绿地规划方案,却能很容易地找出一套说辞来切合"点、线、面结合"的原则,并衍生出许多朗朗上口、天花乱坠,却没有可实施性的"发展战略"。

根据服务半径布置公共绿地理论上是无懈可击的,但现实中城市人口密度分布可能会很不均匀:人口密度高的地区要求更多的公共绿地,才能满足同样面积区域内居民的游憩需求,即公共绿地规模相等时,位于人口高密度区域绿地的服务半径较小。另外,环境质量较差的区域在数量上对公共绿地的需要无疑也要多于环境质量较好的区域(图 2.13、表 2.1)。

表 2.1   城市公园适当的服务半径

公园类型	面积规模 M/hm	规划服务半径/m	居民步行到达耗时/min
市级综合公园	$M \geqslant 20$	2 000 ~ 3 000	25 ~ 35
区级综合公园	$20M \geqslant 10$	1 000 ~ 2 000	15 ~ 20
专类公园	$\geqslant 5$	800 ~ 1 500	12 ~ 18
儿童公园	$\geqslant 2$	700 ~ 1 000	10 ~ 15
居住小区公园	$\geqslant 1$	500 ~ 800	8 ~ 12
小游园	$\geqslant 0.5$	400 ~ 600	5 ~ 10

2.3.4   改进后的氧源理论

从空气交换的角度出发,城市及周围郊区应视为处于同一个系统之中,郊区农田(或林地)是城市主要氧源绿地。现假设某城市人均用地为 100 m^2 左右,城市内部有以林地为主的绿地

25 m^2,则需要相当于城市用地面积 9～10 倍的农田草地,或者 2 倍的林地作为氧源绿地,可以达到大环境内的氧供需平衡。但是,城市周围绿地产生的氧气并不会全部供给城市,因此氧源绿地应布置在城市主导风的上风向。假设城市建成区边长 10 km,在上风向宽 10 km、长 100 km 的区域内全是农田或草地,在市区风速>1 m/s 的条件下,可以保证每天城市空气置换 10 次以上。因此,当氧源绿地的长度为城市建成区边长的 10 倍(全是农田草地)或 2 倍(全是森林)时,可保证产生的新鲜空气充分供给城市。

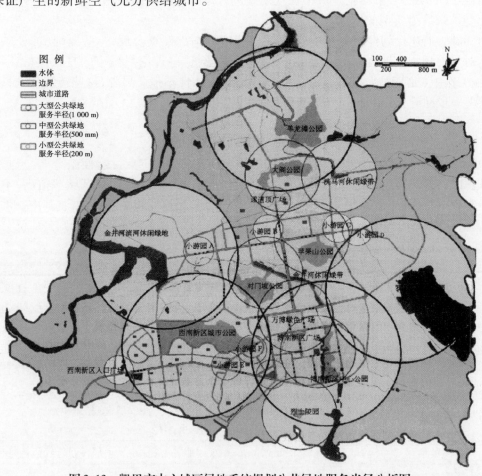

图 2.13　凯里市中心城区绿地系统规划公共绿地服务半径分析图

(资料来源:刘骏、蒲蔚然.2004)

　　在规划操作中,可以通过风玫瑰图辅助确定氧源绿地范围。方法如下:把城市风玫瑰图叠加在城市平面图上,将风玫瑰图按 X 倍放大即可得到城市氧源绿地的布局。即设城市半径为 R,氧源绿地长度为 D,风玫瑰风频为 L,则 $D=LXR$。当氧源绿地全部为森林时,$X=2$,全部为农田时 $X=6～10$,可以根据所在城市氧源绿地实际的植被构成,推算出相应的 X 值。

　　根据城市性质不同,应选取不同风频为 L 值。例如,休疗养城市需要保证全年均有充分氧气供应,所以在规划中考虑最小频率风向下的城市空气质量,L 取风玫瑰图上的最短风频 L_{min};重要城市需保证全年多数风向时有充分氧气供应,因此 L 取风玫瑰图上平均风频为 L_{avg};而一般城市只需保证处于全年主导风向时有充分氧气供应即可,因此 L 取风玫瑰图上的最长风频 L_{max} (图 2.14)。

图 2.14　风玫瑰图与城市氧源绿地布置

（资料来源：李敏.1999）

上述模型很好地考虑了风向的影响，但必须指出这是个静态的模型，在实际计算中，必须在模型里预留出城市发展用地；另外当城市平面形态不规则时，运用该模型确定布局会很困难。

2.3.5　基于进排风需要的绿地布置

过去的城市绿地规划常常在城市交通干道上种植行道树，使交通干道成为新鲜空气输入城市的通道。这对于机动车数量较少的城市或许是可行的思路，但在汽车很多的较大城市中就是错误的做法了，因为有大量汽车的城市干道本身便是污染源，而在道路两旁高楼林立，使得道路上空的空气流动不畅。如果再将城市交通干道作为进风通道，那么输送到城市居民身边的将是充满污染物的而不是新鲜的空气。

因此，在进行城市总体规划时应预留或开辟带状开敞空间（最好是绿地），作为新鲜空气进风通道，而交通干道则应该作为将被污染空气排出城市的通道。城市进风通道的走向不宜完全顺着城市的主导风向，而应有一定的偏角，以利于风向分流，充分进入不同方向的道路（图 2.15）。

进风通道上布置绿地，要首先保证进风的通畅，以种植低矮灌木、草本植物为主，不宜单纯追求绿量。而城市排风通道则要尽量顺应主导风向，直通布置。

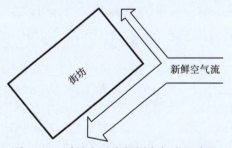

图 2.15　对导入城市新鲜空气进行分流

在具体布置中：城市进风通道宽度应与常年平均风速成反比，与通风面积成正比，设定的通风量应能保证区域内一天的供氧平衡。设城市边长为 $L(\text{km})$，平均风速为 $V(\text{km/h})$，城市每天换气次数 T，进风通道总宽度为 $W(\text{km})$，则

$$W/L = 1/T \quad T = 24V/L$$

2.3.6　应对热岛效应的绿地布置

热岛效应是城市气候的重要现象，它引起热岛环流并使污染向市中心聚集。这个现象给我们两方面的启示：首先，在城市/城市组团设置大面积中心绿地，能有效减少空气污染物在城市/城市组团中心集中的程度，改善中心区空气质量；其次，城市/城市组团的面积过大时，在中心区集中的空气污染荷载超出了绿地的净化能力。只有在城市/城市组团边长不大于 5 km 时，设置中心绿地才有减轻污染的意义（图 2.16、图 2.17）。

图 2.16　仅有周边绿带,由于污染累加
造成城市中心污染集中

图 2.17　设置绿心,分散了城市中心的高污染

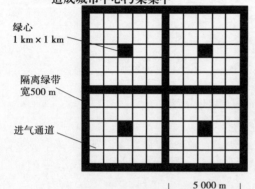

绿心
1 km×1 km

隔离绿带
宽500 m

进气通道

5 km

5 000 m

图 2.18　简化的城市组团绿地布置模式

（资料来源:李敏.1999）

假设城市中各组团均为边长 5 km 的正方形,面积为 25 km²,人口规模 50 万人左右,组团分隔绿化带宽度取 500 m,组团绿心为边长 1 km 的正方形。隔离绿带面积由相邻两个组团分摊,这样在每个组团中,由绿心和隔离绿带组成的生态绿地面积 5.25 km²（绿心面积 1 km²,隔离绿带分摊面积 5 km²）,占组团面积的 20.6%。如果整个城市的结构均为该组团模式,人均生态绿地可达 12.5 m²（图 2.18）。

假设某特大城市:人口为 400 万,建成区面积 400 km²,年平均风速为 2 m/s,根据式 2-1 计算得进风通道宽度 $W = 2.3$ km。设平均每隔 1 km 设一条进风通道,则进风通道绿地总面积占城市总面积的 11.5%。再加上前述模型中生态绿地面积比例 20.6%,二者相加得出绿地总面积比例应为 32.1%,又考虑到隔离绿带也有一定进风作用,该比例可下调至 30%上下。

根据上述模型和计算方法,还可以计算其他规模城市的绿地指标。20 万人以下中小城市热岛效应较弱、生态绿地总指标可减至 25%.而千万人口以上的大都市,这个比例则应增加。

2.4　基于生态学的绿地系统规划理念

2.4 微课

苏格兰学者帕特里克·盖迪斯（Patrick Geddis）最早从整体的角度来考虑人类居住、建设与环境的关系,他用"流域分区图"来表达这种关系。盖迪斯概括了一条典型河流从源头到河口的剖面,在流域中的不同区域内对应着不同的人类生产建设活动:海拔最高的源头山区通常是矿工工作的地方;在海拔次高的地方分布着森林,是伐木工工作的地方;再往下则是猎人和牧人工作的环境;靠近低地的地方是农人和园丁工作耕耘的地方;海岸附近则是渔民的场所（图 2.19、图 2.20）。

图 2.19　帕特里克·盖迪斯

矿工　伐木工　猎人　牧人　农人　园丁　渔民

图 2.20　盖迪斯的流域分区图

盖迪斯认为，如果不尊重顺应自然的人地关系，那么人类的建设活动最后要么是失败，要么就是不得不耗费大量的人力物力，并且要冒很大的风险。因此，他提出了科学的环境调查方法和自然资源分类系统，在此基础上进行土地规划，以协调人类活动与自然系统的关系。

而真正将生态学原理引入城市绿地系统规划，则是美国学者麦克哈格（I. L. McHarg）的功绩，他不仅被认为是继奥姆斯特德之后最著名、最具影响力的风景园林学者，还是一个极富创新精神的教育家、成果卓著的实践家，更是一个积极倡导生态规划与环境保护的公众人物。

最能体现麦克哈格思想的著作是1969年出版的《设计结合自然》（*Design with Nature*），该书通过多个实际案例，深刻论述了人对自然环境有不可侵害的依赖关系，阐述了大自然演进的规律，并指出了人类正确利用各种不同类型土地的途径。在第一章"城市与乡村"里，麦克哈格用自己的亲身经历，把自然环境的美好、人在自然中内心获得的宁静和充实展现给读者，让读者充分理解自然的价值。该章的末段可以说是该书的主旨："愿人们放弃已经形成的自取毁灭的工作生活习惯，将人与自然潜在的和谐表现出来。世界是丰富的，为了满足人类的希望仅仅需要我们通过理解和尊重自然。人是唯一具有理解能力和表达能力、有意识的生物，他必须成为生物界的管理员。要做到这一点，设计必须结合自然。"

2.4.1　景观生态学基本原理

如果将着眼点放到更大的范围，便可以看到：城市园林绿地的生态效益还包括保障城市各方面生态安全，如生物栖息地的保存、自然生态过程的恢复等。20世纪80年代之后，景观生态学与风景园林规划结合，景观生态规划逐渐形成完整成熟的理论、方法，为城市园林绿地规划承担这些责任提供了支持。

斑块（patch）-廊道（corridor）-基质（matrix）模式是景观生态学解释土地类型的语言，地面的任何一点必然位于斑块、廊道或基质三者中的某一个里面。景观生态规划理论，运用斑块-廊道-基质的基本模式来解释地表景观基本结构，并分析景观，研究多个生态系统之间的空间格局。

景观生态学中有一些基本原理对景观生态规划具有重要的指导意义，它们包括：

关于斑块的原理，即斑块的尺度、数目、形状和位置与自然生态过程关系的原理。

关于廊道的原理，即廊道的连续性、数目、构成、宽度与自然生态过程关系的原理。

关于基质的原理，即景观异质性、质地粗细与景观阻力和自然生态过程的关系。

景观生态规划总体格局原理，包括不可替代格局、"集聚伴随离析"（aggregate-with-outliers）的最优景观格局等。

景观生态学还提供了一套定量的度量体系，在这一体系中，景观结构由两个基本要素组成：成分（component）和建构（configuration）。成分的度量包括斑块的多度和类型面积比例、斑块数目和密度、斑块尺度。建构的度量包括斑块的边长面积比、边缘对比、斑块紧密性和相关长度、最近毗邻距离、平均毗邻度、接触度。

景观生态学理论为合理布置城市绿地提供了理论依据，与中型或小型斑块相比，大型斑块含有更多的不易受外部扰动影响的内生生境，而且绝大部分物种（尤其是野生物种）的生存都要求有一定的最小面积，因此大型绿地一般都处于城市生态安全格局的重要战略位置。一般来说，鸟类和植物种类都随斑块大小和数量的增加而增加（图2.21）。

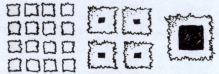

图2.21　大中小型斑块与内生生境（黑色部分）

2.4.2　生态禁建区理念

随着对城市本质了解的深入,现代城市规划已不再追求终极蓝图式的规划模式,在物质空间布置上,规划师的核心任务从"要做什么"转变为"不该做什么"或者"不能让什么发生"。工作内容也从"在哪里建设什么"转变为"不能在哪里进行建设"。

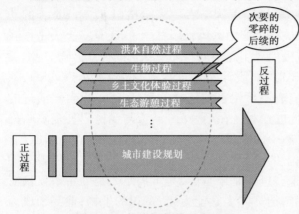

图 2.22　传统规划的思考流程

这种逆向思维即禁建区规划,基于生态安全的考虑设立的禁建区就是生态禁建区,这些"留白"的非建设区域用来建设生态基础设施,它是维护城市所在区域的生态安全和生态系统健康运行的关键,是城市获得稳定持续的生态服务的基本保障,是对城市向外扩张的刚性限制。对它们的规划设计,必须先于城市建设用地的规划设计进行。

如图 2.22—图 2.24 所示,我们可以看出禁建区规划与传统规划模式在思考流程和工作模式上的不同。

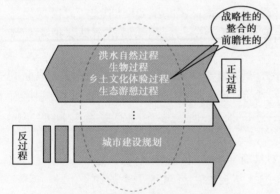

图 2.23　基于生态禁建区的思考流程

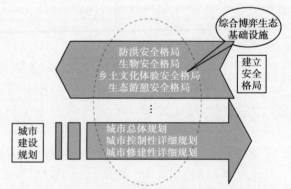

图 2.24　通过景观安全格局方法实现生态禁建区规划

2.4.3　生态廊道规划

廊道是生态基础设施的主要结构,能作为生态基础设施的廊道一般有两种:生物保护廊道及河流廊道。

生物保护廊道的规划设置必须注意以下关键问题:

①应该使廊道保持足够宽度,以减少边缘效应的影响(表 2.2)。

②应根据廊道内可能出现的最敏感物种的需求,来设置廊道宽度。

③尽可能将生态质量最高的生境包括在廊道边界内。

④对于较窄、缺少内部生境的廊道来说,应促进和维持植物群落的复杂性,这样能增加植被的覆盖度,改善廊道的生态质量。

⑤廊道应该联系和覆盖尽可能多的环境类型,即保护生境的多样性。

⑥若廊道宽度不超过 1 km,则在一定距离内应该有一个节点性斑块出现。

表 2.2　多数学者认同的生物保护廊道宽度与功能的关系

宽度 d/m	功能特点
$d \leqslant 12$	物种多样性低,且随宽度变化不明显
$12 \leqslant d \leqslant 30$	草本植物物种多样性为廊道以外的 2 倍以上
$30 \leqslant d \leqslant 60$	含有较多生境斑块的边缘种,但物种多样性仍然不高
$60 \leqslant d \leqslant 600$	能满足生物迁徙、传播和生物多样性保护,草本植物和鸟类具有较高的多样性和内部种
$d \geqslant 600$	能拥有接近自然结构的、物种丰富的景观结构,含有大量内部种

资料来源:俞孔坚.2005

在规划中,对河流廊道的结构在宏观和微观层面上有着不同的要求。从宏观层面上说,河流廊道是由河流将一系列小型自然斑块串联起来,并连接几个大型自然斑块的景观结构。在城镇地区,河流廊道包括约 100 m 宽的滨河带、沿河的植被群落和生物栖息地、湿地、蓄洪滞洪区等。而河流廊道微观层面的结构(即宽度和剖面形态),应该由河流廊道的功能决定,通常主要保证两方面的功能:控制水流和营养流;促进河流两侧上下的动物迁徙(图 2.25、图 2.26、表 2.3)。

图 2.25　河流廊道的基本景观格局　　　图 2.26　河流廊道的结构和功能

表 2.3　不同学者提出的沿河生态廊道宽度及功能指标

提出者	宽度/m	功能特点
Steinblums 等	23～28	河流及其两侧的植被可有效地降低环境温度 5～10 ℃
Cooper 等	30	防止水土流失,过滤污染物
Correllt 等	30	有效截流氮、磷等营养物质的流失
Cooper 等	80～100	有效减少水土流失,截流入河径流中 70% 的沉积物
Brown 等	20～200	控制沉积物(美国联邦及州级立法)

资料来源:俞孔坚.2005

2.4.4　绿道规划

廊道能为生物迁徙和水流、空气流等各种生态流提供通道,并增加绿地之间的连接度,因此具有非常重要的意义。对景观安全格局影响重大的廊道一般是河道、带状林地等,由于小型斑块生态效益相对较差,但在实际规划中又往往只能建设一些小型公园。我们可以通过廊道将数个小型公园之间、小型公园与大型自然斑块联系起来,建立连通性良好的景观安全格局。实际上,这样的布置方式早在一百多年前波士顿的"翡翠项链"中就已出现(图 2.27)。

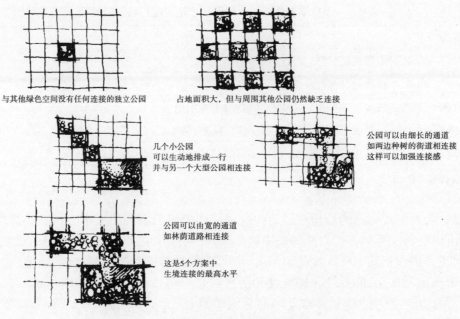

与其他绿色空间没有任何连接的独立公园　　　　占地面积大，但与周围其他公园仍然缺乏连接

几个小公园
可以生动地排成一行
并与另一个大型公园相连接

公园可以由细长的通道
如两边种树的街道相连接
这样可以加强连接感

公园可以由宽的通道
如林荫道路相连接

这是5个方案中
生境连接的最高水平

图2.27　小型公园与其他公园不同的连接方式

自20世纪80年代以来，生态廊道与遗产廊道、游憩通道相结合，形成了综合性多目标的绿道概念，并成为现代城市绿地系统规划中的重要内容。绿道最初起源于城市规划中绿线、蓝线的概念，而最早完整地出现则是在美国政府户外活动管理委员会的文献中，该文献认为人们未来的户外生活环境应该由"绿道"组成。目前普遍采用的是阿亨（Ahern）提出的绿道概念，即绿道是经过规划设计、有管理的成网络体系的廊道系统，具有生态、娱乐、文化、审美等多种功能，是一种可持续的土地利用方式。

早在秦代，中国四川地区就有了大规模种植行道树的驿道；在隋代，又沿大运河两岸大量植树，这些都可以说是今天绿道建设的雏形。现代意义上的绿道，形式非常多样，既包括废弃铁路线、沟渠、风景道路等人工走廊所建立的线型开敞空间，也包括沿着河岸、沟谷、山脊线等自然走廊建立起来的游憩道路。

现代绿地系统规划中，绿道规划的内容包括4个方面：

①对风景资源、现存绿色通道和历史通道网络的分析。

②绿道各组成要素评价。

③综合评价。

④绿道布局确定。

在绿道设置的设计手法上，可以与宗地改造结合，将废弃铁道建设成绿道，或者在煤气管道、供电供水管道等市政基础设施两侧建设绿道。

国外著名的绿道有法国的卢瓦尔河绿道、美国的东海岸绿道，都是长度在700 km以上、跨多个行

图2.28　"珠三角"绿道

政区的大型综合性廊道,因此在建设中需要进行政府间协调,并提升公众参与程度。我国率先进行绿道建设的是"珠三角"地区,在 2010 年提出建设由 6 条绿道组成的网络系统,并且随后向"珠三角"以外的广东全省延伸,至 2012 年已建成绿道总长度 1 978 km(图 2.28)。

2.5　基于可持续发展的绿地建设

2.5、2.6 微课

2.5.1　节约型园林

在城市中,园林绿地担负着提供生态服务的作用,但今天我国的园林绿地建设中,却常常建造过多的大草坪、大广场、大喷泉,片面强调视觉效果,忽视绿地的基本功能,并造成资金、资源的极大浪费。

有鉴于此,2007 年住建部提出了建设"节约型园林"的口号,以更好地服务于建设资源节约型、环境友好型社会的战略目标。

建设节约型园林不是否定建设精品园林,不是一律因陋就简,而是要从节约型社会的角度出发,实现 3 个层次的目标:

①使园林绿地为城市提供尽可能多的生态服务,而不是消耗大量能源和资源。

②建立城市生态环境的保护屏障。

③实现人与自然的和谐共存。

第一方面,园林绿地建设应体现在挖潜、节约资源两方面,后者又可具体分为保土、节水、节能、节材、节地 5 种模式;第二方面可分为保护现有自然生态环境、改善退化的自然生态环境、建立城市防护体系 3 大方向;第三方面可分为保持土地特性与景观的和谐统一、探索合理的土地利用方式、促进人与自然和谐发展 3 大任务。

2.5.2　市民农园

市民农园是在市区或近郊,以农业耕作、园艺栽培为主要功能的一种新型绿色空间,同时也兼备交往功能。近年来,都市农地在欧洲、日本等发达国家的城市中有了较大发展,但在我国的发展则刚刚起步。

市民农园在最初设立时,多与所在国家的农业政策相结合,在第二次世界大战时期,欧洲大多数国家城市居民的食物是通过都市农园实现自给自足的,这正是欧洲国家市民农园传统所具有的社会基础。在今天,绿色可持续发展理念成为共识的时代背景下,市民农园又有了拉近人与自然的距离、减少运输产生的碳排放,以及保证食品安全等新意义。

在广义上,市民农园的形式除了在居住区中专门辟出的农园外,还有阳台农业、屋顶农业等其他形式。随着市民农园的发展,城市绿地的形式也将更加多样化。

2.5.3　海绵城市建设

随着我国城市化进程不断深入,城市水环境问题日益严重,突出体现在三大方面:第一是内涝问题,随着极端天气现象出现频率增加,国内许多大中型城市频繁发生严重内涝灾害,如 2012 年 7 月 21 日至 22 日,北京市遭遇罕见特大暴雨,有 79 人死亡,受灾人口 190 万,经济损失高达 116.4 亿元;第二是水体萎缩问题,在内涝频发的同时,城市湿地和湖泊大量消失;第三是

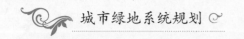

水质污染问题,近年来某些城市水体水质显著恶化、黑臭水体所占比重大大增加。

造成上述现象的主要原因是,城市化进程使得地面硬化,阻断了雨水的自然下渗过程,同时传统城市排水完全依靠工程管道等灰色基础设施,降水完全形成地表径流。因此在应对内涝洪灾和水安全上存在明显不足,无法有效缓解和改善城市水生态问题。

在此背景下,起源于北美的"低影响开发雨水系统"理念与中国城市需求相结合,形成了"海绵城市建设"策略,建设目标是使城市能像海绵一样,在有降雨时能够就地或者就近吸收、存蓄、渗透、净化雨水,补充地下水,调节水循环;在干旱缺水时有条件将蓄存的水释放出来,并加以利用,从而让水在城市中的迁移活动更加"自然"。在海绵城市建设中,一方面,应最大限度地保护原有的河湖、池塘、湿地等"自然海绵体"不受开发活动的影响,另一方面,应新建一定规模的人工"海绵体"。城市绿地作为重要的人工海绵体,在海绵城市建设中发挥着重要作用。

海绵城市建设的具体要点有如下几个:

①提出不同类型绿地的低影响开发控制目标和指标。根据绿地的类型和特点,明确公园绿地、附属绿地、生产绿地、防护绿地等各类绿地低影响开发规划建设目标、控制指标(如下沉式绿地率及其下沉深度等)和适用的低影响开发设施类型。

②合理确定城市绿地系统低影响开发设施的规模和布局。应统筹水生态敏感区、生态空间和绿地空间布局,落实低影响开发设施的规模和布局,充分发挥绿地的渗透、调蓄和净化功能。

③城市绿地应与周边汇水区域有效衔接。在明确周边汇水区域汇入水量,提出预处理、溢流衔接等保障措施的基础上,通过平面布局、地形控制、土壤改良等多种方式,将低影响开发设施融入绿地规划设计中,尽量满足周边雨水汇入绿地进行调蓄的要求。

④应符合园林植物种植及园林绿化养护管理技术要求。可通过合理设置绿地下沉深度和溢流口、局部换土或改良增强土壤渗透性能、选择适宜乡土植物和耐淹植物等方法,避免植物受到长时间浸泡而影响正常生长,影响景观效果。

⑤合理设置预处理设施。径流污染较为严重的地区,可采用初期雨水弃流、沉淀、截污等预处理措施,在径流雨水进入绿地前将部分污染物进行截流净化。

⑥充分利用多功能调蓄设施调控排放径流雨水。有条件的地区可因地制宜规划布局占地面积较大的低影响开发设施,如湿塘、雨水湿地等,通过多功能调蓄的方式,对较大重现期的降雨进行调蓄排放。

在我国海绵城市建设实践中,相关的绿地形态主要有如下几种:

(1)生物滞留设施　生物滞留设施指在地势较低的区域,通过植物、土壤和微生物系统蓄渗、净化径流雨水的设施。生物滞留设施分为简易型生物滞留设施和复杂型生物滞留设施,按应用位置不同又称作雨水花园、生物滞留带、生态树池等。

(2)渗透塘　渗透塘是一种用于雨水下渗补充地下水的洼地,具有一定的净化雨水和削减峰值流量的作用。渗透塘前应设置沉砂池、前置塘等预处理设施,去除大颗粒的污染物并减缓流速;有降雪的城市,应采取弃流、排盐等措施防止融雪剂侵害植物。

(3)湿塘　湿塘指具有雨水调蓄和净化功能的景观水体,雨水同时作为其主要的补水水源。湿塘有时可结合绿地、开放空间等场地条件设计为多功能调蓄水体,即平时发挥正常的景观及休闲、娱乐功能,暴雨发生时发挥调蓄功能,实现土地资源的多功能利用。湿塘一般由进水口、前置塘、主塘、溢流出水口、护坡及驳岸、维护通道等构成。当需要控制径流污染时,还可设置雨水湿地,一般设计成防渗型以便维持一定的调蓄容积,保证湿地植物的水量需要。

(4)调节塘　调节塘也称干塘,以削减峰值流量功能为主,一般由进水口、调节区、出口设施、护坡及堤岸构成,也可通过合理设计使其具有渗透功能,起到一定的补充地下水和净化雨水的作用。其中调节区深度一般为 0.6~3 m,塘中可以种植水生植物以减小流速、增强雨水净化效果。

(5)植草沟　植草沟指种有植被的地表沟渠,可收集、输送和排放径流雨水,并具有一定的雨水净化作用,可用于衔接其他各单项设施、城市雨水管渠系统和超标雨水径流排放系统。除转输型植草沟外,还包括渗透型的干式植草沟及常有水的湿式植草沟,可分别提高径流总量和径流污染控制效果。

(6)植被缓冲带　植被缓冲带为坡度较缓的植被区,经植被拦截及土壤下渗作用减缓地表径流流速,并去除径流中的部分污染物,植被缓冲带坡度一般为 2%~6%,宽度不宜小于 2 m。

(7)绿色屋顶　绿色屋顶也称种植屋面、屋顶绿化等,根据种植基质深度和景观复杂程度,绿色屋顶又分为简单式和花园式,前者□□□□□本植物,后者可种植小乔木。

2.5.4　公园城市

2018 年 2 月 11 日,习近平总书记赴□□□□,在天府新区调研时首次提出"公园城市"全新理念和城市发展新范式。习近平总书记指出,"天府新区是'一带一路'建设和长江经济带发展的重要节点,一定要规划好建设好,特别是要突出公园城市特点,把生态价值考虑进去,努力打造新的增长极,建设内陆开放经济高地"。

公园城市是将城市生态、生活和生产空间与公园形态有机融合,充分体现城市空间的生态价值、生活价值、美学价值、文化价值、发展价值和社会价值,全面实现宜居宜学宜养宜业宜游的新型城市。

公园城市着力推动生产生活生态空间相宜、自然经济社会人文相融,是"人、城、境、业"高度和谐统一的现代化城市形态,是在新的时代条件下对传统城市规划理念的升华,是适应新时代中国城市生态和人居环境发展形势及需求所提出的城市发展新目标和新阶段,充分体现了"以人民为中心"的发展思想和构建人与自然和谐共生的绿色发展新理念,是山水城市理念和中国园林文化的继承发展。公园城市要求用规划公园的格局优化城市空间,用管理公园的要求保护生态资源,用建设公园的标准提升人居环境,用经营公园的方式引导绿色生活,把城市建设得像公园一样美好,实现城市与自然的交融和对话。

公园城市作为一种新型的城市发展模式,具有体现时代特点的一系列重要价值。一是绿水青山的生态价值。公园城市以生态文明理念为引领,深入践行"绿水青山就是金山银山"理念,以生态视野在城市构建山水林田湖草生命共同体,布局高品质绿色空间体系,将"城市中的公园"升级为"公园中的城市"。二是诗意栖居的美学价值。公园城市坚持用美学观点审视城市发展,通过以形筑城、以绿营城、以水润城,将城市全部景观组成一幅疏密有致、气韵生动的诗意城市新画卷,形成具有独特美学价值的现代城市新意象。三是以文化人的人文价值。公园城市通过构建多元文化场景和特色文化载体,在城市历史传承嬗变中留下绿色文化的鲜明烙印,以美育人、以文化人。四是绿色低碳的经济价值。公园城市坚持把创新作为发展的主引擎,着力构建资源节约、环境友好、循环高效的生产方式,建立生态经济体系和绿色资源体系,推动形成

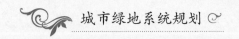

转型发展新路径。五是简约健康的生活价值。公园城市坚持以让市民生活更美好为方向,为市民提供优美宜居健康的生活环境。六是美好生活的社会价值。公园城市通过美好环境建设,满足人民日益增长的美好生活需要。

2.6　城市绿地系统规划工作方法

进行城市绿地系统规划,需要首先获取及时准确的城市绿地基本资料,然后可以进行现状评价、分析建设条件,为科学进行城市园林绿地系统规划做好基础工作。反之,如不能掌握这些基本资料,则无法进行合理的、具有可实施性的规划。

2.6.1　传统工作方法

获取园林绿地基本资料的传统方法是依靠人工普查,获取以下基本资料:

①城市规划区内现有园林绿地的位置、范围、面积、性质、植被状况及可利用程度,现状绿地率及绿化覆盖率。

②城市中各类防护林(卫生、农田、工业、防风)的位置、范围、面积及可利用程度。

③市域范围内城市生态景观绿地、风景名胜区、自然保护区、森林公园的位置、范围、面积及现状开发的情况。

④城市中现有河湖水系的位置、流量、面积、深度、水质、蓄水量、岸线情况及绿地可利用的程度。

⑤城市环境质量情况,主要污染物的分布及影响范围,环保基础设施的建设现状与规划,环境污染的治理情况,生态功能分区及其他环保资料。

⑥城市规划区内现有各类城市公共绿地的建设年代、用地比例、主要设施、经营与养护情况,平时及节假日游人量、人均公共绿地面积、每一游人(按城市居民的1/10计算)拥有的公共绿地面积。

⑦城市规划区内现有苗圃、花圃、草圃等的数量、面积与位置,生产苗木的种类、规格、生长状况、苗木出圃量、自给率等情况。

通过组织人员依据最新的规划区地形图,逐街逐路地进行园林绿地普查登记和面积算量,进行现场踏勘并在地形图上复核,配以表格来逐块表示绿地率和绿化覆盖率,标注现有各类城市绿地的性质、范围、植被状况与地籍归属等要素。

人工调查不仅工作量大、效率低,而且由于大量使用手工绘图和现场估算的数据资料,很难准确描述整个城市的绿化建设状况。许多调查难度较大的绿地(如被绿化种植包围的水面、屋顶绿化、零散树木的树冠等),在面积估算上常常误差较大。因此在今天的形势下,人工调查城市绿地已无法作为城市绿地系统规划的主要工作方法。

2.6.2　GIS、遥感技术在绿地系统规划中的运用

在人工统计不能应对现代城市绿地系统规划的情况下,需要有一种新技术可以迅速获取及时准确、高质量的城市绿地资料,以大大提高规划工作的效率。地理信息系统(GIS)和遥感(RS)便是规划工作急切企盼的新技术手段。

地理信息系统是在计算机支持下,对地表空间的有关地理分布数据进行采集、储存、管理、

运算、分析、显示、描述的技术系统。地理信息系统是一种综合、优秀的数据采集、分析处理技术,现已广泛运用在测绘、国土、环保、交通及城市规划等领域。

遥感是指不直接接触被研究目标,用遥感器感测目标特征信息(一般是反射、发射辐射),经传输、处理,从中提取人们所需的研究信息的过程。遥感技术具有探测范围大、资料时效强、成图迅速、收集资料不受地形限制等优点,是批量获取数据的高效手段。

地理信息系统、遥感技术与全球定位系统三者结合后在数据获取、分析处理方面具有人工调查无法比拟的优势。高精度卫星图像今天已得到广泛的商业化应用,为城市绿化调查提供了图像信息源,由此可以及时、准确地获取城市绿地信息,建立相应的数据信息普查、复查监控机制。

随着遥感技术的进步,在绿地规划中可以在绿地中分辨出乔灌木、草地、农田等不同植被类型,并计算各种植被类型中叶片覆盖投影面积。能计算绿地的复层绿量,使得规划者可以更科学地衡量城市现状绿化水平。还可以对每一块绿地进行属性编辑,使得规划者对城市绿地建设状况的了解能够达到非常深入详细的程度,并可以进行实时信息管理(图 2.29—图 2.31)。

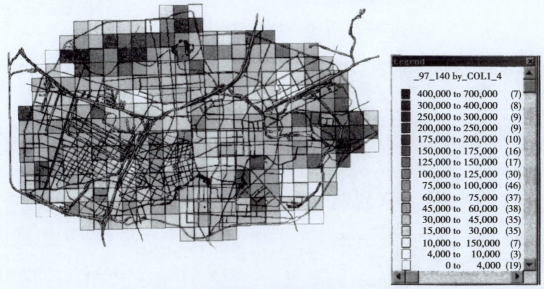

图 2.29　沈阳城市中心区绿化现状 GIS 分析图

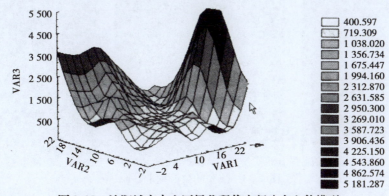

图 2.30　沈阳城市中心区绿化现状空间分布立体模型

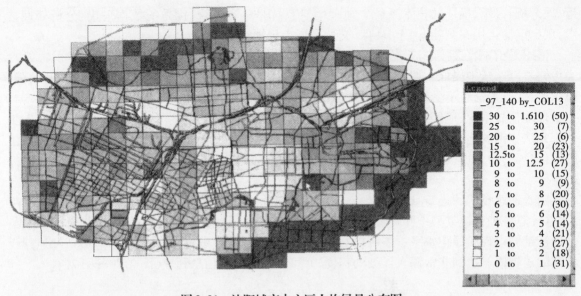

图2.31　沈阳城市中心区人均绿量分布图

（资料来源：姜允芳.2006）

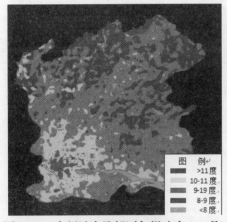

图2.32　广州城市及郊区气温分布（11月）

（资料来源：李敏.1999）

除了可见光之外，遥感技术还能对红外辐射的成像拍照，通过对红外照片进行判读，可以对城市热场分布状况进行动态监测和综合分析，不仅省时、省力、成本低，而且客观性和科学性强，具有常规调查方法难以比拟的优点，由此能够为在市区内布置大型绿地，有效地削弱城市热场提供客观依据（图2.32）。

图像解译是遥感图像从采集到应用之间的关键环节，解译的关键在于根据绿地景观类型，建立解译标志。现以徐州市绿地系统遥感图像为例，对各种绿地类型的解译标志进行简单介绍。

（1）公园绿地　在成片的绿地内能看到明显的休闲、游憩设施，内部通常有以自然形态为主的水体、蜿蜒的游步道和建筑物（图2.33）。

图2.33　典型的公园绿地影像

（2）道路绿地　分布于建成区内道路两侧或道路中间（分车带、环岛、安全岛），颜色呈绿色、暗绿色、灰绿色甚至灰色,形态呈连续或不连续的条带状、簇状或者它们的组合(图2.34)。

图2.34 典型的道路绿地影像

(3)防护绿地 分布于铁路、公路、河道两侧及工厂周围,呈宽窄不一的绿色带状、斑块状,有些植株呈规则式种植(图2.35)。

图2.35 典型的防护绿地影像

(4)生产绿地 大多分布于城郊,形态呈片状、块状,内部结构通常很规则,植株的行列排布很明显(图2.36)。

图2.36 典型的生产绿地影像

（5）居住区绿地　分布于居民区内住宅楼之间的空地及开敞空间，呈浅绿至灰绿散乱簇状零星分布（老居住区），或呈绿色至灰色规则斑块（新建居住小区）（图2.37）。

图2.37　典型的居住区绿地影像

（6）单位绿地　分布于公共建筑、单位内，呈规则图案或不规则的绿色、暗绿色斑块，有的单位绿地内还有游步道或小品建筑和水体（图2.38）。

（7）生态景观绿地　分布于城市建成区内的山丘上，呈大小不一的斑块状。山丘上植物长势良好，呈深绿色（图2.39）。

图2.38　典型的单位绿地影像　　　　　图2.39　典型的生态景观绿地影像

根据上述解释标志，对卫星遥感图像进行屏幕解译，对它们逐个进行编码，得到室内解译图。初步解译后采取以下两种方法进行验证：

①取样核对，重点是核对图斑的类型。

②野外验证,主要是在现场对室内解译无法确定类型的图斑进行核对,通过GPS测定位置,与图像核对形状、大小,再根据验证结果修改解译标志和被错判的图斑,做出城市绿地现状遥感解译图(图2.40)。

根据解译图,借助GIS软件便可建立既有图形(1/2 000精度),又有相应数据的城市绿地信息系统,为城市绿地景观结构和格局的深度分析研究提供准确的基础资料,同时还可以提供对城市绿地进行量化管理的平台。

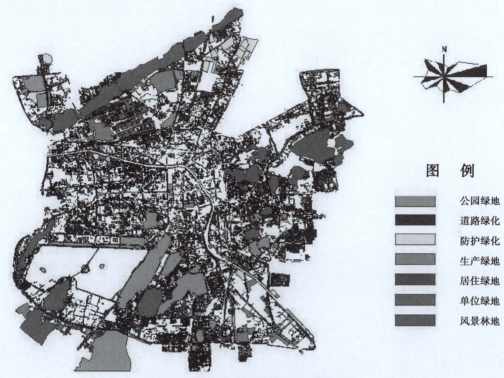

图 例

公园绿地
道路绿化
防护绿化
生产绿地
居住绿地
单位绿地
风景林地

图2.40　徐州城市绿地现状遥感解译图

(资料来源:杨瑞卿.2006)

2.6.3　景观生态规划工作方法

在特定区域内,有些位置和空间联系具有异常重要的战略意义,它们对于物种运动、灾害扩散、城市蔓延等过程有着决定性的影响,这些位置和空间联系所形成的格局便是景观安全格局。斯坦尼茨(Carl Steinitz)为景观规划提出了一个六步模式,该模式为实现景观安全格局方法提供了一个很好的框架(图2.41)。在这个框架中,首先明确什么是规划目标,然后以此为导向收集分析数据,寻求答案。在规划工作中,规划师必须在6个模型之间反复3次:

①自上而下,明确项目背景和范围,确定问题所在。

②自下而上,明确如何解决问题。

③自上而下,进行整个项目的研究,回答问题。

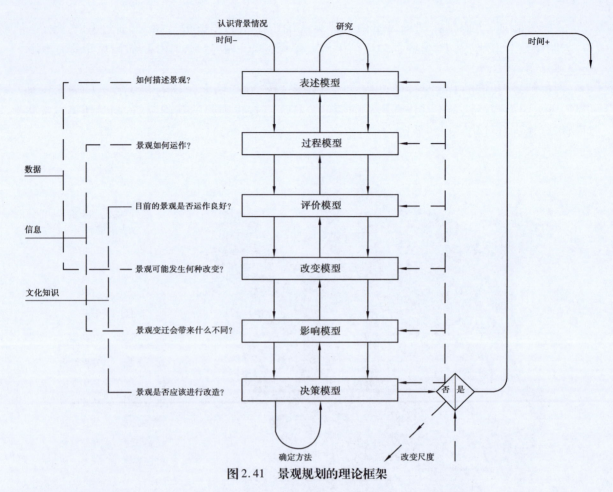

图 2.41　景观规划的理论框架

思考与练习

1.以实例分析,中国古代城市规划实践中是以怎样的态度对待自然环境的。

2.请分析中国古代城镇公共绿地的特点。

3.许多古代城市中都保留着大面积的开阔耕地,这一现象对于今天的城市绿地系统规划工作有何启示?

4.从景观生态学的角度,分析附属绿地、新建的小公园以及在城市建成区中保留的自然斑块三者的生态效益。

5.为什么生态廊道建设在城市园林绿地系统规划中具有重要意义? 你认为多目标绿道还可以兼有哪些功能,或者可以与哪些线形(带状)的景观类型结合设置?

6.举例说明城市绿地在海绵城市建设中的作用。

7.怎样在城市园林绿地系统规划中布置生态踏脚石系统?

3 城市绿地的功能

3 微课

[本章导读]由各种开敞空间和自然区域组成的城市绿地系统,是一个具有多种功能和服务的、相互联系、有机统一的网络系统,即:城市的绿色基础设施,具有生态、社会、景观、经济等多重的生态系统服务价值,被广泛认为是使得城市良性永续发展的最基础和最重要的角色。

绿色基础设施(Green Infrastructure,GI)是相对于传统的承担城市运输、通信、能源生产及分配等功能和服务的物质结构系统(灰色基础设施)而提出的。绿色基础设施的概念最早可以追溯到19世纪,在美国著名的规划师与风景园林师弗雷德里克·劳·奥姆斯特德(Frederick Law Olmsted)的设计中就有绿色基础设施理念的雏形。美国保护基金会(Conservation Fund)和农业部森林管理局(USDA Forest Service)1999年对绿色基础设施作出了如下的定义:绿色基础设施是国家的自然生命支持系统(Nation's Natural Life Support System),它是一个由自然区域和开敞空间两大类要素所组成的绿色空间网络,包括河流、湿地、林地、生物栖息地和其他自然区域,绿道、公园、农场、森林、牧场、荒野和其他维持原生物种,自然生态过程和保护空气、水资源,以及提高社区和人民生活质量的开放空间,这些要素相互联系,共同组成一个有机统一的系统。广义的绿色基础设施可以概括为:它是城市中具有自然生态系统功能的、能够为人类和野生动物提供多种利益和一系列福利的自然地域和其他绿色开放空间的集合体,是城市的自然生命支持系统(Benedict and McMahon,2006)。

广义的城市绿地指城市规划区范围内的各种绿地,即公园绿地、防护绿地、生产绿地、附属绿地等,位于市内或城郊的风景区绿地,即风景游览区、休养区、疗养区等。因而,城市绿地是城市范围内的绿色基础设施的主要类型和组分,其生态系统服务价值(Ecosystem Services Value)包括提供丰富多样的栖息地、乡土生物多样性保护、水土保持、食物生产、调节气候、减缓旱涝灾害、净化环境、废物处理、满足感知需求并成为精神文化的源泉和教育场所、提升居住质量等(Costanza and Daily,1992;Daily,1997),对城市生态环境的保护与培育、城市永续发展具有重要的生态、社会和经济等正向效应。

3.1 城市绿地的生态服务功能

当前的城市建设与发展模式,使得城市生态环境问题日益严峻,如"五岛效应"(热岛效应、雨岛效应、干岛效应、阿岛效应、浑浊岛效应)等,越来越多地威胁到城市人居环境的健康与安全。面对严峻的生态环境和人地关系危机,作为城市绿色生态基础设施,城市绿地的规划设计与建设也日益流露出对城市资源与环境保护、人与自然和谐关系的关注与重视。城市绿地系统

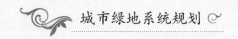

通过对一系列生态过程的调控,发挥着净化城市空气、改善城市气候、增强城市抗灾能力、提供城市野生动物生境、维持城市生物多样性、保障城市生态系统平衡与健康等诸多生态服务功能,在城市中具有不可替代和无法估量的生态服务价值。

3.1.1 城市绿肺

空气是人类赖以生存和生活的不可缺少的物质,是最重要的人居外环境因素之一。按照国际标准化组织(ISO)的定义,"大气污染通常系指由于人类活动或自然过程引起某些物质进入大气中,呈现出足够的浓度,达到足够的时间,并因此危害了人体的舒适、健康和福利或环境的现象"。城市中的工业废气、汽车尾气及生活燃气的大量排放,使得城市生态系统的碳氧平衡被打破,空气中大量的悬浮物(粉尘、酸雾、气溶胶、油烟、碳粒等)以及高浓度的有毒有害气体(二氧化碳、氮氧化物、碳氢化物、光化学烟雾和卤族元素等),降低了太阳的照明度和辐射强度,削弱了紫外线,并使人们的呼吸系统受到污染,导致各种呼吸道疾病的发病率增加,不利于人体的健康。

绿色植物被称为"生物过滤器",城市绿地中大量的园林植物从其净化空气的作用来看:一是吸收二氧化碳,释放氧气,维持碳氧平衡;二是吸收有毒有害气体,吸附粉尘,净化空气,是名副其实的"城市绿肺"。

1)维持碳氧平衡

由于人类生产、生活活动的影响,加之密集的城市建筑和众多的城市人口,众多的"碳源"使得城市空气中的二氧化碳成分显著增加,目前许多城市市区空气中的二氧化碳含量已超过自然界大气中二氧化碳 300 mg/kg 的正常含量指标,尤其在人口密集的居住区、商业区和大量耗氧燃烧的工业区此现象出现的频率更多。二氧化碳浓度的增加还会使城市局部地区升温,产生"热岛效应",并促使城市上空形成逆温层,加剧空气污染。为了保持城市生态系统的碳氧平衡,需要不断消耗二氧化碳,释放氧气。城市生态系统中,二氧化碳和氧气的平衡主要靠城市绿地中的园林植物来维持,它们承担着"碳汇"的功能。园林植物的光合作用,能利用太阳能,大量吸收城市生产、生活活动所排放的二氧化碳,并释放出氧气。园林植物的呼吸作用虽也消耗氧气,释放出二氧化碳,但植物光合作用所制造的氧气比其呼吸作用所消耗的氧气要多得多,所以城市植物是城市中天然的"吸碳制氧工厂"。相关城市绿地实验证明,生长良好的草坪,在进行光合作用时,每平方米每小时可以吸收二氧化碳 1.5 g,如果按成年人每天呼出二氧化碳 0.9 kg、吸收氧气 0.75 kg 计算,为达到空气中二氧化碳和氧气的平衡,理论上每人只需要 25 m² 草坪的绿地。而树木吸收二氧化碳的能力还要强于草地,研究表明,1 个城市居民只要有 10 m² 的森林绿地面积,就可以吸收其呼出的全部二氧化碳。事实上,加上城市生产、生活所产生的二氧化碳,则城市人均必须拥有 30～40 m² 的绿地面积,才能维持碳氧平衡,联合国相关部门则提出每人应有 60 m² 的人均绿地面积指标。由各种园林植物组成的城市绿地系统,在维持和改善区域境地范围内的大气碳循环与碳氧平衡中起到了关键作用。因而,要调节和改善城市大气中的碳氧平衡,建设"低碳城市",除了控制二氧化碳的排放量,还需要保护好现有的城市植被,同时大力建设城市园林绿地,对城市绿地系统进行合理布局。

2)吸收有害气体

城市中由于工业生产和汽车尾气等产生的空气污染物质甚多,最主要的有一氧化碳、二氧化硫、氮氧化物、氯气、氟化氢、氨以及汞、铅的气体等,此外还有有机类的醛、苯、酚及安息香吡啉等,这些气体对人类及动物危害很大。在一定浓度条件下,城市绿地中的许多园林植物对于空气中的有毒有害气体,具有吸收和净化的作用。尤其是有些种类的植物,净化功能突出,大量栽种可以降低污染程度,达到净化空气的目的。此外,不少植物对环境的反应比人和动物都要敏感得多,利用植物的这种敏感性可以监测环境污染,人们可以根据植物所表现出来的有关症状分析鉴别环境污染状况,这类对污染敏感而能发出"信号"的植物称为"环境污染指示植物"或"监测植物"。

(1)二氧化硫　二氧化硫是一种具有强烈刺激性臭味的气体,是城市中数量较多、分布较广、危害较大的有害气体之一,其主要来源于城市的工业生产(硫酸厂、化肥厂、钢铁厂、热电厂、焦化工等)和民用生活中的煤炭燃烧,是空气中污染最普遍、最大量的一种。空气中的二氧化硫浓度高达 100 mg/kg 时,就会使人感到不适,无法持续工作,当浓度达到 400 mg/kg 时就会使人致死。

硫是植物生长的必需元素之一,正常植物体内都含有一定量的硫,许多学者对植物吸收二氧化硫的能力进行了大量的研究工作,结果表明空气中的二氧化硫主要是被各种园林植物的表面所吸收,其中植物的叶片表面吸收二氧化硫的能力最强,只要在植物可以忍受的限度内,植物就能不断吸取大气中的二氧化硫。随着植物叶片的衰老凋落,它所吸收的硫也一同落下,树木长叶落叶,二氧化硫也就不断地被吸收。各种植物吸收二氧化硫的能力是不同的,根据上海园林局的测定结果,臭椿和夹竹桃吸收二氧化硫的能力是非常强的,在二氧化硫污染情况下,臭椿叶片含硫量可达正常含硫量的29.8倍,夹竹桃可达 8 倍。其他的园林植物,如罗汉松、龙柏、银杏、广玉兰等都有很强的吸收二氧化硫的能力。表3.1是各种绿化树木在一定的浓度范围内含硫量与吸硫量的数值,以及吸收二氧化硫的能力比较。此外,研究表明,二氧化硫抗性越强的植物,一般吸收二氧化硫的量也就越多,而阔叶林对二氧化硫的抗性比针叶林要强,叶片角质和蜡质层厚的树一般比角质和蜡质层薄的树要强。

表3.1　主要绿化树种吸收二氧化硫能力比较

树　种	含硫量 /(mg·m⁻² 叶面积)	吸硫量 /(mg·m⁻² 叶面积)	树　种	含硫量 /(mg·m⁻² 叶面积)	吸硫量 /(mg·m⁻² 叶面积)
加　杨	197.95	86.95	刺　槐	124.32	39.59
新疆杨	156.51	80.66	樟子松	84.00	65.20
水　榆	115.44	74.74	白皮松	38.40	13.20
卫　矛	135.05	67.71	赤　杨	91.39	29.60
臭　椿	133.20	66.97	旱　柳	151.16	29.80
银　杏	65.65	—	白　桦	150.22	33.67
枣　树	125.43	37.37	皂　角	96.78	31.28

(2)氟化氢和氯气　氟是一种无色而有腐蚀性的气体,在自然界中多以氟化物的形式存在,氟化氢就是其中危害性最大的一种,在炼铝厂、炼钢厂、玻璃厂和磷肥厂等企业的生产过程中均有氟化物的排出。氟化氢对植物的危害比二氧化硫大,对人体的毒害作用则几乎比二氧化硫大 20 倍。对氟化氢抗性强的树木有大叶黄杨、蚊母树、海桐、香樟、山茶、凤尾兰、棕榈、石榴、皂荚、紫薇、丝绵木、梓树等。氯气是一种具有强烈刺激性气味、毒性很大的黄绿色气体,其主要来源是化工厂、农药厂、制药厂,吸收氯气能力较强的植物有怪柳、银桦、悬铃木、构树、君迁子

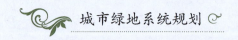
等。表 3.2 为几种绿地树木对氯气的吸收比较。

表 3.2　主要绿化树种吸收氯气能力比较

树　种	含氯量 /(mg·m⁻² 叶面积)	吸氯量 /(mg·m⁻² 叶面积)	树　种	含氯量 /(mg·m⁻² 叶面积)	吸氯量 /(mg·m⁻² 叶面积)
水　榆	132.09	76.59	卫　矛	305.25	150.22
枣　树	223.48	39.96	连　翘	167.3	45.15
花曲柳	222	51.06	暴马丁香	59.84	115.07
赤　杨	186.11	22.2	紫　椴	285.27	197.21
榆　树	196.47	60.31	银　杏	101.08	14.92
京　桃	201.28	132.09	山　梨	147.63	109.52

（3）其他有害气体　大多数植物都能吸收臭氧,其中银杏、柳杉、日本扁柏、樟树、海桐、青冈栎、日本女贞、夹竹桃、栎树、刺槐、悬铃木、连翘、冬青等吸收臭氧的作用都很大。有的植物可以吸收大气中铅、汞、镉等重金属气体,如夹竹桃、棕榈、樱花、桑、八仙花等对大气中汞的吸收非常有效。有的植物可以吸收醛、酮、醇、醚和致癌物安息香吡啉等毒气,如桂香柳、加拿大杨树等。此外,悬铃木、榆、石榴、构树、刺槐、女贞、大叶黄杨等对大气中的铅有较强的吸收能力。

许多园林植物兼能吸收多种有毒气体,如夹竹桃兼能吸收二氧化硫和汞,美人蕉兼能吸收氟化氢和汞,女贞兼能吸收氯和铅,大叶黄杨兼能吸收氟化氢、汞和铅等。

3）吸滞烟尘和粉尘

空气中的烟尘和工厂中排放出来的粉尘是污染环境的主要有害物质之一。粉尘是在生产过程中产生的,并能较长时间漂浮在空气中的固体微粒。生产性粉尘对人体的危害是多方面的,最突出的危害表现在引起肺部病变反应(鼻喉气管炎、肺炎、哮喘等)和过敏性疾病。另外,粉尘可降低阳光照明度和辐射强度,特别是减少紫外线辐射,减少对人体健康和对植物生长发育的不利影响。

植物构成的绿色空间对烟尘和粉尘有明显的阻挡、过滤和吸附作用。一方面,由于树冠茂密,具有降低风速的作用,随着风速的降低,空气中携带的大颗粒灰尘便下降;另一方面,由于叶片表面常凹凸不平,多有茸毛,有的还能分泌黏性油脂或汁液,形成庞大的吸附面,空气中的尘埃经过绿地时便被阻截、吸附、过滤。树木的滞尘能力与树冠高低、总的叶片面积、叶片大小、着生角度、表面粗糙程度等因素有着重要关系。所以可以很容易理解,树木在不同的季节所表现的阻滞作用是不同的,在冬季植物落叶后,其吸滞粉尘的能力要明显弱于夏季。而叶表多皱的植物如大叶榆等,叶表粗糙的植物如荚蒾、朴树等,叶表多绒毛的植物如构树等,以及能分泌油脂的植物如松柏类等,其滞尘能力相比较于一般绿色植物更强。

4）减菌杀菌

城市人口众多,空气中悬浮着大量的细菌、病原菌等微生物,时刻侵袭着人体,从而使城市中的居民更容易患各种疾病,严重影响人们的健康及生活。园林植物有很好的杀菌效果,其中一个重要的原因是很多植物的芽、叶、花粉能分泌出具有挥发性的有机物杀菌素,从而杀死细菌、真菌和病原生物,如桉类、松柏类、樟树类、胡桃属、柑橘类、悬铃木、紫薇、百里香、丁香、天竺葵等。樟树、桉树的植物分泌物还可以杀死小的蚊虫,赶走苍蝇,杀死肺炎球菌、痢疾杆菌、结核菌和流感病毒。1 hm² 的圆柏林一昼夜分泌的植物杀菌素,在 2 km 内可以杀死大气中的白喉、结核、伤寒、痢疾等细菌和病毒。此外,由于园林植物能减少空气中作为细菌载体的尘埃数量,也能减少空气中的细菌数量,因而在疗养院或医院周围多种植杀菌能力强的柏类植物,有利于抑制和治疗肺结核等多种传染疾病。

表 3.3　树木的杀菌作用测定结果

用地类型	树木覆盖率/%	草被覆盖率/%	5 min 内空气降菌量/(个·m⁻²)
油松林	95	林下 85	903
水榆、蒙古栎树	95	林下 70	1 264
路旁草地	0	100	4 000 ~ 6 000
公　园	60	总 65	900 ~ 4 000
校　园	50	总 65	1 000 ~ 10 000
道　路	10	30	大于 30 000
闹市区	5	0	大于 35 000

表 3.3 是一项有关园林树木杀菌的测定结果,从表中可知,城市闹市区由于缺少树木覆盖,空气中含菌量明显高于树木量大的城市绿地,如公园、校园等地段。例如,在北京市繁华的王府井大街,每立方米空气中有几十万个细菌,而在郊区公园只有几千个。此外,中南林学院的相关研究表明,园林绿地的空气中还富含被称为"空气维生素"的负离子,具有抑制细菌生长、清洁空气、调节神经系统、促进人体新陈代谢、稳定人们情绪、镇静催眠等强身健体的功效。

3.1.2　绿色海绵

城市化进程中,城市建设用地不断扩张,高强度的人类活动强烈干扰着原有自然生态系统,导致了地表地理过程以及景观结构的强烈变化。城市地区下垫面特性的改变,尤其是不透水下垫面比例的增加,显著改变了原有的自然水文生态过程,导致了一系列的城市雨洪生态与环境危机,集中表现为洪涝灾害频发、水环境持续恶化以及水资源严重短缺。城市绿地具有雨洪调蓄、径流削减、水质净化、清洁水源提供等方面的生态系统服务价值,对于解决城市面临的雨洪生态与环境危机具有重要的生态意义,是城市雨洪控制利用与综合管理中的"绿色海绵"。

1)调蓄雨洪

单纯依赖灰色雨水基础设施,往往造成暴雨径流短时无法及时排放,城市洪涝灾害频发。城市绿地作为非硬化下垫面,可以降低城市径流系数,降低暴雨径流量和峰值,防止水土流失,同时城市绿地(自然坑塘、湿地、雨水花园、浅草沟等)具有雨洪调蓄的功能,可以显著降低洪涝灾害的发生频率,自然地管理暴雨,并可以通过自然渗透回补地下水,"土地是可以像海绵一样吸收水,起到蓄洪作用的"。

2)净化水体

城市水体污染,主要有点源污染(工业废水、生活污水)和非点源污染(地表径流污染)两大来源。工业废水和生活污水在城市中多通过管道排出,较易集中处理和净化;而大气降水形成地表径流,冲刷和带走了大量地表污物,进入城市河道或水体,其成分和水的流向难以控制,许多则渗入土壤,继续污染地下水。

　　城市绿地对地表径流污染和水体中的污染物及有毒物质有很好的排除效果,尤其是植被缓冲带、绿地中的坑塘和人工湿地,对城市地表径流污染具有较好的截流与净化效果。华东师范大学课题组选取了上海市临港新城4种不同类型的自然坑塘,比较其在夏季对降雨径流污染的截留效应以及水质净化效果,结果表明:自然坑塘对降雨径流污染具有较好的截留效应,自然坑塘对于水质的净化处理效果总体较好,研究期内4个自然坑塘的TP平均净化率分别为46.4%、4.6%、57.6%、57.4%;TN平均净化率分别为34.7%、40.7%、46.4%、26.9%;COD平均净化率分别为21.6%、40.5%、47.3%、-4.3%。另外,草地可以大量滞留许多有害的金属,吸收地表污物;树木的根系由于呼吸作用,可以吸收水中的溶解质,降解土壤的重金属,并能分泌杀菌素,减少水中细菌含量。相关研究表明,水流在经过30~40 m宽的林带后,由于树木根系和土壤的作用,平均每升水中的细菌含量要比不经过林带的减少1/2。

　　此外,利用植物对城市生活污水的处理,既能收到良好的效果,又可节省物化方法处理污水的资金投入和运行成本,是一种有效的净化水体的途径。当前利用水生植物能吸收水体中的铅、汞、铬、铜等重金属污染物的人工湿地污水处理技术在国内外引起了充分重视,应用较多的水生植物有凤眼莲、浮萍、芦苇、香蒲、水葱等,其中尤以芦苇为多,例如:上海市南汇区(现浦东新区)建成的采用湿地生态处理技术的污水处理厂,以大片芦苇湿地为污水二级生态处理系统,充分发挥植物对水体的净化作用,其日处理污水能力达5万t,许多城市还规划、建设了兼有生态、游憩和科普功能的湿地公园。

3) 净化土壤

　　城市受到污染的土壤中常含有各种重金属盐类、酚类化合物、氰化物、有机酸、染料和农药等有毒物质,这些都会污染土地,进而危害人体健康,其中重金属污染物的问题尤为突出。有植物根系分布的土壤,好气性细菌比没有根系分布的土壤多几百倍至几千倍,故能促使土壤中的有机物迅速无机化,既净化了土壤,又增加了土壤肥力,有些植物根系的分泌物还能杀死大肠杆菌等细菌,从而减少对人类造成的伤害。除森林有较强的净化作用外,草坪也是城市土壤净化的重要地被物,城市中裸露的土地种植草坪后,不仅可以改善地上的环境卫生,也能改善地下的土壤卫生条件。此外,还有一些园林植物能在体内吸收、积累重金属污染物而不受害,或经生理生化过程而将污染物质同化降解。日本科技人员发现一种名为叶芽筷子芥的十字花科植物可以有效净化被镉污染的土壤。研究小组在一片厚15 cm、在镉含量为4.7 mg/km^{2}的室外土壤上种植了大量的叶芽筷子芥,1年后这片土壤中镉的含量减少到2.6 mg/km^2。5年后,土壤中镉含量减少到原来的1/5,而且收割后的叶芽筷子芥经高温处理后,其中所含的镉还可以被回收。

3.1.3　气候调节器

　　与郊区的气候特征相比,城市气候有如下特征:气温较高、空气相对湿度较小、日照时间短、辐射散热量少、平均风速较小、风向经常改变等。城市绿地具有调节太阳辐射、温度、气流等生态功能,是城市的天然气候调节器。

1) 调节温度

　　随着城市的扩张,城市人口暴增、工业生产、硬化路面等原因,城市中的碳排放量直线上升,形成了城市中许多气流交换较少和辐射热的相对封闭的生存空间,这就是城市"热岛效应"。城市热岛效应产生的原因主要有:

　　①城市建设的下垫面大多使用砖瓦、混凝土、沥青、石砾等硬化路面,这些材料的热容大、反照率小;

②建筑林立,城市通风不良,不利于热扩散;

③人口集聚,生产、生活燃料消耗量大,空气中二氧化碳浓度剧增,增加吸收下垫面的长波辐射,导致城市"热岛效应"。近年来,许多城市的夏季气温屡创新高,酷暑难耐。例如:在我国经济发达、人口稠密、城市分布密集的长江三角洲地区,夏季城市气温高达 35 ~ 40 ℃,加上空气湿度很大,往往使人们感到闷热难忍、人体舒适度较低。

城市绿地调节小气候温度的两个途径分别是蒸腾作用和吸收热辐射、遮阴。园林植物通过其叶片大量蒸腾水分而消耗城市中的辐射热和来自路面、墙面和相邻物体的反射而产生的增温效益,缓解了城市的"热岛效应"和"干岛效应"。植物通过蒸腾作用降低周围温度,这是绿地系统最有效的调节温度的方法。绿色植物在进行自身生命活动的过程中,能够将雨水、地下水等水分贮藏在体内,通过植物的蒸腾作用,吸收环境中的大量热能,同时释放大量的水分,降低环境的温度。据测定,1 hm² 的城市绿地,在夏季典型天气条件下,可以从环境中吸收 81.8 MJ 的热量,相当于 189 台空调机全天工作的制冷效果。早前,研究人员实验数据表明,北京市建成区的绿地,每年通过蒸腾作用释放约 4.39 亿 t 水分,吸收 107 396 亿 J 的热量,这在很大程度上缓解了城市的热岛效应,改善了城市人居环境。根据上海园林局的研究测定,夏季水泥地坪的温度可达 56 ℃,一般泥土地面为 50 ℃,树荫下地温仅为 37 ℃,树荫下草地温度为 36 ℃,可见绿地的地温比空旷广场地温低 20 ℃左右,正所谓"大树底下好乘凉"。城市绿地调节小气候温度的另一个途径是吸收热辐射、遮阴。夏季人们在公园或树林中感到清凉舒适,是因为太阳照射到树冠上时,有 30% ~ 70% 的太阳辐射热被植物吸收,又由于树冠遮挡了直射阳光,使树下的光照量只有树冠外的 1/5,从而给休憩者创造了安闲的环境。

在严寒的冬季,绿地对环境温度的调节结果与炎热的夏季正相反,即在冬季绿地的温度要比没有绿化地面高出 1 ~ 3 ℃。这是由于绿地中的树冠反射了部分地面辐射,减少了绿地内部热量的散失,而绿地又可以降低风速,进一步减少热量散失,起到保温作用的缘故。因此,城市绿地对于城市来说,是名副其实的冬暖夏凉的"天然温度调节器"。

2)调节湿度

从绿地对空气湿度的影响来看,由于植物具有蒸腾的生理机能,将大量水分蒸发至空气中,从而可增加空气湿度和人体舒适度。大片的树木如同一个小水库,使林多草茂地区雨雾颇多。经北京市园林局测定,1 hm² 阔叶林夏季能蒸腾 2 500 t 水,比同样面积的裸露土地蒸发量高 20 倍,相当于同等面积的水库蒸发量,绿地内比同样面积的裸露土地相对湿度高 20% ~ 30%。秋天树木逐渐停止生长,但蒸腾作用仍然在进行,绿地中空气湿度仍然比非绿化地带大。一般而言,阔叶树比针叶树的蒸腾量大,对空气湿度的增加效果也更明显。

3)调节气流

城市绿地对气流的调节作用表现在形成城市防风屏障和通风廊道两个方面的作用(图3.1)。绿地对降低风速的作用是明显的,当气流穿过绿地时,树木的阻截、摩擦和过筛作用将气流分成许多小涡流,消耗了气流的能量,而且其降低效应随着风速的增大而效果更好。在寒冷的冬季,大片垂直于冬季风向的防风林带,可以降低风速,减少风沙,改善城市冬季寒风凛

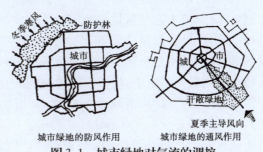

图 3.1　城市绿地对气流的调控

冽的气候条件。而在台风经常侵袭的东部沿海城市，在沿海岸线设立防风林带，也可减轻台风带来的破坏。绿地在平静无风时，由于城市绿地能降低局部小气候的气温，而城市中建筑和铺装道路广场在吸收太阳辐射后表面增热，使绿地与无绿地区域之间产生温差，空气密度大的低温空气就会向密度小的热空气流动，密度小的热空气上升，从而形成空气垂直环流，促进气流交换，能在无风的天气状况下形成微风，也就是园林绿地的凉爽空气流向"热岛"的中心区，进而可改善城市通风及环境卫生状况。对于夏季炎热的建筑密集的城市，一丝微风也是十分可贵的。

此外，城市中的带状绿地，以及由河道绿化、行道树组成的绿色走廊，尤其是当其与城市夏季主导风向一致时，都能成为城市的"绿色通风道"，使空气的流速加快，将城市郊区的新鲜空气引入城市中心，从而大大改善市区的空气质量和通风条件。如果将城市周围的大量楔型绿地贯通，则可以形成更好的通风效果，在炎热的夏季，将城市周边凉爽清洁的空气引入城市，改善城市夏季炎热的气候状况。

3.1.4 减灾防灾

随着全球生态系统遭受破坏，各种灾害发生的频率日益增多。城市是一个不完整的生态系统，其不完整性之一表现在对自然及人为灾害防御能力及恢复能力的下降。近年来，各级政府相继组织有关专家研究城市防灾减灾问题。在防灾减灾体系的诸多"构件"中，城市绿地以迥异于以往印象的姿态进入公众视野。在城市综合防灾减灾体系中，城市绿地系统占有十分重要的位置，它的作用甚至是其他类型的城市空间无法替代的。

1）防火避震

城市发生火灾时，绿地具有防火及阻挡火灾蔓延的作用，绿地的减灾效力比人工灭火要高1倍以上，因而，城市的广场、绿地等公共场所对灭火和阻止火势蔓延可起到积极的作用。不同树种具有不同的耐火性，一般而言，针叶树种比阔叶树种耐火性要弱。阔叶树的树叶自然临界温度可达455℃，有着较强的耐火能力。有些树木的枝叶含树脂少而含水多，或具宽厚的木栓层，因而不易引燃，如桃叶珊瑚、厚皮香、山茶、苏铁、榕类、棕榈、女贞、珊瑚树、银杏、栎类、臭椿等，用这些树种组成防火隔离带，能有效防止火灾的蔓延。

城市绿地也是城市躲避地震的室外大型公共有效避难场所，这已被发生在日本和我国的历史事实所证明。1923年9月，日本东京发生关东大地震，并引起大火灾，157万名市民（占当时东京人口的70%左右）因为及时逃到公园、绿地等公共场所而幸免于难。1976年7月唐山大地震，唐山市区和北京市区的各类公园绿地立即成为避灾、救灾的中心基地，仅北京的中山公园、天坛公园和陶然亭公园等15处公园，绿地总面积400多 hm²，就涌入了20多万人避难。

近年来，城市绿地在防灾减灾方面的作用正在逐步得到重视。为配合2008年奥运会，北京市制定了《北京中心城区地震及其他灾害应急避难场所（室外）规划纲要》，现已建成朝阳公园、皇城根遗址公园、海淀公园等27处遍布城内8区的城市防灾减灾绿地。根据2003年11月建设部颁布的《城市抗震防灾规划管理规定》要求，各地应编制城市绿地防灾减灾专项规划，并纳入城市防灾减灾系统中，从城市防灾减灾的角度提出城市绿地建设量指标。同时，优化道路绿化带、广场、公共绿地、市政设施的规划，增加城市防灾减灾公园用地（包括避难场所、疏散通道）。新建（改造）的公园、绿地、广场等公共场所，应具体分析绿化地带周边的人口、建筑分布情况和密度，考虑常年的风向、风速等具体因素，加强基础设施建设，使之尽可能多地具备临时疏散避险场所或长期避难场所的功能。

2)防风固沙

随着土地沙漠化问题日益严重,城市沙尘暴已成为影响城市环境,制约城市发展的一个重要因素。一方面,植物的根系及匍匐于土地上的草及植物的茎叶具有固定沙土、防止沙尘随风飞扬的作用;另一方面,由多排树林形成的城市防风林带可以降低风速,从而滞留沙尘。例如:我国实施的三北防护林工程,对北京等城市的沙尘暴控制效果明显;此外,在我国东南沿海台风频发地区,城市绿地还可防御台风,有效减少台风造成的破坏。可用于固沙的植物有沙打旺、沙冬青、胡杨、沙棘、梭梭木、沙拐枣、花棒、柠条、沙枣、锦鸡儿、沙地柏等,适应海风及含盐土壤的树种有海岸松、黑松、紫穗槐、柽柳、木槿、木麻黄、椰子等。

3)保持水土

城市绿地保持水土主要通过以下途径:

①植物本身需要大量水分,植物的根系吸取土壤中的水分,把水分储存到体内;

②树木繁茂的枝叶组成的树冠可以有效地减缓雨水对地表的直接冲刷;

③许多植物有着发达根系,能有效减少地表径流对土壤的冲刷,保持土壤水分,防止土壤肥力的流失;

④树木在秋天大量落叶与枯枝,其与藓类植物和一些其他的地被植物,能有效减少地表径流,降低流速,增加渗入地中的水量。研究表明,当有自然降雨时,有15%~40%的水量被树林树冠截留或蒸发,有5%~10%的水量被地表蒸发,大多数的水(占50%~80%的水量)被林地上一层厚而松的枯枝落叶所吸收,然后渗入土壤中。近年来实施的长江天然防护林工程,就是利用植物涵养水源、保护水土的功能,对长江的水质进行很好的保护。太湖、洞庭湖等一些大型水面的堤岸防护林绿地,也有效地发挥了防风固土、减少径流冲刷等作用。

4)备战防空和防御放射性污染

有些植物还可用于绿化覆盖军事要塞、保密设施等,起隐蔽作用。这类植物以常绿树为主,如圆柏类、侧柏、樟树、松类、棕榈、柳杉、石楠、女贞、珊瑚树、广玉兰、桉树、榕树等。高大落叶乔木如杨树、悬铃木、枫杨等,某些生长快、叶片大的攀援植物如凌霄、葡萄、爬山虎、金银花、牵牛花等也有隐蔽功能。

林地特别是阔叶林还可以阻隔放射性污染的扩散,并起过滤和吸收作用。杜鹃花科的酸木树,抗放射性污染的能力尤强。绿地中的树木不但可以阻隔放射性物质和辐射的传播,并且可以起到过滤吸收作用。因此在有辐射性污染的厂矿周围,设置一定结构的绿化林带,在一定程度内可以防御和减少放射性污染的危害。

5)降低城市噪声

由于交通、工业生产和工程建设,使得环境噪声污染在许多城市十分严重。根据有关报道,北京市环境保护部门收到的群众控告信中,40%以上是关于噪声污染的。按相关国际标准,在繁华市区,室外噪声白天应小于55 dB,夜间应小于45 dB;一般居民区白天要小于45 dB,夜间要小于35 dB。我国环境噪声标准在1982年颁布的《城市区域环境噪声标准》中也有所规定,见表3.4。

表3.4 我国环境噪声容许范围

单位:dB

人类活动	最高值	理想值
体力劳动(保护听力)	90	70
脑力劳动(保证语言清晰度)	60	40
睡眠	50	30

研究证明,城市绿地对噪声具有吸收和消解的作用,可以减弱噪声的强度。城市绿地衰减噪声的机理一方面是噪声波被树叶向各个方向不规则反射而使声音减弱,另一方面是由于噪声波造成树叶振动使声音消耗。据报道,有绿化的街道比无绿化街道可降低噪声 8.0 ~ 10.0 dB,公园中的成片森林可降低噪声 26 ~ 43 dB。一般认为,阔叶树的吸音能力比针叶树要好;树木枝叶茂密、层叠错落的树冠减噪效果好;树木分枝低的比分枝高的减噪效果好,一般小乔木和灌木因分枝较密,比典型乔木减弱噪声的能力大;阔叶树吸音效果比针叶树好。具有重叠排列的大型、坚硬叶片的树种,以及乔木、灌木、草本和地被植物构成的复层结构稀疏林带,比一层稠密林带的作用更为显著。

3.1.5 生物栖息地

城市绿地尤其是大型公园绿地还可以为野生动物提供栖息空间,城市中的河流、道路等带状绿色廊道为动物迁徙提供了基因交换、营养交换所必需的通道,使鸟类、昆虫、鱼类和一些小型的哺乳动物得以在城市中生存,对城市生物多样性保护具有重要意义。例如:在生态环境优越的加拿大某些城市,浣熊等一些小动物甚至可以自由地进入居民家中,与人类友好相处。在英国伦敦、美国纽约等城市,也有许多为野生鸟类、哺乳类动物提供自然栖息、繁衍的公共绿地。

3.2 城市绿地的社会服务功能

早在中国古代皇家园林与私家园林的兴建,其目的就是为给帝王、官绅等提供游乐休憩之场所。在宋代出现了向市民开放的城市绿地空间,在《东京梦华录》中记载"四野如市,往往就芳树下,或园圃之间,罗列杯盘,互相劝酬"等市民在春天出游踏青的场景,随后的历朝历代都会出现少量供市人游憩的开敞空间。欧洲历史上也有着相同的经历。在结束了中世纪的神权统治,资产阶级人权思想慢慢地成为主流思想,社会更关心人民的生活质量。19 世纪中叶公园运动在欧美国家兴盛起来时,其主要的社会功能就是为市民提供休憩娱乐场所。

3.2.1 休憩娱乐

娱乐健身活动功能是城市绿地的主要社会功能之一。园林绿地是人们日常游戏游憩活动的场所,是人们锻炼身体、消除疲劳、恢复精力、调剂生活的理想场所。丹麦著名的城市设计专家杨·盖尔(Jan Gehl)在他的《交往与空间》一书中将人们的日常户外活动分为三种类型,即必要性活动、自发性活动和社会性活动。必要性活动是指上学、上班、购物等日常工作和生活事务活动。这类活动必然发生,与户外的环境质量好坏关系不太明显。而自发性活动和社会性活动则通常是指人们在时间、地点、环境合适的情况下,有意愿参加或有赖于他人参与的各种活动。公众的休闲娱乐活动属于后两种活动类型,其活动质量的好坏多依赖于环境载体的情况。城市中的公园、街头小游园、城市林荫道、广场、居住区公园、小区公园、组团院落绿地等园林绿地,为这些活动提供了最佳的空间场所,可以消除公众疲劳、调剂生活、促进身体及精神的健康。城市居民在园林绿地中的休憩娱乐活动内容主要包括:

(1)文娱活动　如弈棋、音乐、舞蹈、戏剧、电影、绘画、摄影、阅览等;

(2)体育活动　如田径、游泳、球类、体操、武术、划船、溜冰、滑雪等;

(3)儿童活动　有滑(如滑梯)、转(如电动转马)、摇(如摇船)、荡(如荡秋千)、钻(如钻洞)、爬(如爬梯)、乘(如乘小火车)等;

(4)安静休息　如散步、坐息、钓鱼、品茗、赏景等。

3.2.2　社会交往

交往是指人们在共同活动过程中相互交流兴趣、情感、意向和观念等。每个人都有与他人交往的愿望,同时人们在交往中实现自我价值,交往需要是人作为社会中一员的基本需求,也是社会生活的组成部分。从心理学角度看,城市公共绿地则为公众的社会交往活动提供了不同类型的开放空间:大型绿地空间为公共性交往提供了场所;小型空间是社会性交往(指相互关联的人们的交往)的理想选择;私密性绿地空间给最熟识的朋友、亲属、恋人等提供了良好氛围。

3.2.3　观光疗养

植物对人类有着一定的心理功能,有些植物还具有养生保健功能,随着医学和心理学的发展,人们不断深化对这一功能的认识。绿色使人感到舒适,能调节人的神经系统,在德国,公园绿地被称为"绿色医生"。在大多数城市街区中,使人镇静的绿色和蓝色较少,而使人兴奋和活跃的红色、黄色在增多。因此身处在绿地中,可以激发人们的生理活力,使人们在心理上感觉平静。另外,植物的青、绿色能吸收强光中对眼睛有害的紫外线,对人的神经系统、大脑皮层和眼睛的视网膜比较适宜,可以帮助眼睛减轻和消除视觉疲劳。

格雷厄姆·T.T.莫利托在《未来千年全球经济发展的五大推动力》中认为,休闲是新千年全球经济发展的五大推动力中的第一引擎。新千年的若干趋势使得"一个以休闲为基础的新社会有可能出现",到 2015 年前后,发达国家将进入"休闲时代",休闲将在人类生活中扮演更为重要的角色。对于饱受城市环境污染和快节奏工作压力的现代人来说,城市郊区的森林、水域、山地或郊野公园等自然风景区与人文景观,无疑是亲近自然、缓解压力、恢复身心健康的最佳休息、疗养场所。如北京香山、广州白云山便成了人们登山健身的好去处;桂林山水、黄山奇峰、泰山日出、峨眉秀色、庐山避暑、青岛海滨等自然景观,西湖胜境、苏州园林、嵩山古刹、北京故宫等园林与历史古迹为人们提供了优美的度假疗养场所。

3.2.4　科普教育

城市绿地的科普教育功能可以理解成两个方面:

(1)生态教育　传播生态知识和生态文化、提高人们的生态意识及生态素养、塑造生态文明的教育,如城市湿地公园、生态观光农业园等。

(2)文化环境型园林　是以不同的景观素材,运用其不同的特征、不同的组合、不同的布局以产生不同的景观效果和文化环境氛围,如历史遗迹和纪念性园林等。此外,城市绿地还具有传承地域文脉、延续场地记忆的"场所精神",公众可以通过环境和心理感知,获得文化熏陶和情操陶冶。

3.3　城市绿地的景观功能

"人人向往美好的城市,美丽而有诗意,生动变幻的城市景观总是令人流连忘返,带给人们高尚的精神享受和归属感。"城市规划者的主要责任就是优化城市的物质环境,因为这是市民生活、生产之所在。"市民的社会活动、经济活动和政治活动会随着物质环境的改善而改善。美的城市,在一动一静中都能满足市民的总体观感,都能反映城市的真实历史,这都是与美分不开的。"城市绿地是城市生态系统中不可多得的绿色生态空间,是将自然引入城市、城市融入自然的有机纽带,规划工作者必须时刻以绿色的视角去审视城市,运用生态与美的法则勾勒城市景观的蓝图。城市绿地景观,是在自然景观的基础上,通过人为的艺术加工和工程措施而形成的城市风景,它结合了美学、艺术、绘画、文学等方面的综合知识,尤其是美学的运用,所以城市绿地的景观审美价值也是评价城市绿地的重要标准之一,城市园林绿地的景观审美功能则可分为以下几点。

3.3.1　园林美

园林绿地之美源于自然,又高于自然景观,它随着文学绘画艺术和宗教活动的发展而发展,是自然景观和人文景观的高度统一。园林美具有多元性,表现在构成园林的多元要素之中和各要素的不同组合形式之中,主要有以下几个方面:

(1)山水地形美　包括地形改造、引水造景、地貌利用、土石假山等,形成园林绿地的骨架和脉络,为园林植物种植、游览建筑设置和视景点的控制创造条件。

(2)借用天象美　指借助日月雨雪等造景的手法。

(3)再现生境美　效仿自然,创造人工植物群落和良性循环的生态环境,创造空气清新、温度适中的小气候环境,花草树木永远是生境的主题。

(4)建筑艺术美　园林绿地中的园林建筑往往是民族文化和时代潮流的结晶。

(5)工程设施美　游道廊桥、假山水景、电照光影、给水排水、挡土护坡等各项设施,在城市绿地中,均体现出区别于一般的市政设施的艺术美。

(6)文化景观美　城市绿地常为宗教圣地或历史古迹所在地,其中的景名景序、门楹对联、摩崖石刻、字画雕塑等无不浸透着人类文化的精华。

(7)色彩音响美　园林绿地是一幅五彩缤纷的天然图画,蓝天白云、花红叶绿、粉墙灰瓦、雕梁画栋、风声雨声、欢声笑语、百鸟争鸣。

(8)造型艺术美　园林绿地中常运用艺术造型来表现某种精神、象征、礼仪、标志、纪念意义,以及某种体形、线条美,如图腾、华表、名像、标牌、喷泉及各种植物造型。

(9)旅游生活美　城市绿地是一个可游、可憩、可赏、可居、可学、可食的综合活动空间,满意的生活服务、健康的文化娱乐、清洁卫生的环境、交通便利与治安保证,都将怡悦人们的心情,带来生活的美感。

(10)联想意境美　联想和意境是我国造园艺术的特征之一。丰富的景物,通过人们的接近联想和对比联想,达到见景生情,体会弦外之音的效果。意境就是通过意向的深化而构成心境应合、神形兼备的艺术境界,也就是主客观情景交融的艺术境界。

3.3.2　自然美

城市园林绿地往往以其色彩、形状、质感、声音等感性特征直接引起人的美感,其内在的曲折、隐晦、间接的内涵美则可以理解为对人类社会生活的一种寓意和象征,成为自然美的一种特殊形式的表现。园林绿地的自然美存在以下共性:

(1)变化性　随着时间、空间和人的文化心理结构的不同,自然美常常在发生明显的或微妙的变化,处于不稳定的状态。时间上的朝夕、四时,空间上的旷奥,人的文化素质与情绪,都直接影响自然美的发挥。

(2)多面性　园林绿地中的同一自然景物,可以因人的主观意识与处境而向相互对立的方向转化;或绿地中完全不同的景物,如植物的色彩、姿态、风韵等个性特色和群体景观可以产生同样的效应。

（3）综合性　城市园林绿地作为一种综合艺术，其自然美常常表现在动静结合中，如山静水动、树静风动、物静人动、石静影移、水静鱼游；在动静结合中，又往往寓静于动或寓动于静。

3.3.3　生活美

城市绿地作为一个现实的物质生活环境，是一个可游、可憩、可赏、可学、可居、可食的综合活动空间，必须使其布局能保证城市居民在游园时感到非常舒适。首先应保证绿地环境的清洁卫生，空气清新，无烟尘污染，水体清透。其次，要创造出宜人的小气候，使气温、湿度、风的综合作用达到理想的要求，如：冬季要防风，夏季能凉爽，有一定的亲水体验空间、空旷的草地及大面积的庇荫树林；园林绿地的生活美，还应该有方便的交通、良好的治安保证和完善的服务设施；此外，还要有广阔的户外社交活动场地，有安静的休息散步、垂钓、阅读、休息的场所；在积极休息方面，有划船、游泳、溜冰等体育活动的设施；在文化生活方面有各种展览、舞台艺术、音乐演奏等场地。这些都将怡悦人们的性情，带来生活的美感。

3.3.4　艺术美

现实美是美的客观存在的形态，而艺术美则是现实美的升华。艺术美是人类对现实生活的全部感受、体验、理解的加工提炼、熔铸和结晶，是人类对现实审美关系的集中表现，通过精神产品（艺术作品）传达到社会中去，推动现实生活中美的创造。城市园林作为艺术作品，园林艺术美是一种时空综合艺术美。在体现时间艺术美方面，它具有诗与音乐般的节奏与旋律，能通过想象与联想，使人将一系列的感受，转化为艺术形象；在体现空间艺术美方面，它具有比一般造型艺术更为完备的三维空间，既能使人能感受和触摸，又能使人深入其内，身历其境，观赏和体验到它的序列、层次、高低、大小、宽窄、深浅、色彩。例如，中国传统园林就是以山水画的艺术构图为形式，以山水诗的艺术境界为内涵的典型的时空综合艺术，其艺术美是融诗画为一体的、内容与形式协调统一的美。

3.3.5　形式美

城市绿地常以其形式美取胜而影响人们的审美感受，各种景物都是由外形式和内形式组成的。外形式是由景物的材料、质地、体态、线条、光泽、色彩和声响等因素构成；内形式是由上述因素按不同规律而组织起来的结构形式或结构特征，如植物的色彩、姿态、风韵等个性特色和群体景观效应等不同的形态。形式美是人类社会在长期的社会生产实践中发现和积累起来的，它具有一定的普遍性、规定性和共同性。但是人类社会的生产实践和意识形态在不断改变，并且还存在着民族、地域性及阶级、阶层的差别。因此，形式美又带有变异性、相对性和差异性。但是，形式美发展的总趋势是不断提炼和升华的，表现出人类健康、向上、创新和进步的愿望。从形式美的外形等方面加以描述，其表现形态主要有线条美、图形美、体形美、光影色彩美、朦胧美等。

3.4　城市绿地的经济服务功能

城市绿化的经济效益有着诸多方面的内容，其中有以城市绿地的产品生产价值、景观与风景区观赏价值为主体收入的直接效益；也有生态环境效益、社会效益和"精明保护"带来的"精明增长"的间接效益。

3.4.1　生态环境收益

城市绿地的生态环境效益为城市带来了无法估量的巨大生态环境收益。由于宏观的生态环境效益是一种无形的收益，其评估与测算受到多种因素影响，很难量化评价，并且城市绿地建设是一个长期的动态过程，目前国内外还没有关于城市绿地生态环境效益比较成熟的定价测算方法。

根据美国学者的研究，城市绿化的社会经济价值是它本身直接经济价值的 18～20 倍。近年来，中国风景园林学会经济与管理学术委员会曾组织有关专家对城市绿化环境效益的评估和计量问题进行专题研究，取得了一定成果。天津市园林局的贺振、徐金祥等研究了瑞典、苏联、日本以及国内的多种测算方法，汇总提出了我国城市的"园林效益测算公式"。利用这项成果，1994 年上海宝山钢铁总厂对厂区绿化所产生的环境经济效益进行测算，其绿化的生态环境收益折合人民币 6 000 多万元；1995 年上海浦东新区绿地系统规划，估算城区绿地系统可产生的生态效益为 121.84 亿元/年；1996 年重庆市城市绿地系统规划，估算出的生态环境价值是 28.86 亿元/年。

例如，从 2002 年起南京市市委、市政府做出建设"绿色南京"的重大决策，使之成为提高城市综合竞争力和可持续发展的战略性工程，自 2003 年起，南京市 6 年投入 100 亿元，打造一个绿意盎然的新南京。在丰富景观与生物多样性、削减污染物危害、优化人居环境等方面，"绿色南京"工程产生了巨大的生态环境综合效益。从 2005 年起，南京农业大学资源与环境学院就对"绿色南京"工程生态效益进行研究，涉及固碳、释放氧气、净化空气、改善小气候、降低土壤重金属含量、生物多样性保护等 10 项生态指标。研究区域涵盖了实施"绿色南京"工程较为集中的江宁、六合、溧水、浦口、高淳、栖霞、雨花台等区县，选择了不同林种的生态公益林、高等级公路防护林、江河湖圩防护林、经济林、工业防护林和人居森林样板等类型，进行了细致的野外调查监测和室内测试分析。通过定性和定量的监测、计算，结果表明，截至 2008 年，"绿色南京"项目新增林地的二氧化碳固定量为 518 万 t，氧气释放量 382 万 t，年总滞尘能力 248 万 t，平均降噪效果达到 20 dB 以上，夏季降温一般在 2～3 ℃，仅新增林地的年生态价值就达 29 亿元，其中净化空气的价值最大。截至 2009 年，"绿色南京"共新增林地 88.5 万亩，6 年实现综合效益 240 亿元，获得了远超项目投入的生态收益。如今"绿色南京"已成为南京的第一张城市名片，是一项城市受益、社会受益、市民受益、农民受益的造福工程。2008 年 10 月南京被联合国人类住区规划署（人居署）授予"人居奖特别荣誉奖"，这是联合国首次将这一人居最高奖项授予中国地方政府，其中"绿色南京"功不可没。

3.4.2　直接经济收益

城市绿地的直接经济收益包括：苗圃、都市农业绿地等生产绿地的产品产出收益；风景名胜区与城市各类公园以景观的观赏价值为主体收入的直接效益，如门票、交通、餐饮、服务、文化、娱乐等收益。

在风景名胜区的景点，门票是其主要的收益，文化、游艺、体育、商业等其余各项为辅助性质收益。但是在许多地区景点门票收益往往不及辅助性收益。这是由于社会消费结构的改变，居民货币支付能力的增强，游客对游览环境设施的要求越来越高，这在一定程度上激励了景点园林辅助要素的蓬勃发展。

随着社会经济的发展，城市园林已成为社会福利的一部分。西方发达国家的城市公园大多数是向市民完全免费开放的,在美国的 368 个国家公园中只有 1/3 左右收取门票,其余全部免费开放,而且门票价格很低廉。全美国家公园游人多达 2.7 亿,但一年的入门费总计仅为 7 000 万美元,每人每年平均只花 0.25 美元的门票。这个消费标准充分体现了城市绿地的社会公益性。目前,我国许多城市的公园也逐渐成为免费公园,人们可以自由自在地享受绿地带来的惬意环境。

此外,良好的城市绿化环境还有助于提升城市旅游形象,打造生态城市、园林城市品牌效应,促使当地旅游业的发展,从而带来巨大的经济收益。因此,南京、杭州等国内知名旅游城市,无一例外,均在城市绿地建设上非常重视。

3.4.3　间接经济收益

随着社会的变革与发展、人口的剧增和城市的无限制扩张,"湖畔闻渔唱,天边数雁行"的诗情画意早已成了旧日残梦。当人们终于认识到"人类属于自然,但自然并不属于人类"时,那些来源于自然的一切便成了人类最宝贵的财富,因而,当代城市居民日益渴望亲近自然、回归自然。因此可以说,正是人类对自身生存环境美好的本能需求,才促成了城市绿地对地产经济、城市开发的巨大影响。

城市公园绿地给土地本身及周边地区带来的市场效益在其发展的初期就已经显露无遗,世界上通过城市绿地的建设促进城市旧城复兴、新城建设与开发的"精明保护"与"精明增长"的案例举不胜举。例如,世界上最早的城市公园之一的美国纽约中央公园,从建设法令颁布到征地结束历时的 12 年中,地价增长的速度是惊人的:1838 年购买 Old Reservoir 地区时,只有 2 316 美元/英亩;1856 年购买 New Reservoir 时便升至 6 838 美元/英亩;而到 1863 年购买从 106 街到 110 街的 65 英亩土地时,地价已高达 18 147 美元/英亩。又如,在 19 世纪 70 年代末,当时美国的波士顿还是个小镇,城市的决策者们在土地还没大规模开发前,非常廉价地购得了郊外大片的土地,这片土地上有沼泽、荒地、林荫道以及查尔斯河谷,他们立法保护它作为永久的绿地系统。如今 100 多年过去了,城市已经扩大了好几倍,昔日的郊外已变为市中心,现在这些廉价购得的土地早已成为城市中宝贵的绿地系统,成为市民身心再生的场所,这就是波士顿人最为骄傲的"翡翠项链(Emerald Necklace)"绿色开敞空间,而周边土地的地价也翻了许多倍。

优美的景观环境可以提高地产及房产的价值,从开发者的角度而言,景观的营造投资具有很高的回报率和长期保值能力。美国城市土地协会(Urban Land Institute,USA)和国家置业者协会(National Association of Homebuilder,USA)在 1991 年做的一项调查中发现,同样大小的一块地皮,有绿地的要比没有绿地的价格高出 20% ~ 30% ,而有成形树木的要比后期栽植的价格更高。这一事实目前也随着我国房地产市场的不断发展,得到越来越多的证实。例如,上海宝山区某地产集团在小区开发时,在小区内建造了面积达 5.8 hm^2 的城市公园,使其与周边楼盘相比,每平方米销售均价高出数百元,结果使地产公司不仅收回了先期的绿地投资成本,还获得了数额不菲的盈利。当然,目前国内有许多地产商一味为了追求商业利益,将景观绿地建设作为一种牟取商业暴利的手段,它们在地产开发中往往对于景观环境的营造急功近利,追求短时效果,违背了城市绿地植物的自然生长、演替规律,在这种没有真正将城市居民的需求作为出发点的状况下,其营造出的景观环境往往不具有可持续性,后期维护、管理均存在较大问题。这种做法值得深刻反思,我们期望看到的是地产商、城市居民与政府的多赢,而绝非地产商的单赢局面。

思考与练习

1. 如何理解生态系统服务功能及其价值评估？
2. 简述城市绿色基础设施理念的发展历程与时代背景。
3. 选择某一绿地，对其功能进行分析。

实　　训

1）实训目标

（1）通过资料查阅，学习和了解国内外在城市绿地功能方面的研究进展和研究方法，加深对城市绿地功能知识的了解，开阔眼界。

（2）能利用所学知识，对某一城市绿地功能进行分析、估算和评价。

2）实训任务

在校园或校园周边选择 100 m² 的一块绿地，要求该绿地植物种类丰富，乔灌草结合，生物量大。对该绿地内的植物进行逐一统计记录，包括种类、规格、生长状况等，在此基础上，对该绿地的功能进行分析、估算和评价。

3）实训要求

（1）选择绿地要有代表性，应在普查的基础上进行。

（2）植物调查前要设计相关表格，调查时要耐心、细致，种类识别科学、准确。

（3）对该绿地功能进行评价时，应采取定量计算和定性分析相结合的方法，力争做到全面、科学，分析有理有据，说服力强。

（4）完成调查绿地功能的分析评价报告，字数不少于 1 500 字，评价要结合本章所学知识，有理有据，条理清晰。

4 城市绿地系统规划

[本章导读]本章从城市绿地的概念和分类入手,结合相关案例,介绍了城市绿地系统规划的编制内容和方法,主要包括城市绿地系统规划目标和指标、结构和布局的确定、市域绿地系统规划、城市各类绿地规划、绿化树种规划、生物多样性保护规划、古树名木保护规划、防灾避险功能绿地规划、绿地景观风貌规划、生态修复规划、绿线规划和规划文件的编制。

4.1 城市绿地的分类

4.1 微课

城市绿地系统是城市各类绿地相互联系、相互作用形成的整体。不同类型的绿地特点不同,功能有别,在城市绿地系统中承担着不同的功能和作用,因此做好城市绿地系统规划,必须首先充分了解城市绿地的分类及各类绿地的特征。

城市绿地的分类在国际上尚无统一标准,因此各个国家的分类情况不尽相同,即使同一个国家在不同时期,由于对城市绿地的认识不同,也会出现不同的分类标准。

4.1.1 国外城市绿地的分类

1)苏联城市绿地分类情况

苏联在20世纪50年代按城市绿地的不同用途,将城市绿地分为三大类:

(1)公共使用绿地 包括文化休息公园、体育公园、植物公园、动物园、散步休息公园、儿童公园、小游园、林荫大道等。

(2)局部使用绿地 包括学校、俱乐部、文化宫、医院、科研机关、工厂企业、修疗养院等单位所属的绿地。

(3)特殊用途绿地 包括工厂企业的防护林带、防火林带、水土保护绿地、公路、铁路防护绿地、苗圃、花圃等。

2)日本城市绿地的分类情况

日本自20世纪60年代以来,工业迅速发展,人口剧增,城市环境严重恶化。为改善城市环境,城市绿地建设受到重视,并逐渐形成一套严密的绿地分类系统,同时对各类绿地的功能、性质、规模及服务半径等做了明确规定。该分类系统将城市绿地分为都市公园系统绿地和非都市公园系统的绿地。其中都市公园系统是基于《都市公园法》设置的,由政府所有、管理和设置,包括住区基干公园、都市基干公园、特殊公园、广域公园、休闲都市、国营公园、缓冲绿地、都市绿地以及绿道(表4.1)。非都市公园系统的绿地所有权和设置主体比较复杂,主要为地方团体和个人所有。

表4.1　日本都市公园系统的分类

种　类			面积/hm²	服务半径/m
基干公园	住区基干公园	街区公园	0.25	250
		近邻公园	2	500
		地区公园	4	1 000
	都市基干公园	综合公园	10～50	市区
		运动公园	15～75	市区
特殊公园				市区
大规模公园		广城公园	>50	跨行政区
		休闲都市	>1 000	都市圈
国营公园			>300	跨县级行政区
缓冲绿地			—	
都市绿地			>0.1	
都市林				
绿道			宽10～20 m	
广场公园				

引自许浩. 国外城市绿地系统规划

4.1.2　我国城市绿地分类

1)我国城市绿地分类回顾

中国城市绿地的分类也经历了一个逐步发展的过程。在不同历史时期,城市绿地建设的指导思想和建设情况不同,城市绿地的分类情况也有明显差异。

1961年:在高等学校教科书《城乡规划》中,将城市绿地分为城市公共绿地、小区及街坊绿地、专用绿地和风景游览、修疗养区的绿地。

1963年:建筑工程部的《关于城市园林绿化工作的若干规定》中,将城市绿地分为公共绿地、专用绿地、生产绿地、特殊用途绿地和风景区绿地五类。

1979年:城建总局在《关于加强城市园林绿化工作的意见》中,将城市绿地分为公共绿地、专用绿地、生产绿地、风景区和森林公园四类。

1982年:城乡建设环境保护部颁发的《城市园林绿化暂行条例》中,将城市绿地分为公共绿地、专用绿地、生产绿地、防护绿地、城市郊区风景名胜区五大类。

1993年:建设部编写的《城市绿化条例释义》及《城市绿化规划建设指标的规定》中,将城市绿地分为公共绿地、居住区绿地、单位附属绿地、防护绿地、生产绿地和风景林地六大类。

以上各个时期的绿地分类,对当时的城市绿化建设都起了重要的指导作用。然而,随着我国城市化进程的不断加快以及人们对城市绿地系统认识的进一步提高,原有的城市绿地分类标准已不能适应新的城市绿地建设的需要。为此,2002 年,建设部组织相关单位在总结新中国成立以来城市绿地规划、建设和管理经验,参考和学习国外先进方法的基础上,以统一全国的绿地分类和统计口径,提高绿地系统规划编制、审批的科学性为目标,从我国城市绿化建设的特点出发,编制了新的《城市绿地分类标准》(CJJ/T 85—2002),并于 2002 年 9 月 1 日起正式实施。

2017 年,住房与城乡建设部组织相关单位对《城市绿地分类标准》进行了修订。修订过程中,编制组参考了国内外现行的相关法规、技术标准,征求了全国各地专家、相关部门对原标准的使用反馈意见以及对本次标准修订的意见,并与相关标准进行了充分衔接,在此基础上编制完成《城市绿地分类标准》(CJJ/T 85—2017),该标准于 2018 年 6 月 1 日正式实施。

2)我国目前的城市绿地分类

(1)城市绿地的定义 城市绿地是城市中以植被为主要形态,并对生态、游憩、景观、防护具有积极作用的各类绿地的总称。它包括两个层次的内容:一是城市建设用地范围内用于绿化的土地;二是城市建设用地之外,对城市生态、景观和居民休闲生活具有积极作用、绿化环境较好的区域。

(2)城市绿地分类原则

①以主要功能为分类的根本依据:城市绿地通常同时具有游憩、生态、景观、防灾等多种功能,分类时应以其主要功能为依据,以利于城市绿地系统的规划、建设和管理工作。

②与原有分类系统有一定的延续性:许多城市的绿地系统规划及建设都是在原有基础上进行的,因此新的分类标准应与原来的分类系统有一定的延续性,这样才能达到平稳过渡的效果,否则,会因为新旧标准的脱节造成统计工作的困难等一系列问题,从而对城市绿地的建设产生不利影响。

③应具有可比性:新的分类标准应有利于进行纵向和横向的比较。纵向比较是指新的城市绿地分类便于与原有的相关统计资料进行比较,横向比较是指有利于国内各城市之间以及与国外进行比较,因此,在分类时不仅应考虑与原有分类系统的衔接,也应考虑与国外绿地分类的并轨。

④应具有前瞻性:随着人们环境意识的提高和城市生态建设的发展,人们对绿地的认识已从原来狭义的城市建设用地中的绿地拓展到市域范围内城乡一体绿化的"大绿化"。同时,城市绿地系统建设也由原来的"拆墙建绿""见缝插绿"发展到现在的"规划建绿",城市绿地系统的空间布局和结构与城市的布局结构相融合,整个城市的绿地形成一个完整的网络系统。新的分类系统应体现人们对绿地及绿地系统规划意识上的进步和发展趋势,具有前瞻性。

(3)城市绿地分类 根据以上原则,结合我国国情,将城市绿地分为 5 个大类、15 个中类、11 个小类,它们分别是:

5 大类:公园绿地、防护绿地、广场用地、附属绿地、区域绿地。

15 中类:公园绿地中的综合公园、社区公园、专类公园、游园;附属绿地中的居住用地附属绿地、公共管理与公共服务设施用地附属绿地、商业服务业设施用地附属绿地、工业用地附属绿地、物流仓储用地附属绿地、道路与交通设施用地附属绿地、公用设施用地附属绿地;区域绿地

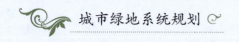

中的风景游憩绿地、生态保育绿地、区域设施防护绿地、生产绿地。

11 小类:专类公园中的动物园、植物园、历史名园、遗址公园、游乐公园、其他专类公园;风景游憩绿地中的风景名胜区、森林公园、湿地公园、郊野公园、其他风景游憩绿地。

具体分类及内容见表4.2。

表4.2　城市绿地分类

类别代码			类别名称	内　容	备　注
大类	中类	小类			
G1			公园绿地	向公众开放,以游憩为主要功能,兼具生态、景观、文教和应急避险等功能,有一定游憩和服务设施的绿地	
	G11		综合公园	内容丰富,适合开展各类户外活动,具有完善的游憩和配套管理服务设施的绿地	规模宜大于 10 hm²
	G12		社区公园	用地独立,具有基本的游憩和服务设施,主要为一定社区范围内居民就近开展日常休闲活动服务的绿地	规模宜大于 1 hm²
	G13		专类公园	具有特定内容或形式,有相应的游憩和服务设施的绿地	
		G131	动物园	在人工饲养条件下,移地保护野生动物,进行动物饲养、繁殖等科学研究,并供科普、观赏、游憩等活动,具有良好设施和解说标识系统的绿地	
		G132	植物园	进行植物科学研究、引种驯化、植物保护,并供观赏、游憩及科普等活动,具有良好设施和解说标识系统的绿地	
		G133	历史名园	体现一定历史时期代表性的造园艺术,需要特别保护的园林	
		G134	遗址公园	以重要遗址及其背景环境为主形成的,在遗址保护和展示等方面具有示范意义,并具有文化、游憩等功能的绿地	
		G135	游乐公园	单独设置,具有大型游乐设施,生态环境较好的绿地	绿化占地比例应大于或等于65%
		G139	其他专类公园	除以上各种专类公园外,具有特定主题内容的绿地。主要包括儿童公园、体育健身公园、滨水公园、纪念性公园、雕塑公园以及位于城市建设用地内的风景名胜公园、城市湿地公园和森林公园等	绿化占地比例宜大于或等于65%
	G14		游园	除以上各种公园绿地外,用地独立,规模较小或形状多样,方便居民就近进入,具有一定游憩功能的绿地	带状游园的宽度宜大于 12 m;绿化占地比例应大于或等于65%

类别代码			类别名称	内　容	备　注
大类	中类	小类			
G2			防护绿地	用地独立,具有卫生、隔离、安全、生态防护功能,游人不宜进入的绿地。主要包括卫生隔离防护绿地、道路及铁路防护绿地、高压走廊防护绿地、公用设施防护绿地等	
G3			广场用地	以游憩、纪念、集会和避险等功能为主的城市公共活动场地	绿化占地比例宜大于或等于35%;绿化占地比例大于或等于65%的广场用地计入公园绿地
XG			附属绿地	附属于各类城市建设用地(除"绿地与广场用地")的绿化用地。包括居住用地、公共管理与公共服务设施用地、商业服务业设施用地、工业用地、物流仓储用地、道路与交通设施用地、公用设施用地等用地中的绿地	不再重复参与城市建设用地平衡
	RG		居住用地附属绿地	居住用地内的配建绿地	
	AG		公共管理与公共服务设施用地附属绿地	公共管理与公共服务设施用地内的绿地	
	BG		商业服务业设施用地附属绿地	商业服务业设施用地内的绿地	
	MG		工业用地附属绿地	工业用地内的绿地	
	WG		物流仓储用地附属绿地	物流仓储用地内的绿地	
	SG		道路与交通设施用地附属绿地	道路与交通设施用地内的绿地	
	UG		公用设施用地附属绿地	公用设施用地内的绿地	
EG			区域绿地	位于城市建设用地之外,具有城乡生态环境及自然资源和文化资源保护、游憩健身、安全防护隔离、物种保护、园林苗木生产等功能的绿地	不参与建设用地汇总,不包括耕地
	EG1		风景游憩绿地	自然环境良好,向公众开放,以休闲游憩、旅游观光、娱乐健身、科学考察等为主要功能,具备游憩和服务设施的绿地	

续表

类别代码			类别名称	内　容	备　注
大类	中类	小类			
EG		EG11	风景名胜区	经相关主管部门批准设立,具有观赏、文化或者科学价值,自然景观、人文景观比较集中,环境优美,可供人们游览或者进行科学、文化活动的区域	
		EG12	森林公园	具有一定规模,且自然风景优美的森林地域,可供人们进行游憩或科学、文化、教育活动的绿地	
		EG13	湿地公园	以良好的湿地生态环境和多样化的湿地景观资源为基础,具有生态保护、科普教育、湿地研究、生态休闲等多种功能,具备游憩和服务设施的绿地	
		EG14	郊野公园	位于城区边缘,有一定规模、以郊野自然景观为主,具有亲近自然、游憩休闲、科普教育等功能,具备必要服务设施的绿地	
		EG19	其他风景游憩绿地	除上述外的风景游憩绿地,主要包括野生动植物园、遗址公园、地质公园等	
	EG2		生态保育绿地	为保障城乡生态安全,改善景观质量而进行保护、恢复和资源培育的绿色空间。主要包括自然保护区、水源保护区、湿地保护区、公益林、水体防护林、生态修复地、生物物种栖息地等各类以生态保育功能为主的绿地	
	EG3		区域设施防护绿地	区域交通设施、区域公用设施等周边具有安全、防护、卫生、隔离作用的绿地。主要包括各级公路、铁路、输变电设施、环卫设施等周边的防护隔离绿化用地	区域设施指城市建设用地外的设施
	EG4		生产绿地	为城乡绿化美化生产、培育、引种试验各类苗木、花草、种子的苗圃、花圃、草圃等圃地	

　　该标准为中华人民共和国行业标准,城市绿地的规划、设计、建设、管理和统计等工作应严格执行。

3) 城市各类绿地的特征

　　(1)公园绿地　向公众开放,以游憩为主要功能,兼具生态、景观、文教和应急避险等功能,有一定游憩和服务设施的绿地。公园绿地是城市绿地系统最重要的组成部分,也是市民接触最多、对城市形象影响最大的一类绿地。公园绿地可分为以下几类:综合公园、社区公园、专类公园(动物园、植物园、历史名园、遗址公园、游乐公园、其他专类公园)、游园。

①综合公园:内容丰富,适合开展各类户外活动,具有完善的游憩和配套管理服务设施的绿地。综合公园要求地理位置适中,交通便利,内容设施完善,能满足各层次游人观赏、游览、休息、娱乐等多种需要;景观优美,植物种类丰富。

②社区公园:用地独立,具有基本的游憩和服务设施,主要为一定社区范围内居民就近开展日常休闲活动服务的绿地。社区公园与居民的日常活动紧密联系,要求具有适于居民日常休闲活动的内容和相应的设施。

③专类公园:具有特定内容或形式,有相应的游憩和服务设施的绿地。专类公园主要包括以下类型:

a. 动物园:在人工饲养条件下,移地保护野生动物,进行动物饲养、繁殖等科学研究,并供科普、观赏、游憩等活动,具有良好设施和解说标识系统的绿地。其主要功能有三个:一是进行动物的分类、繁殖、驯化等研究,保护濒危野生动物和种源;二是进行文化教育和科普宣传;三是供游人参观游览。

b. 植物园:进行植物科学研究、引种驯化、植物保护,并供观赏、游憩及科普等活动,具有良好设施和解说标识系统的绿地。其主要功能有三个:一是从当地自然条件出发,广泛收集适合当地自然条件的各种植物,并对植物进行引种驯化、品种分类、综合利用等方面的研究;二是作为濒危珍稀植物迁地保护的重要场所对珍稀濒危植物进行保护、繁殖等方面的研究;三是进行文化教育和科普宣传,供游人参观游览。

c. 历史名园:体现一定历史时期代表性的造园艺术,需要特别保护的园林。该类公园蕴涵着丰富的历史文化内涵,是反映城市历史文脉,体现城市历史文化风貌的重要载体。

d. 遗址公园:以重要遗址及其背景环境为主形成的,在遗址保护和展示等方面具有示范意义,并具有文化、游憩等功能的绿地。

e. 游乐公园:单独设置,具有大型游乐设施,生态环境较好的绿地。

f. 其他专类公园:除以上各种专类公园外,具有特定主题内容的绿地。主要包括儿童公园、体育健身公园、滨水公园、纪念性公园、雕塑公园以及位于城市建设用地内的风景名胜公园、城市湿地公园和森林公园等。

④游园:用地独立,规模较小或形状多样,方便居民就近进入,具有一定游憩功能的绿地。游园以"多、小、匀"为特征分布于城市各个角落,与居民生活息息相关,面积一般要求大于500 m^2,服务半径300 ~ 500 m,居民步行3 ~ 5 min 即可到达。

(2)防护绿地　用地独立,具有卫生、隔离、安全、生态防护功能,游人不宜进入的绿地。主要包括卫生隔离防护绿地、道路及铁路防护绿地、高压走廊防护绿地、公用设施防护绿地等。根据其种植模式的不同,分为防护林带和防护片林。

(3)广场用地　以游憩、纪念、集会和避险等功能为主的城市公共活动场地。绿化占地比例宜大于或等于35%;绿化占地比例大于或等于65%的广场用地计入公园绿地。

(4)附属绿地　附属于各类城市建设用地(除"绿地与广场用地")的绿化用地,包括居住用地附属绿地、公共管理与公共服务设施用地附属绿地、商业服务业设施用地附属绿地、工业用地附属绿地、物流仓储用地附属绿地、道路与交通设施用地附属绿地、公用设施用地附属绿地。

(5)区域绿地　位于城市建设用地之外,具有城乡生态环境及自然资源和文化资源保护、游憩健身、安全防护隔离、物种保护、园林苗木生产等功能的绿地,包括风景游憩绿地、生态保育绿地、区域设施防护绿地、生产绿地。

①风景游憩绿地:自然环境良好,向公众开放,以休闲游憩、旅游观光、娱乐健身、科学考察等为主要功能,具备游憩和服务设施的绿地,包括风景名胜区、森林公园、湿地公园、郊野公园、野生动植物园、遗址公园、地质公园等。

②生态保育绿地:为保障城乡生态安全,改善景观质量而进行保护、恢复和资源培育的绿色空间。主要包括自然保护区、水源保护区、湿地保护区、公益林、水体防护林、生态修复地、生物物种栖息地等各类以生态保育功能为主的绿地。

③区域设施防护绿地:区域交通设施、区域公用设施等周边具有安全、防护、卫生、隔离作用的绿地。主要包括各级公路、铁路、输变电设施、环卫设施等周边的防护隔离绿化用地。

④生产绿地:为城乡绿化美化生产、培育、引种试验各类苗木、花草、种子的苗圃、花圃、草圃等圃地。

区域绿地位于城市建设用地之外,一般是指植被覆盖良好、山水地貌较好或生态保护功能突出的绿色空间。这类空间对城市居民的休闲生活影响较大,它不但可以为本地居民的休闲生活服务,还可以为外地游人提供观光服务,其中的优秀景观甚至成为城市的景观标志。其主要功能偏重生态保护、景观培育、建设控制、减灾防灾、观光旅游、自然和文化遗产保护等。它是城市建设用地范围内绿地系统的延伸,与城市建设用地范围内的绿地系统共同构成完整的绿地系统。

设置区域绿地主要是适应中国城镇化发展由"城市"向"城乡一体化"转变,加强对城镇周边和外围生态环境的保护与控制,健全城乡生态景观格局;综合统筹利用城乡生态游憩资源,推进生态宜居城市建设;衔接城乡绿地规划建设管理实践,促进城乡生态资源统一。

凡是列入"区域绿地"的绿地,皆不参与城市建设用地的绿地指标统计。

4.2　城市绿地系统规划的内容及原则

4.2 微课

4.2.1　城市绿地系统规划的概念和任务

(1)城市绿地系统规划的概念　城市绿地系统规划是指在充分认识城市自然条件、自然植被及地方性园林植物特点的基础上,从城市实际情况出发,根据国家相关标准和城市性质、发展目标,将各级各类绿地按合理的规模、位置及空间结构形式进行布置。

(2)城市绿地系统规划的任务　城市绿地系统规划的任务是在深入调查研究的基础上,根据城市总体规划中的城市性质、发展目标、用地布局等规定,科学制定各类城市绿地的发展指标,合理安排城市各类绿地建设和市域大环境绿化的空间布局,达到保护和改善城市生态、优化城市人居环境、促进城市可持续发展的目的。

4.2.2　城市绿地系统规划的内容

城市绿地系统规划主要包括以下内容:
①城市概况及城市绿地现状分析;
②确定城市绿地系统规划的目标及原则;
③拟订城市绿地的各项指标:绿地率、绿化覆盖率、人均公园绿地等;
④市域绿色生态空间统筹;
⑤编制市域绿地系统规划;
⑥科学规划城市绿地结构和布局;

⑦编制城市各类绿地规划:包括公园绿地、防护绿地、广场用地、道路绿地、居住区绿地及单位附属绿地等,确定其性质、位置、范围和大小等,做到定点定位,不能定点定位的,定出相关指标;

⑧编制城市树种规划和生物多样性保护规划;

⑨编制城市古树名木保护规划;

⑩编制城市绿地系统其他专项规划,如防灾避险功能绿地规划、绿地景观风貌规划、生态修复规划、立体绿化规划等;

⑪城市绿地分期建设目标和近期的年度实施计划,并对近期建设目标所需资金进行概算;

⑫制定实施规划的主要措施;

⑬编写绿地系统规划的图纸和文件,包括规划文本、规划说明书和规划图则;

⑭对重点公园绿地提出规划设计方案。

4.2.3　城市绿地系统规划的一般原则

不同的城市,绿化的基础条件不同,目标各异,绿地系统规划的原则也有相应差异,但以下几条原则是制定科学合理的城市绿地系统规划应该共同遵守的:

(1)尊重自然,生态优先　尊重自然地理特征和山水格局,优先保护城乡生态系统,维护城乡生态安全。

(2)统筹兼顾,科学布局　统筹市域生态保护和城乡建设格局,构建绿地生态网络,促进城绿协调发展,优化城市空间格局和绿地空间布局。

(3)以人为本,功能多元　满足人民群众日益增长的美好生活需要,提高绿地游憩服务供给水平,充分发挥绿地综合功能。

(4)因地制宜,突出特色　依托各类自然景观和历史文化资源,塑造绿地景观风貌,凸显城市地域特色。

4.3　城市绿地系统规划的目标和指标

4.3 微课

4.3.1　城市绿地系统规划的目标

城市绿地系统规划的目标分为近期目标和远期目标。近期目标一般为近五年的目标,远期目标为规划最终实现后的目标。近期目标一般根据城市目前的绿化现状和城市发展规划,量力而行,科学制订。远期目标一般为建立数量适宜、结构科学、布局合理、具有显著地方特色的城市绿地系统,最大限度地发挥其生态、经济和社会的综合效益。如徐州市根据城市绿化建设现状,制订的近期目标为:进一步完善城市生态环境质量和景观风貌,提高城市绿地物种丰富度,强化中心区公园绿地和滨水景观绿地建设力度,提高绿地建设质量,优化城市各类绿地结构布局和分布格局,提升城市园林绿地的整体水平,达到国家园林城市的标准要求;远期目标为:全面改善城市生态环境质量,紧密结合历史文化与现代文明,提高城市各类绿地建设水平,构筑融山、水、文、城于一体,生态功能完善稳定,环境优美和谐的山水生态园林宜居城市。

4.3.2 城市绿地系统规划的指标

1) 城市绿化指标的作用

城市绿化指标是体现城市绿色环境数量及质量的量化方式。选择相应的绿化指标,建立科学的绿化指标体系和标准,有利于城市绿地系统的比较和评价,促进城市绿地系统建设的可持续发展,其主要作用是:

(1)衡量城市绿化水平的高低 衡量一个城市绿化水平的高低,首先通过其绿地数量的多少表现出来,绿地指标高的城市,说明其绿地的数量多,绿化水平相对较高。

(2)衡量城市绿化质量的好坏 城市绿地综合效益的大小,除受绿地数量大小影响外,与绿地中植物的种类及其配置方式、单位绿地的植物量、各类绿地的结构及分布密切相关。绿地数量相同的城市,若其单位绿地的植物量、绿地的结构和分布不同,其绿化的生态效益会有很大的区别。如面积相同的两块绿地,一块以草坪为主,一块则为乔、灌、草复合结构,其生态效益可相差 6 倍左右。因此,通过相关的指标,不仅可衡量城市绿化水平的高低,还可衡量城市绿化质量的好坏。

(3)估算城市绿化投资,保证绿化建设按规划实施 要保证城市绿化规划的实施,必须有充足的投资做保证。如果在规划中能确定各类绿地的规模,估算所需资金并考虑资金来源,根据城市的投资能力合理确定城市绿地的建设规模,就能提高城市绿地规划实施的可行性,为绿地系统规划的顺利实施奠定良好的基础。

(4)利于在统计和研究工作中统一计算口径,为科学研究积累可靠数据 了解一个城市绿化工作的进展情况,对一个城市的绿化工作进行考核,将不同城市的绿化水平进行对比,预测城市绿化的未来,进行相关科学研究,仅靠定性描述是远远不够的,必须通过定量分析。为便于比较研究,还必须有统一的衡量标准,绿化指标为这些研究提供了具体的量化方式,利于在统计和研究工作中统一计算口径,为科学研究积累可靠数据。

2) 城市绿化指标的选取

(1)传统指标 包括城市绿地率、绿化覆盖率、人均公园绿地面积。城市绿化指标的选取与一个国家和地区的经济社会发展水平、城市建设水平、绿化建设水平等密切相关。不同的国家和地区,同一个国家和地区在不同的发展阶段,绿地指标的选取均可能有所不同。如苏联,在 1990 年实施的《建设法规》中,在绿地建设中对如下指标做了规定:居住小区的绿地面积、生产用地中的防护林带宽度、生产绿地面积、人均公园面积等。为给市民提供较多的休闲空间,日本将人均公园面积作为一项重要指标并做了相关规定。其他国家也有不同的指标,但从总的情况看,人均公园绿地和人均绿地面积是普遍采用的两项指标。

我国城市绿化指标的选取在不同的发展阶段也有所不同。20 世纪 50 年代曾采用过树木株数、公园个数和面积、公园每年的游人量等;从 20 世纪 80 年代起,逐渐发展为三项指标:城市绿地率、绿化覆盖率、人均公园绿地面积。

(2)新指标 包括绿化三维量、叶面积指数、绿化结构指标、游憩指标、计划管理指标等。

近年来,城市绿地在改善城市环境中的作用得到越来越多的重视,相关的研究成果也不断涌现。研究表明,面积相同的绿地,其生态效益会产生很大的差异。究其原因,主要是由于面积相同的绿地,其绿量却有相当差异,而植物的生态效益主要取决于其绿量。因此,人们提出一些新的指标,如叶面积指数、绿化三维量等,以更科学地反映一个城市的绿化水平。此外,还有一些相关指标如绿化结构指标、游憩指标、计划管理指标也被相关学者提出并建议作为绿化指标。

①叶面积指数:单位面积的叶面积量。

叶面积指数可以反映某植物单位面积上绿量的高低。相同面积绿地叶面积指数的高低,说明其植物群落乔、灌、草的总绿量的高低。单位面积绿地中物流和能流数量的大小,决定于植物叶面积指数的大小。叶面积指数是决定园林绿地生态效益大小的最具实质性的因素,改善植物的空间分布状况,提高叶面积指数,是提高现代城市园林绿化水平的有效途径和重要标准。

叶面积指数测定目前常用的方法是,通过研究城市园林植物树龄、冠幅、胸径与叶面积指数之间的相关关系,并进行回归建立叶面积指数模型数据库,利用数据库计算各类植物单株及群落各个时期的叶面积指数。

②绿化三维量:简称三维量,指绿色植物茎叶所占据的空间体积,以立方米为计算单位。

绿化三维量是1998年上海运用遥感技术对城市园林绿地进行调查研究和绿化与环境的相关分析时提出的。相对于平面量(如绿地率、绿化覆盖率)而言,三维量指标更好地反映城市绿化在空间结构方面的差异,因而可以更全面、准确地分析绿化的环境效益和城市绿化需求总量。该概念的提出,将人们的绿化思维从二维面积引向三维空间,由绿化覆盖面积引向绿色空间占有量,这其中体现了人们对植物功能认识的进一步提高,城市绿化不仅仅是为了环境美化,其意义首先在于改善城市的生态环境,绿地的规划与设计不再仅是考虑绿地的景观效果,而要注重绿地的功能性。

③绿化结构指标:各类绿地的乔木量、灌木量、地被面积、常绿乔木量、落叶乔木量等,可以反映城市绿地绿化结构和特征以及构成绿地的植物材料的数量及特点。

④游憩指标:包括各级各类公园绿地面积、服务半径、出游率等,可反映和衡量各类公园为市民提供活动的条件和使用情况。

⑤绿化计划管理指标:包括新增绿地面积、新减绿地面积、植树量、植树成活率等,可反映和衡量城市建设和管理水平。

除以上指标外,绿地空间分布格局、功能、市民的满意程度、绿地的可达性等也被用来衡量一个城市的绿化水平。在新的《国家生态园林城市标准》中,又提出新的指标,如生物多样性指数、乡土植物指数等,反映城市绿化的植物多样性和乡土植物的应用情况。

3)城市绿化指标的计算

(1)城市绿化指标的计算原则

①计算城市现状绿地和规划绿地的指标时,应分别采用相应的城市人口数据和城市用地数据;规划年限、城市建设用地面积、规划人口应与城市总体规划一致,统一进行汇总计算。

②绿地应以绿化用地的平面投影面积为准,每块绿地只应计算一次。

③绿地计算的所用图纸比例、计算单位和统计数字精确度均应与城市规划相应阶段的要求一致。

(2)城市绿化指标的计算

①城市绿地率:城市各类绿地总面积占城市面积的比率。

$$城市绿地率(\%)\lambda_g = [(A_{g1}+A_{g2}+A_{g3}+A_{xg})/A_c] \times 100\%$$

式中　λ_g——绿地率,%;A_{g1}——公园绿地面积,m^2;A_{g2}——防护绿地面积,m^2;A_{g3}——广场用地中的绿地面积,m^2;A_{xg}——附属绿地面积,m^2;A_c——城市的用地面积,m^2,与上述绿地统计范围一致。

②城市绿化覆盖率:城市绿化覆盖面积占城市面积的比率。

城市绿化覆盖率=城市全部绿化种植垂直投影面积/城市面积×100%

绿化覆盖面积——树冠的垂直投影面积(含被绿化种植包围的水面)、屋顶绿化覆盖面积和零散的树木覆盖面积。立体绿化的计算目前没有明确的规定。

计算绿化覆盖面积时应该注意,乔木树冠下重叠的灌木和草本植物不能再重复计算。

③人均公园绿地面积:城市中每个居民平均占有公园绿地的面积。

$$人均公园绿地面积 \ A_{gm} = A_{gl}/N_p$$

式中　A_{gm}——人均公园绿地面积,m^2/人;A_{gl}——公园绿地面积,m^2;N_p——城市人口数量,人,按常住人口统计。

4.3.3　城市绿化指标相关标准的制订

1)影响城市绿化指标的因素

(1)国民经济水平　城市环境的建设与一个城市的国民经济发展水平密切相关。相关研究表明,当一个国家或地区的人均国民生产总值超过4 000美元时,城市建设会进入一个新的发展阶段,城市绿化建设水平也会随之有大幅度提高。

(2)城市性质　城市性质的不同,对绿地的要求也有明显差异。如风景旅游城市、历史文化名城、沿海开放城市、新开发城市、休疗养城市,对公园绿地指标的要求就相应高,而一些工业及交通枢纽城市,由于环境保护的需要,指标也应高些(表4.3)。

表4.3　我国一些城市的绿化指标

城市性质	城　市	绿地率/%	绿化覆盖率/%	人均公园绿地面积/($m^2 \cdot 人^{-1}$)	时间
风景旅游城市	杭州	38.24	40.50	15.10	2015年
风景旅游城市	苏州	37.6	42.5	14.96	2015年
钢铁工业城市	包头	39.8	42.8	13.3	2015年
交通枢纽城市	徐州	41.25	45.98	17	2015年
休疗养城市	青岛	40.01	44.7	14.6	2015年
历史文化名城	西安	33.90	42.50	11.6	2014年
沿海开放城市	深圳	39.21	45.10	16.91	2015年
沿海开放城市	珠海	52.61	57.19	16.19	2014年

(3)城市规模　规模较大的城市一般人口密集,建筑密度高,城市问题突出。为缓解这些问题,应有更多的绿地。但由于用地紧张等问题,人均建设用地面积小,可用于绿化的土地受到限制,一般绿化指标较低。

(4)城市自然条件　不同城市,自然环境不同,植物的生长条件各异,绿化指标也有所差异。如水热条件较好的南方,植物多样性丰富,绿化指标相对较高,绿化景观也较丰富。再如一些自然山水条件较好的地区,发展绿地的空间大,绿地指标相应也会提高。因此,制订绿地指标标准时,应因地而异。

（5）城市中已形成的建筑物 旧城市一般建筑物都很密集，现状复杂，往往有很多永久性的建筑物无法拆迁，城市用地不能完全按功能分区要求来布局，城市园林绿地的数量也受到限制，园林绿地指标就不能按计划执行。如上海、武汉等城市在旧城改建过程中均存在此问题，这就不如新建城市，没有受复杂的旧城影响，园林指标可按要求来确定，比改建旧城方便。

（6）园林绿化的现状及基础 原有绿化基础较好的城市，或名胜古迹较多的城市，在结合城市改建的过程中，园林绿地改建扩建、文物古迹保护恢复的数量较多，这样往往容易提高绿化指标。

（7）其他因素 如城市发展的现状、规划的潮流、领导的重视程度、市民的环境意识等，都会对城市绿地指标产生影响。

2）城市绿化指标的确定方法

从以上各项影响因素分析可以看出，影响城市绿地指标的因素是复杂的。确定一个城市的绿化相关指标，基于规划目标的不同，可分别采用以下方法：

（1）碳氧平衡法 碳氧平衡法是国内外最早和最常用于城市森林绿地面积确定的方法，学术界多年来从生态学角度已做了大量研究。20 世纪 80 年代以前，国外的研究主要集中于碳氧平衡法中一些基础数据与理论的收集和研究，研究表明，大气中约 60% 的氧来自陆生植物的光合作用，特别是森林，其余的则要从海洋中产生。苏联 20 世纪 70 年代测定 1 hm² 树木每日能放出氧气 730 kg。美国和联邦德国都提出城市公园绿地定额为 40 m²/人。其依据是：1966 年柏林的一位博士通过试验，算出每公顷公园绿地白天 12 h 吸收二氧化碳 900 kg，生产氧气600 kg。日本学者研究，一个人的呼吸量平均每天排出二氧化碳 1 kg，吸收氧 0.5 kg；1 hm² 的阔叶林，在生长季节每天可释放 0.75 t 氧气，则每人有 10 m² 的森林面积就可以消耗掉他呼吸所排出的二氧化碳，并供给需要的氧气。在白天如有 25 m² 生长良好的草坪，就可以把一个人呼出的二氧化碳全部吸收。日本琦玉县在做全县森林规划时，提出工业大城市每人需占有 140 m² 的绿地面积，才能维持该地区的碳氧平衡。

我国从 20 世纪 80 年代开始借鉴国外的方法与基础数据进行研究，并将这些成果运用于城市绿地指标的评价和研究中。据北京市园林科学研究所 1984—1986 年夏季的观测研究结果，由乔灌木混合栽植的绿地，每公顷大约年平均可吸收二氧化碳 252 t，产生氧气 183 t；杨士弘实测了广州市几种常见绿化树种的光合强度、呼吸强度、叶面积指数，从满足人类呼吸的基本需要考虑，提出可根据绿化树种吸碳放氧能力规划城市绿地面积，并以此为依据计算出广州市 358万人口（1990 年）每天呼出的二氧化碳和吸收的氧气全部靠绿化树木的光合作用来平衡，取 8种绿化树木平均则需林地面积 7 563.4 hm²，相当于建成区绿化覆盖率 36%。

（2）游憩空间定额法 绿地面积标准的游憩空间定额法，是我国园林绿地规划工作中常用的传统方法。其基本依据来源于 20 世纪 50 年代的苏联，即对文化休息公园每个游人占地面积的统计表明，要保证城市居民在节假日有 10% 左右的人口同时到公共绿地游览休息，每个游人有 60 m² 的游憩绿地空间。我国第一部城市规划技术法规《城市用地分类与规划建设用地标准》（GBJ 137—90）中公共绿地和城市绿地总量的计算依据如下：确定公共绿地人均指标的计算依据，采用居民出游率、每个游人在公园中占有面积和周转系数而定。出游率取 10% 左右。每个游人占有公园面积，市区级大型公园采用 60 m²/游人，居住区公园采用 30 m²/游人为宜。周转系数，大型公园为 1.5，小型公园为 3。从以上三项依据可计算出大小公园的人均指标分别为 5 m²/人和 2 m²/人，相加为 7 m²/人，是满足当地居民的最低指标。

（3）污染荷载量法　经济发展、人口、机动车辆增加,城市的污染日趋严重。二氧化硫、氮氧化物、粉尘、噪声以及铅等重金属污染使城市环境的影响日趋严重,绿色植物对污染物的吸收作用使其成为净化城市环境的重要载体,受到越来越多的重视,相关研究者开始探讨根据城市绿地的净化能力及污染物产生量来确定城市绿化相关指标,如符气浩等对海口市绿地面积定额时,主要考虑植物对 SO_2 的净化,将大气看作封闭系统和开放系统两种情况分别计算绿地面积;姜东涛运用大量资料论述每公顷森林的生态功能,并以此提出计算城市森林面积和覆盖率的依据。

（4）模型计算法　运用模型确定绿化指标也是近年来的热点。文剑平(1990)通过对益阳市大气环境状况的监测,应用模糊数学进行分析与综合评价,掌握该市大气环境污染变化规律。在野外调查、室内熏气试验的基础上筛选出高效净化树种,获得了植物对 SO_2 的净化速率,据此建立了植被的控制模型,并计算出若按一定比例造林,绿化覆盖率达到 54% 时,大气环境质量可恢复到一级水平。张佩昌等(1994)根据韶关市、长春市和临汾市三个不同程度工业化城市的空气污染资料及同时期的森林覆盖率和人口资料,应用系统动力学建立了"城市森林对生态系统综合影响的仿真模型",通过模拟试验,得到了保证城市居民健康的最佳森林覆盖率。刘云国(1996)在广州市员村工业区运用模糊数学进行环境现状及回顾评价,用灰色系统理论建立污染物时空分布模型,找出污染物分布规律,选择能在华南地区生长的植物,以它们的平均吸收率为依据,运用文剑平的模型计算出植被覆盖率达到 35.04% 时,大气质量达到一级水平。甄学宁等(2001)提出可用实测法、数学模型法、数学模型结合实测法 3 种具体方法确定城市环境保林面积。

（5）综合确定法　近年来在城市绿地规划设计中,开始将以上方法综合运用,全面考虑城市生态环境的需要,确定适宜于规划城市的绿地面积。蔡雨亭等(1997)从氧平衡、污染物吸收、绿地需求三方面考虑了仪征市的绿地面积的定额。姜东涛运用自己提出的计算城市森林与绿地面积的依据,计算出哈尔滨市需城市森林 5.93 万 hm^2,森林覆盖率 35.8% 。

（6）其他方法　刘梦飞(1988)根据北京市绿化覆盖率与气温之间的负相关关系,从消除城市热岛效应的角度考虑,北京市的绿化覆盖率应达到 50% ;叶文虎等(1998)从生态补偿的角度,运用绿当量的概念,以济南市为例,探讨了对 CO_2、降尘和 SO_2 的生态补偿方法。以街道办事处为单元评价济南市内现有绿地的生态补偿能力,并根据环境目标的要求(达到国家二级标准),提出各办事处需增的公共绿地面积。

综上所述,确定城市的绿化指标是一项复杂的工作,它需要在对城市自然条件、人口数量及分布、环境质量、绿化现状综合分析的情况下,通过定性、定量相结合的方法进行深入研究后方可确定。确定时应注意两种倾向:一是指标过高,很多城市在规划城市绿化指标时,不从城市实际情况出发,盲目攀比,追求高指标,超出城市用地承载能力和城市投资能力,可操作性差,导致规划不能按规划实施,成为一纸空谈;二是指标过低,造成城市绿地的综合效益差,在一定程度上制约了城市绿化建设的积极性。

3）城市绿化标准的规定

（1）国外城市绿化指标的规定　世界各发达国家主要城市的绿化指标均较高。据 49 个城市的统计,公园绿地面积在每人 10 m^2 以上的占 70% ,最高的达 80.3 m^2(瑞典首都斯德哥尔摩)。苏联和东欧国家的一些城市,第二次世界大战后,城市被毁,在重新规划建设过程中都非常重视城市绿地指标的提高,如莫斯科、华沙等城市,人均城市绿地都达到了 70 多平方米。欧美一些国家新的规划中,公园绿地面积指标高,如英国为 42 m²/人,法国为 23 m²/人,美国新城绿地面积占市区面积的 1/5 ~ 1/3,每人平均为 28 ~ 36 m²。

亚洲国家绿化指标相对偏低。如日本是个人多地少的岛国,用地十分紧张。随着经济的发展和人口的增加,城市环境日益恶化。为改善城市生态环境,日本从 1972 年开始制订并实施了城市公园建设计划。该计划实施 5 年后,城市公园的建设取得了很大成绩,仅 1972—1983 年的 10 年内,全国建设了面积大约 21 500 hm² 的公园,城市公园人均面积从 1971 年的 2.8 m² 提高到 4.1 m²,并形成了明确的系统,各类公园的规模和配置均有明确的规定。

(2)我国城市绿化指标的规定 自 1949 年中华人民共和国成立以来,我国城市绿化建设经历了以下阶段:

1949 年中华人民共和国成立之时,基础设施十分薄弱,城市绿地极为匮乏。

中华人民共和国成立后的第一个五年计划(1953—1957)期间,一批新城市的总体规划明确提出了完整的绿地系统概念,许多城市开始了大规模的城市绿地建设。1958 年,中央政府提出"大地园林化"和"绿化结合生产"的方针,绿地系统规划布局借鉴苏联的模式,强调城市绿地的"游憩"功能。

1958—1965 年,建设速度减缓,强调普遍绿化和园林结合生产,出现了公园农场化和林场化的倾向。

"文化大革命"期间,城市绿化建设受到严重挫折,城市绿化建设陷于停顿,而且惨遭破坏。

1976 年 6 月,国家城建总局颁发了《关于加强城市园林绿化工作的意见》,规定了城市公共绿地建设的有关规划指标。20 世纪 80 年代后期,绿地系统规划开始转向学习美国模式,更注重绿地的"景观"功能和"生态"效应。

在不同的发展阶段,城市绿化指标的规定也出现了相应的差异。

①1982 年城乡建设环境保护部颁布的《城市园林绿化暂行条例》中提出,近期内凡有条件的城市,绿化覆盖率应达到 30%;公共绿地面积达到每人 3 ~ 5 m²;城市新建区的绿化用地,应不低于总用地面积的 30%,旧城改建区的绿化用地,应不低于总用地面积的 25%;

②1993 年《城市绿化规划建设指标的规定》中,对城市绿化指标作了如表 4.4 所示的规定:

表 4.4 我国城市绿化规划建设指标的规定(1993 年)

人均建设用地/(m²·人⁻¹)	人均公园绿地面积/(m²·人⁻¹)		城市绿化覆盖率/%		城市绿地率/%	
	2000 年	2010 年	2000 年	2010 年	2000 年	2010 年
<75	≥5	≥6	30	35	≥25	≥30
75 ~ 105	≥6	≥7	30	35	≥25	≥30
>105	≥7	≥8	30	35	≥25	≥30

此外,对各类附属绿地的绿地率也做了相关规定。

居住区绿地:新建居住区绿地率不小于 30%;改建旧居住区绿地率不低于 25%。

道路绿地:主干道绿带面积占道路总面积比例不小于 20%;次干道绿带面积所占比例不小于 15%。

单位绿地:不低于 30%,其中工业企业、交通枢纽、仓储、商业中心不低于 20%,产生有害气体及污染的工厂不低于 30%,并设立不少于 50 m 的防护林带;学校、医院、机关团体、休疗养院、公共文化设施、部队不低于35%。

生产绿地:不低于2%。

③2001年《国务院加强城市绿化工作的通知》中要求:到2005年,全国城市规划建成区绿地率达到30%以上,绿化覆盖率达到35%以上,人均公共绿地面积达到8 m² 以上,城市中心区人均公共绿地达到4 m² 以上;到2010年,城市规划建成区绿地率达到35%以上,绿化覆盖率达到40%以上,人均公共绿地面积达到10 m² 以上,城市中心区人均公共绿地达到6 m² 以上。

④国家园林城市、国家生态园林城市标准。为加快城市园林绿化建设步伐,提高城市园林绿化建设和管理水平,进一步做好国家园林城市和国家生态园林城市创建工作,住建部于2022年1月颁布了新的《国家园林城市申报与评选管理办法》,对国家园林城市和生态园林城市相关指标提出了明确要求(表4.5)。

表4.5 我国生态园林城市基本指标表

序号	指标	国家生态园林城市	国家园林城市
1	城市绿地率(%)	≥40%; 城市各城区最低值不低于28%	≥40%; 城市各城区最低值不低于25%
2	城市绿化覆盖率(%)	≥43%; 乔灌木占比≥70%	≥41%; 乔灌木占比≥60%
3	人均公园绿地面积(m²/人)	≥14.8m²/人; 城市各城区最低值不低于5.5m²/人	≥12m²/人; 城市各城区最低值不低于5.0m²/人
4	公园绿化活动场地 服务半径覆盖率(%)	≥90%	≥85%

⑤《城市绿地系统规划标准(GB/T 51346—2019)》的规定:

a. 人均绿地与广场用地面积、绿地与广场用地面积占城市建设用地的比例应符合现行国家标准《城市用地分类与规划建设用地标准》GB 50137 的规定,即人均绿地与广场用地面积不应小于10.0 m²/人,其中人均公园绿地面积不应小于8.0 m²/人,设区城市的各区规划人均公园绿地面积不宜小于7.0 m²/人。绿地与广场用地面积应占城市建设用地面积的10% ~15%。

b. 城区绿地率不应小于35%,设区城市各区的绿地率均不应小于28%。

c. 每万人拥有综合公园指数不应小于0.06。万人拥有综合公园指数=综合公园总数(个)/ 建成区内的人口数量(万人)。

d. 公园绿地分级规划控制指标应与人均城市建设用地指标相匹配,并应符合表4.6的规定。

表4.6 公园绿地分级规划控制指标(m²/人)

人均城市建设用地		<90	≥90.0
人均综合公园		≥3.0	≥4.0
居住区公园	社区公园	≥3.0	≥3.0
	游园	≥1.0	≥1.0

综上所述,城市绿化指标是随着城市绿化建设的发展而发展的。随着城市绿化的发展,不仅城市绿化指标的要求逐渐提高,而且衡量的指标日趋多样化,如由原来的只重视量逐渐发展到不仅重视量,而且重视质。在城市绿地系统规划时,应从规划城市的绿化建设和自然、经济、社会现状出发,围绕规划目标,科学确定相关的指标体系。

4.4 市域绿色生态空间统筹

4.4.1 相关概念

1)市域绿色生态空间

市域绿色生态空间是市域内对于保护重要生态要素、维护生态空间结构完整、确保城乡生态安全、发挥风景游憩和安全防护功能有重要意义,需要对其中的城乡建设行为进行管控的各类绿色空间。市域绿色生态空间是城市赖以维护生态安全的本底条件,必须进行科学有效的识别和保护。

2)生态保护红线

生态保护红线是指在生态空间范围内具有特殊重要生态功能,必须强制性严格保护的陆域、水域、海域等区域界限,是保障和维护国家生态安全的底线和生命线。

3)永久基本农田保护红线

永久基本农田是指按照一定时期人口和经济社会发展对农产品的需求,依据国土空间规划确定的不能擅自占用或改变用途的耕地。永久基本农田保护红线是按照一定时期人口和社会经济发展对农产品的需求,依法确定的不得占用、不得开发、需要永久性保护的耕地空间边界。

4)城镇开发边界

城镇开发边界是指在一定时期内因城镇发展需要,可以集中进行城镇开发建设,重点完善城镇功能的区域边界,涉及城市、建制镇和各类开发区等。

4.4.2 市域绿色生态空间统筹的基本要求

(1)市域绿色生态空间统筹应以保护市域重要生态资源、维护城市生态安全、统筹生态保护和城乡建设格局为目标,识别绿色生态空间要素,明确生态控制线划定方案和管控要求,保护各类绿色生态空间。

(2)市域绿色生态空间统筹应与主体功能区规划、土地利用规划、环境保护规划、生态保护红线、永久基本农田保护红线、城镇开发边界等相协调。

(3)市域绿色生态空间统筹应根据自然地理特征、生态本底条件、自然保护地分布、生态格局发展演化的趋势和面临的主要风险,分析区域水文、生物多样性、地质灾害与水土流失、自然景观等生态因子及生态过程,识别生态系统服务功能重要、生态环境敏感的绿色生态空间要素及其空间分布。

①区域水文过程分析:通过水文过程分析,识别对流域雨洪安全、水源地保护、地下水补给、湿地保护等具有重要价值的空间区域。

②生物多样性保护分析:根据本地生态系统的特点,综合考虑生物物种的代表性、受威胁状态及其在生态系统中的地位,确定生物多样性保护安全格局分析的指示生物;通过对指示物种

的栖息地适宜性分析,根据指示物种水平迁徙规律的缓冲区和廊道分析,确定生物保护安全格局,包括指示物种的栖息地核心生境、缓冲区、迁徙廊道和踏脚石等。

③地质灾害与水土流失防治分析:分析识别地质灾害如泥石流、崩塌、滑坡、地裂缝等的易发区和危险区,以及水土流失敏感区域。

④自然景观资源保护分析:识别各类自然和人文风景资源集中分布的空间区域,根据资源特征和价值重要性划分等级,并识别各类以休闲游憩为主要功能的绿色开敞空间之间的联系路径,对风景资源进行视觉保护的可开展视觉安全格局分析。

(4)市域绿色生态空间统筹应根据绿色生态空间要素及其空间分布,提出生态控制线划定方案和分级分类管控策略,并根据管控需求在生态控制线内明确严格管控范围。生态控制线划定方案宜符合表4.7中的要求。

(5)生态控制线的分级管控应遵循叠加从严的原则。生态控制线范围内不得规划集中连片的城市建设用地,严格管控范围内不得规划布局与绿色生态空间要素主导功能定位不符的用地和建设项目。

表4.7　生态控制线划定要求

绿色生态空间要素类型		绿色生态空间要素	严格管控范围的绿色生态空间要素
大类	小类		
生态保育	水资源保护	饮用水地表水源一、二级保护区和地下水源一级保护区	饮用水地表水源和地下水源一级保护区
	河流湖泊保护	河道、湖泊管理范围及其沿岸的防护林地	河道、湖泊管理范围及其沿岸必要的防护林地
生态保育	林地保护	国家和地方公益林、其他需要保护的林地	国家和地方公益林
	自然保护区	自然保护区	自然保护区的核心区、缓冲区
	水土保持	水土流失严重、生态脆弱的地区;水土流失重点预防区和重点治理区;25°以上的陡坡地、其他禁止开垦坡度以上的陡坡地	水土流失重点预防区和重点治理区;25°以上的陡坡地、其他禁止开垦坡度以上的陡坡地
	湿地保护	国家和地方重要湿地;其他重要保护的湿地	国家和地方重要湿地
	生态网络保护	根据生态安全格局研究确定的为保证市域、城区和城市生态网络格局完整的区域;对于重要生物种群的生存和迁徙具有重要意义、需要保护的生态廊道、斑块和踏脚石	—
	其他生态保护	其他根据生态系统服务重要性评价、生态环境敏感性和脆弱性评价等科学评估分析确定的生态敏感区和生态脆弱区	依据相关规范性文件、相关规划的要求分析确定的生态敏感性极敏感和高度敏感区域、生态安全分析低安全格局的区域

续表

绿色生态空间要素类型		绿色生态空间要素	严格管控范围的绿色生态空间要素
大类	小类		
风景游憩	风景名胜区	风景名胜区的一级保护区和二级保护区	风景名胜区的核心景区
	森林公园	各级森林公园	森林公园的珍贵景物、重要景点和核心景区
	国家地质公园	国家地质公园的地质遗迹保护区、科普教育区、自然生态区、游览区、公园管理区	地质公园中地质遗迹保护区的一级区、二级区和三级区
	湿地公园	国家湿地公园和城市湿地公园	国家湿地公园的湿地保育区、恢复重建区；城市湿地公园的重点保护区、湿地展示区
	郊野公园	郊野公园	郊野公园的保育区
	遗址公园	遗址公园	遗址公园内的文物保护范围
防护隔离	地质灾害隔离	地质灾害易发区和危险区、地震活动断裂带及周边用于生态抚育和绿化建设的区域	地质灾害危险区、地震活动断裂带中用于生态抚育和绿化建设的区域
	环卫设施防护	环卫设施防护林带	法律法规、标准规范确定的环卫设施防护林带的最小范围
防护隔离	交通和市政基础设施隔离	公路两侧的建筑控制区及其外围的防护绿地；铁路设施保护区及其外围的防护绿地；高压输电线路走廊等电力设施保护区及其外围的防护绿地	公路两侧的建筑控制区；铁路设施保护区；法律法规、标准规范确定的高压输电线路走廊等电力设施保护区的最小范围
	自然灾害防护	防风林、防沙林、海防林等自然灾害防护绿地	作为生态公益林的自然灾害防护绿地
	工业、仓储用地隔离防护	工业、仓储用地卫生或安全防护距离中的防护绿地	法律法规、标准规范确定的工业、仓储用地卫生或安全防护距离中的防护绿地的最小范围
	蓄滞洪区	经常使用的蓄滞洪区	蓄滞洪区的分洪口门附近和洪水主流区域
	其他防护隔离	其他为保证城市公共安全，以规避灾害、隔离污染、保证安全为主要功能，以绿化建设为主体，严格限制城乡建设的区域	其他法律法规、标准规范确定的防护隔离绿地的最小范围
生态生产	生态生产空间	集中连片达到一定规模，并发挥较大生态功能的农林生产空间	—

4.5 市域绿地系统规划

4.5.1 市域绿地的概念和特点

1)市域绿地的概念

市域绿地的概念有广义和狭义之分。广义的市域绿地是指城市行政管辖的全部地域内的绿地,涵盖了市区和市区以外所辖区以内所有城镇乡村的自然或人工的绿化区域;狭义的市域绿地则是指城市行政管辖区域内、城市规划区以外的全部绿地。本章所指的市域绿地,是指狭义的市域绿地。

2)市域绿地的特点

(1)以自然绿地为主体　市域绿地主要包括风景名胜区、水源保护区、郊野公园、森林公园、自然保护区、风景林地、城市绿化隔离带、野生动植物园、湿地等,多为自然绿地。

(2)面积广大　市域绿地分布于城市建设用地范围之外,受城市建设影响小,不像建成区内的绿地那样常被道路、建筑等分隔成一个个小型的斑块,分布连续,破碎度小,面积广大。

(3)生态功能突出　大面积连续分布的森林、湿地、农田林网等,是城市的绿色屏障和通道,担负着保护和改善区域生态环境,保障城市生态安全的重要功能,是整个城市和区域的生态支撑体系。

(4)具有较高的经济效益　与建成区内绿地强调生态功能和观赏功能相比,市域绿地包括了部分农田、果园、鱼塘、商品林等生产用地,在发挥其生态功能的同时,通常也发挥着重要的经济功能,如结合农业产业结构调整,发展多种经营,开展旅游业等。

4.5.2 市域绿地系统规划的原则

市域绿地系统是市域内各类绿地通过绿带、绿廊、绿网整合串联构成的具有生态保育、风景游憩和安全防护等功能的有机网络体系,规划时应遵循以下原则:

(1)充分保护和合理利用自然资源,维护城市生态平衡　保护和利用市域范围内现有的自然山体、水体、湿地等资源,维护和强化整体山水格局的连续性,建立多样化的乡土生态环境系统,维护恢复河道和海岸的自然形态及湿地系统,构建安全稳定的生态网络,促进城乡物质、文化、信息的交流,改善区域整体环境,促进城乡自然生态系统和人工生态系统的协调,维护城市生态平衡。

(2)构建城乡一体的生态系统网络,优化城市空间布局　适应城市产业空间调整和功能的转变,建设城乡一体的绿色开敞空间系统,充分发挥市域绿地为城乡建设提供缓冲和隔离空间,调控城市拓展形态,防止快速城市化过程中环境衰退和城市无限蔓延的功能,促进城市空间优化发展,形成合理、有序的城乡空间结构和建设形态。

(3)加强对生态敏感区的控制和管理,保障城市生态安全　加强生态敏感区如水土流失区、自然灾害频发区的控制和管理,有效抵御洪、涝、旱、风灾及其他自然灾害对城市的破坏;加强环境保护工作,整治大气、水体、噪声、固体废物污染源,做好污染物的处理和防护工作,以保障城市生态安全,优化城市环境质量。

(4)加强历史文化的保护和利用,彰显地域文化特色　在有历史意义、文化艺术和科学价值的文物古迹、历史建筑周围,划定保护范围,并结合保护规划建设绿地,建设具有地域特色的绿地环境,保持历史城镇特色。

4.5.3 市域绿地系统布局的基本要求

市域绿地系统布局应突出系统性、完整性与连续性,并应符合下列规定:

(1)构建市域生态保育体系应尊重自然地理特征和生态本底,构建"基质—斑块—廊道"的绿地生态网络;

(2)构建市域风景游憩体系应科学保护、合理利用自然与人文景观资源,构建绿地游憩网络;

(3)构建市域安全防护体系应统筹城镇外围和城镇间绿化隔离地区、区域通风廊道和区域设施防护绿地,建立城乡一体的绿地防护网络。

4.5.4 分类规划要求

1)生态保育绿地

生态保育绿地应包含自然保护区、湿地保护区、生态公益林、水源涵养林、水土保持林、防风固沙林、生态修复绿地、特有和珍稀生物物种栖息地等各类需要保护培育生态功能的区域。生态保育绿地是维护自然环境,实现资源可持续利用的基础和保障。

生态保育绿地规划应遵循下列规定:

(1)应严格保护自然生态系统,维护生物多样性;

(2)不应缩小已有保护地的规模和范围;

(3)不应降低已有保护地的生态质量和生态效益;

(4)应培育和修复生态脆弱区、生态退化区的生态功能。

2)风景游憩绿地

风景游憩绿地是在市区及城郊建设的具有一定游览设施、景观优美的绿地,主要形式有风景名胜区、郊野公园、森林公园、湿地公园等,既可拓展城市绿化区域,有效减轻城市开发对环境造成的压力,又可为城乡居民提供更多的休闲游览区域,为城市旅游业的发展提供良好空间。

市域风景游憩体系规划应整合风景名胜区、郊野公园、森林公园、湿地公园、野生动植物园等绿色空间,结合城镇和交通网络布局,提出风景旅游布局结构策略,优化区域绿道、绿廊以及游憩网络体系。

风景游憩绿地选址应优先选择自然景观环境良好、历史人文资源丰富、适宜开展自然体验和休闲游憩活动,并与城区之间具有良好交通条件的区域;风景游憩绿地规划应遵循保护优先、合理利用的原则,协调与城镇发展建设的关系。

规划指标方面,规划市域人均风景游憩绿地面积不应小于 20 m^2/人,其中城镇开发边界内应小于 10 m^2/人。

(1)风景名胜区　风景名胜区选址和边界的确定,应有利于保护风景名胜资源及其环境的完整性,便于保护管理和游憩利用。功能分区等应符合现行国家标准《风景名胜区总体规划标准》(GB/T 50298)的规定。

(2)森林公园　森林公园的选址应有利于保护森林资源的自然状态和完整性,单个森林公园的规划面积宜大于 50 hm^2,并应进行功能分区规划。

(3)湿地公园　湿地公园选址应有利于保护湿地生态系统完整性、湿地生物多样性和湿地资源稳定性,有稳定的水源补给保证,充分利用自然、半自然水域,可与城市污水、雨水处理设施相结合。单个城市湿地公园的规划面积宜大于 $50\ hm^2$,其中湿地系统面积不宜小于公园面积的 50%;湿地公园规划应以湿地生态环境的保护与修复为首要任务,兼顾科普、教育和游憩等综合功能。

(4)郊野公园　郊野公园选址应选择城区近郊公共交通条件便利的区域,并有利于保护和利用自然山水地貌,维护生物多样性。单个郊野公园的规划面积宜大于 $50\ hm^2$;应配置必要的休闲游憩和户外科普教育设施,不得安排大规模的设施建设。

3)区域防护绿地

城区外铁路和公路两侧应设置区域设施防护绿地,宽度不应小于现行国家标准《城市对外交通规划规范》(GB 50925)规定的隔离带宽度。

城区外的公用设施外围、公用设施廊道沿线宜参照相关防护距离要求规划布置区域设施防护绿地。

4)生产绿地

生产绿地规划面积应符合现行国家标准《城市绿线划定技术规范》(GB/T 51163)的规定,即规划区内生产绿地面积占城市建成区总面积比例不低于 2%。

4.6　城市绿地系统的布局

4.6 微课

城市绿地系统的布局在城市绿地系统规划中占有相当重要的地位,这是因为即使一个城市的绿化指标达到要求,但如果其布局不合理,也很难满足城市生态以及市民休闲娱乐的要求。反之,若能从城市的自然条件出发,与城市总体规划紧密结合,充分考虑居民的需求合理布局,就能在城市生态的建设和维护以及为市民创造良好的人居环境、促进城市的可持续发展方面充分发挥其他系统不可替代的重要作用。国内外通过对城市绿地环境效应的分析发现,当绿化覆盖率小于 40%时,绿地系统的内部结构和空间布局状况对于绿地系统总体生态效益的发挥更为重要。因此,在城市绿地系统规划中,就应在分析城市自然条件的基础上,对绿地类型、空间分布格局进行科学合理的规划和设计。

4.6.1　城市绿地布局的目的及要求

1)满足改善城市生态环境的要求

改善城市生态环境是城市绿地的首要功能,这项功能的发挥与绿地的布局形式密切相关。有关资料显示,小块分散的绿地对于城市生态环境改善效果并不明显,只有形成一个完善的绿地系统,才能充分发挥城市的生态功能。因此在城市绿地的布局上应做到点、线、面结合,即用绿廊、绿带将城市中点状、线状、面状的绿地结合起来,形成功能完善的绿色网络。此外,布局过程中,还应充分考虑其与市域绿地系统之间的联系,以构建城乡一体化的绿地布局,更好地发挥城市绿地的功能。

2)满足城市居民日常生活及休闲游憩的要求

随着人民生活水平的提高,休闲娱乐、旅游观赏的要求也越来越多,作为人们日常休闲活动载体的城市绿地,在布局上应能满足人们的这一使用要求。在人们日常使用最多的公园绿地及居住区绿地的布局上,应按照合理的服务半径分不同的级别均匀分布,避免绿化服务盲区的存在(表4.8)。

表4.8　城市公园的合理服务半径

公园类型	面积规模/hm²	服务半径/m	居民步行来园所需时间标准/min
市级综合公园	≥20	2 000~3 000	25~35
区级综合公园	≥10	1 000~2 000	15~20
专类公园	≥5	800~1 500	12~18
儿童公园	≥2	700~1 000	10~15
居住小区公园	≥1	500~800	8~12
小区游园	≥0.5	400~600	5~10

3)满足工业生产防护、安全卫生的要求

为减轻城市一些被污染的区域如工业区等对其他区域的影响,应在这些区域内及其周围布置适当规模及宽度的防护林带;在河湖水系整治时,应布局水源涵养林和城市通风林带;在道路街道规划时,应尽可能将沿街建筑红线后退,预留出道路绿化用地。

4)满足美化城市的要求

城市绿地的布局还应考虑与城市的山体、水系、道路、广场、建筑等的结合,形成自然与人工结合的城市环境特色,体现城市特有的自然景观及文化历史,丰富城市轮廓线,衬托建筑,美化市容。

4.6.2　城市绿地的布局形式

从世界各国城市绿地布局形式的发展情况来看,有8种基本形式:点状、环状、网状、楔状、放射状、放射环状、带状、指状(图4.1)。

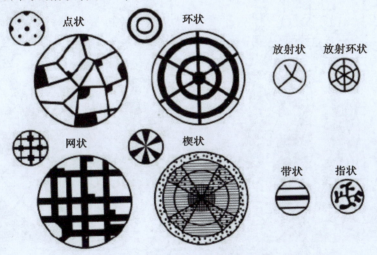

图4.1　城市绿地布局基本形式

在我国,常用的布局方式有块状、带状、楔形及混合式4种。

1)块状绿地布局

(1)布局特征　将绿地成块状均匀地分布在城市中,在较早的城市绿地建设中出现较多

（图 4.2）。

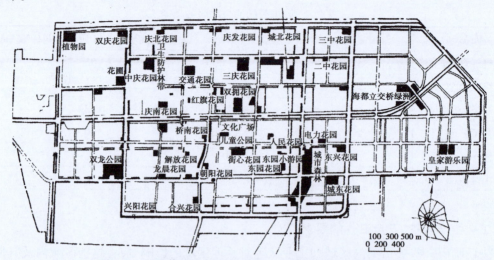

图 4.2　以块状为主的布局实例——射洪县绿地系统布局
（转引自刘骏、蒲蔚然，城市绿地系统规划与设计）

（2）优点　可以做到均匀分布，接近居民，方便居民使用。

（3）缺点　布局分散，难以充分发挥绿地调节城市气候、改善城市生态环境的作用。

2）带状绿地布局

（1）布局特征　多利用河湖水系、道路城墙等线状因素，形成纵横向绿带、放射状绿带、环状绿带等（图 4.3）。

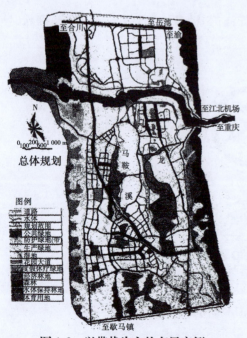

图 4.3　以带状为主的布局实例
——重庆北碚绿地系统布局

图 4.4　以楔形绿地为主的布局
——海南琼山区新市区绿地布局

　　（2）优点　创建生态廊道,为野生动物提供安全的迁移路线,保护城市生物多样性;引入新鲜空气,缓解热岛效应;提升城市景观效果。

　　（3）缺点　带与带之间联系不够,显得孤立,市民使用不便。

3）楔形绿地布局

　　（1）布局特征　利用从郊区深入市中心由宽到窄的楔形绿地组合布局(图4.4)。

　　（2）优点　将新鲜空气送入市区,改善城市通风条件,缓解城市热岛效应。

　　（3）缺点　把城市分割成放射状,不利于横向联系。

4）混合式绿地布局

　　（1）布局特征　将各种绿地布局形式有机地结合在一起,做到城市绿地布局的点、线、面结合,形成较完整的绿化体系。

　　（2）优点　使居民获得最大的绿地接触面,方便居民游憩,同时有利于城市气候与城市环境卫生条件的改善,丰富城市景观。

4.6.3　国内外部分城市绿地布局规划实例

1）国外部分城市绿地布局规划

　　（1）伦敦(图4.5、图4.6)　早在1580年,为限制伦敦城市用地的无限扩张,伊丽莎白女王第一次提出了规划绿带的想法。1938年英国正式颁布了《绿带法》,确定在市区周围保留2 000 km² 的绿带面积,绿带宽13~24 km。由于城市产业和人口规模的增长,1944年,大伦敦区域规划公开发表。规划以分散城区过密人口和产业为目的,在伦敦行政区周围划分了4个环形地带,即内城环、郊区环、绿带环、乡村环。在绿带内除部分可作农业用地外,不准建设工厂和住宅。为促进市区与郊区空气的交换,将绿带设置为楔入式分布。市区内部,居住区间以软质物缓冲,并以楔形绿地、绿色廊道、河流等形成绿色网络。居住楼和居住小区之间以软质地面分割,居住区绿地具有高度连接性,并与街道绿地融为一体。同时,通过绿楔、绿廊和河道等,将城市各级绿地连成网络。

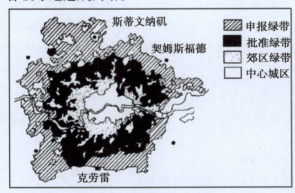

图4.5　伦敦绿带分布图

图4.6　伦敦的绿色空间框架

　　（2）莫斯科(图4.7)　莫斯科绿地系统规划较全面地吸收了世界城市的发展经验。早在1935年,政府批准了莫斯科第一个市政建设总体规划,规划在城市用地外围建立10 km宽的"森林公园带";1960年调整城市边界时,"森林公园带"进一步扩大为10~15 km宽,北部最宽处达28 km;1971年,莫斯科总体规划采用带状、楔状相结合的绿地系统布局模式,将城市分隔为多中心结构。

（3）墨尔本（图4.8）　澳大利亚墨尔本市的城市绿地系统布局，以市中五条河流为基本骨架，组成楔状绿地，将城市外围的大规模公园（楔状绿地的头部）与城市内部的林荫道路及公园相连，再加上楔状绿地外侧规划的永久性农业地带，使整个城市包围在绿色环境之中。而与河道相连的楔形绿地将自然的要素收入城市中，使城市与自然完全融于一体，取得很好的生态效益。

图4.7　莫斯科绿地系统布局　　　　图4.8　墨尔本的绿地系统布局

（4）平壤（图4.9）　朝鲜首都平壤自然条件优越，城市周围群山环抱，城市中心又有三山两水（牡丹峰、解放山、苍光山、大同江及普通江），良好的自然条件为绿地系统形成提供了很好的基础。平壤城市绿地系统规划受花园城市理论影响，总体上采用了同心圆加放射式的绿化模式。在城市中心，结合山体河流等自然架构，以大同江、普通江及牡丹峰为第一个绿化圈；以城市东北边缘的大成山游园地、中央植物园、动物园、万景台游园地及农田、菜地、防护林、山林等为第二个绿化圈；与城市干道网有机结合的绿化带从中心向四周辐射，将两个绿化圈连接起来。在两个绿化圈之间的建成区和中心区建成居住区级、小区级公园绿化系统及街道绿化系统，居住区和街道的空间布局全部力求开敞，并最大限度地将开敞的空间以绿地形式与自然绿地相连，使城市和大自然融为一体。

2）国内部分城市绿地规划

（1）广州（图4.10）　广州市中心城区的布局，规划为"一带、两轴、三块、四环"的基本形式。

一带：珠江两岸的沿江绿带及其各区段的节点绿地。

两轴：新、旧两条南北向城市发展轴线空间序列构成的绿化林荫道。

三块：北部白云山、东南部果园保护区、西南部花卉保护区及生态景观绿地。

四环：内环路、环城高速、华南快速路、北二环两侧及节点绿地。

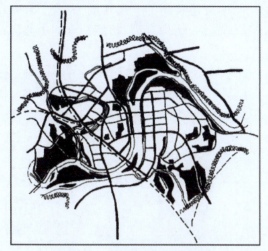

图4.9 平壤的绿地系统布局

图4.10 广州中心城区规划绿地布局

（2）上海（图4.11） 根据绿地生态效应最优以及与城市主导风向频率的关系，上海市绿地布局结合农业产业结构调整，规划集中城市化地区以各级公共绿地为核心，郊区以大型生态林地为主体，以沿"江、河、湖、海、路、岛、城"地区的绿地为网络和连接，形成"主体"通过"网络"与"核心"相互作用的市域绿地大循环，市域绿地总体布局为"环、楔、廊、园、林"，使城在林中，人在绿中，为林中上海、绿色上海奠定基础，具体为：

①环——环形绿地：指市域范围内呈环状布置的城市功能性绿带。包括中心城环城绿带和郊区环线绿带，总面积约24 km²。

②楔——楔形绿地：指中心城外围向市中心楔形布置的绿地。将市郊清新自然的空气引入中心城，对缓解中心城热岛效应具有重要作用。规划中心城楔形

图4.11 上海的绿地系统布局

绿地为8块，分别为桃浦、吴中路、三岔港、东沟、张家浜、北蔡、三林塘地区等，控制用地面积约为69 122 km²。

③廊——防护绿廊：指沿城市道路、河道、高压线、铁路线、轨道线以及重要市政管线等布置的防护绿廊，总面积约320 km²。

④园——公园绿地：主要指以公园绿地为主的集中绿地。规划公园绿地主要有三部分，一是中心城公园绿地，二是近郊公园，三是郊区城镇公园绿地和环镇绿化，总面积约221 km²。

⑤林——大型林地：指非城市化地区对生态环境、城市景观、生物多样性保护有直接影响的大片森林绿地，具有城市"绿肺"功能，总面积约671.1 km²。

（3）北京（图4.12、图4.13） 在市域层面，确定了"青山环抱，三环环绕，十字绿轴，七条楔形绿地"的生态绿化格局，山地绿化占到了市域面积的62%，五六环路间的绿色生态环、隔离地区的公园环以及二环路绿色景观环由外向内环环相套，长安街与南北中轴及其延长线十字相交，还有七条从不同方向沟通市区和郊区的绿色通道，形成了点、线、面相结合的绿地系统。在

市区层面,以滨水绿地为纽带,结合文物古迹保护、旧城改造及新的开发建设,完善二环路绿色景观环和城市十字景观轴线,开辟公园绿地,形成系统完整、结构合理、功能健全的中心区绿地布局。

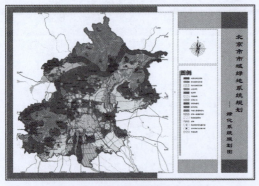 

图4.12　北京市市域绿地布局图　　　　图4.13　北京中心城绿地布局图

　　(4)苏州(图4.14)　根据城市布局,充分利用自然条件及人文景观,形成"五片八园、四楔三带、一环九溪"的布局结构体系,构成环形带状加楔形绿地的布局形态。利用水系网络形成网格式布局,在古城内保持"假山假水城中园"和路河平行的"双棋盘"格局,在古城外创造"真山真水园中城"和"路河相错套棋盘"的格局,建成特色鲜明的"自然山水园中城,人工山水城中园"的绿地系统。

图4.14　苏州绿地系统布局示意图

　　(5)合肥(图4.15)　以景观生态学整体优化原则为依据,依托市域丰富的山、水、林等自然生态资源,形成"一核、四片、一带、多廊"的绿地系统结构,形成城区外围生态保护空间。在城区内继承和发扬"合肥方式"的精髓,构筑了"翠环绕城,园林楔入,绿带分隔,'点''线'穿插"的环网结构。

　　规划首先从市域大环境绿化着手,利用城市之间、城乡之间的道路、河流水系等各种自然、人工廊道,将市域内的山、水、林、田等生态资源进行连通,在城市外围形成了稳定的区域生态背景;其次在城区内通过"点、线、环、楔、带"的有机结合形成生态格局稳定的环网结构,塑造出"园在城中,城在园中,城园交融,园城一体"的景观格局。

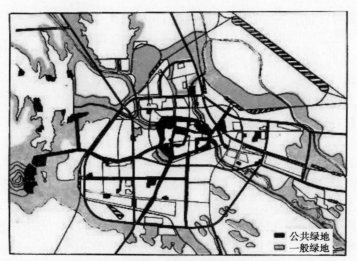

图 4.15　合肥城市绿地系统布局示意图

4.7　城市各类绿地布局

4.7.1　公园绿地

1)公园绿地布局的基本要求

公园绿地应遵循分级配置、均衡布局、丰富类型、突出特色、网络串联的原则合理配置,并构建公园体系。

(1)新城区应均衡布局公园绿地,旧城区应结合城市更新,优化布局公园绿地,提升服务半径覆盖率。

(2)应按服务半径分级配置大、中、小不同规模和类型的公园绿地。

(3)应合理配置儿童公园、植物园、体育健身公园、游乐公园、动物园等多种类型的专类公园。

①小城市、中等城市人均专类公园面积不应小于 $1.0~m^2/$人;大城市及以上规模的城市人均专类公园面积不宜小于 $1.5~m^2/$人。

②直辖市、省会城市应设置综合植物园;地级及以上城市应设置植物园;其他城市可设置植物园或专类植物园,并应根据气候、地理和植物资源条件确定各类植物园的主题和特色。

③直辖市、省会城市应设置大、中型动物园;其他城市宜单独设置专类动物园或在综合公园中设置动物观赏区;有条件的城市可设置野生动物园。

④大城市及以上规模的城市应设置儿童公园;Ⅰ型大城市及规模以上的城市宜分区设置儿童公园;中、小城市宜设置儿童公园。

(4)宜结合绿环、绿带、绿廊和绿道系统等构建公园网络体系。

(5)城区公园绿地和广场用地 500 m 服务半径覆盖居住用地的比例应大于 90%,其中规划新区应达到 100%,旧城区应达到 80%。

2)公园绿地选址

公园绿地选址时应遵循以下原则:

(1)必要性原则　依据城市性质、城市结构和用地布局,在城市主要出入口、自然与人文景观聚集地、公共设施附近和居住区附近布局一定面积的公园绿地。

（2）可能性原则　具有下列特征和条件的用地,宜优先选作公园绿地:现有山川河湖、名胜古迹所在地及周围地区、原有林地及大片树丛林带、城市不宜建筑地带(山坡、低洼地等)。

（3）整体性原则　公园绿地布局应与改善城市街景和景观优化相结合。

公园绿地选址应符合下列规定:

（1）不应布置在有安全、污染隐患的区域,确有必要的,对于存在的隐患应有确保安全的消除措施;

（2）应方便市民日常游憩使用;

（3）应有利于创造良好的城市景观;

（4）应能设置不少于一个与城市道路相衔接的主要出入口;

（5）应优先选择有可以利用的自然山水空间、历史文化资源以及城市生态修复的区域;

（6）利用山地环境规划建设公园绿地的,宜包括不少于20%的平坦区域。

3）公园系统及其形式

大城市的公园不论其面积大小,性质的差异,都应相互联系形成一个有机的整体,即公园系统。由于城市形成的时间、大小、人口、交通等条件不同,其形式也多种多样,如分散式、绿道式、环状式、放射式、放射环状式、分离式等。

（1）分散式　公园以点状分布在全市各区,目前各大城市多为此种形式。这种形式利于公园绿地的均匀分布,但会导致绿地间缺乏相互联络。

（2）绿道式　将全市公园绿地依网状道路规划,使全市生活与工作场所都连成一体,但缺少大面积公园。

（3）环状式　在城市内部与市郊之间保留环状隔离性绿地。对城市街道人流疏散效果甚佳,但易造成环与环之间缺乏联系。

（4）放射式　自城市中心呈放射状分配。放射状绿地附近的地区发展较快速,而其射线间的间隔部分则发展较慢。

（5）放射环状式　为放射式和环状式综合形式,具有两者优点。

（6）分离式　城市沿水系或山脉带状发展时或工业区与居住区之间常采用平行分离绿带。

4）公园绿地级配形式

公园绿地分级设置应符合表4.9的规定。同类型不同规模的公园应按服务半径分级设置,均衡布局,不宜合并或替代建设。

表4.9　公园绿地分级设置要求

类型	服务人口规模/万人	服务半径/m	适宜规模/hm²	人均指标/m²	备　注
综合公园	>50.0	>3 000	≥50.0	≥1.0	不含50 hm² 以下公园绿地指标
	20.0~50.0	2 000~3 000	20.0~50.0	1.0~3.0	不含20 hm² 以下公园绿地指标
	10.0~20.0	1 200~2 000	10.0~20.0	1.0~3.0	不含10 hm² 以下公园绿地指标

续表

类型		服务人口规模/万人	服务半径/m	适宜规模/hm²	人均指标/m²	备注
居住区公园	社区公园	5.0 ~ 10.0	800 ~ 1 000	5.0 ~ 10.0	≥2.0	不含 5 hm² 以下公园绿地指标
		1.5 ~ 2.5	500	1.0 ~ 5.0	≥1.0	不含 1 hm² 以下公园绿地指标
	游园	0.5 ~ 1.2	300	0.4 ~ 1.0	≥1.0	不含 0.4 hm² 以下公园绿地指标
		—	300	0.2 ~ 0.4	—	

注:1. 在旧城区,允许 0.2 ~ 0.4 hm² 的公园绿地按照 300 m 计算服务半径覆盖率;历史文化街区可下调至 0.1 hm²。

2. 表中数据以上包括本数,以下不包括本数。

公园绿地理想的级配模式如图 4.16 所示。

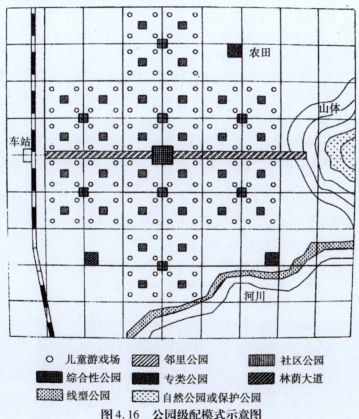

○ 儿童游戏场	⫽⫽ 邻里公园	▥ 社区公园
■ 综合性公园	■ 专类公园	⫽ 林荫大道
▦ 线型公园	⋯ 自然公园或保护公园	

图 4.16　公园级配模式示意图

4.7.2　防护绿地

1)防护绿地的布局

防护绿地是具有卫生、隔离、安全、生态防护功能的绿地。对有卫生、隔离、安全、生态防护功能要求的下列区域应设置防护绿地:

(1)受风沙、风暴、海潮、寒潮、静风等影响的城市盛行风向的上风侧;

(2)城市粪便处理厂、垃圾处理厂、净水厂、污水处理厂和殡葬设施等市政设施周围;

（3）生产、存储、经营危险品的工厂、仓库和市场、产生烟、雾、粉尘及有害气体等工业企业周围；

（4）河流、湖泊、海洋等水体沿岸及高速公路、快速路和铁路沿线；

（5）地上公用设施管廊和高压走廊沿线、变电站外围等。

2）不同类型防护绿地的具体要求

（1）城区内水厂用地和加压泵站周围应设置防护绿地，宽度不应小于现行国家标准《城市给水工程规划规范》（GB 50282）规定的绿化带宽度。

（2）城区内污水处理厂周围应设置防护绿地；新建污水处理厂周围设置防护绿地应根据污水处理规模、污水水质、处理深度、处理工艺和建设形式等因素具体确定。

（3）城区内生活垃圾转运站、垃圾转运码头、粪便码头、粪便处理厂、生活垃圾焚烧厂、生活垃圾堆肥处理设施、餐厨垃圾集中处理设施、粪便处理设施周围应设置防护绿地。其中，垃圾转运码头、粪便码头周围设置的防护绿地的宽度不应小于现行国家标准《城市环境卫生设施规划标准》（GB/T 50337）规定的绿化隔离带宽度。

（4）城区内生活垃圾卫生填埋场周围应设置防护绿地，防护绿地宽度应符合现行国家标准《城市环境卫生设施规划标准》（GB/T 50337）的规定。

（5）城区内 35～1 000 kV 高压架空电力线路走廊应设置防护绿地，宽度应符合现行国家标准《城市电力规划规范》（GB/T 50293）高压架空电力线路规划走廊宽度的规定。

（6）城区内河、海、湖等水体沿岸设置防护绿地的宽度应符合现行国家标准《城市绿线划定技术规范》（GB/T 51163）的规定。

（7）在城市各功能组团之间应利用自然山体、河湖水系、农田林网、交通和公用设施廊道等布置组团隔离绿带，并应与城区外围绿色生态空间相连接。

（8）防风林带走向应与对城市危害最大的风向垂直，若受地形或其他因素限制，可有 30°偏角，但偏角不能大于 45°；分布形式多为组合分布，组合形式一般分为三带制、四带制和五带制；林带宽度大于 10 m，林带间距离在 300～600 m。

（9）在产生污染的工厂等周围设置防护绿地的宽度及数量应符合以下要求（表 4.10）：

表 4.10　不同企业防护林带宽度及数量

工业企业等级	防护林带总宽度/m	林带数量	防护林带	
			宽度/m	距离/m
Ⅰ	1 000	3～4	20～50	200～400
Ⅱ	500	2～3	10～30	150～300
Ⅲ	300	1～2	10～30	150～100
Ⅳ	100	1～2	10～20	50
Ⅴ	50	1	10～20	

4.7.3　广场用地

广场用地的选址应符合下列规定：

（1）应有利于展现城市的景观风貌和文化特色；

（2）至少应与一条城市道路相邻，可结合公共交通站点布置；

（3）宜结合公共管理与公共服务用地、商业服务业设施用地、交通枢纽用地布置；

（4）宜结合公园绿地和绿道等布置。

规划新建单个广场的面积应符合表4.11的规定。

表4.11　规划新建单个广场的面积要求

规划城区人口/万人	面积/hm²
<20	≤1
20~50	≤1
50~200	≤3
≥200	≤5

注：表中数据以上包括本数，以下不包括本数。

4.7.4　附属绿地

居住用地附属绿地：规划指标和规划建设要求应符合现行国家标准《城市居住区规划设计标准》（GB 50180）的规定。附属绿地中集中绿地的规划建设应遵循空间开放、形态完整、设施和场地配置适度适用、植物选择无毒无害的原则。

公共管理与公共服务用地、商业服务业设施用地的绿地率应根据用地面积、形状、功能类型等具体确定。

工业用地和物流仓储用地的绿地率不宜大于20%；产生有害气体及污染的工业用地、储存危险品或对周边环境有不良影响的物流仓储用地根据生产运输流程、安全防护和卫生隔离要求可适当提高绿地率。

工业用地附属绿地布局应符合下列规定：

（1）应在职工集中休憩区、行政办公区和生活服务区等选择布置集中绿地；

（2）应在对环境具有特殊洁净度要求的区域布置隔离绿地；

（3）散发有害气体和粉尘、产生高噪声的生产车间、装置及堆场周边，应根据全年盛行风向和污染特征设置防护林；

（4）危险品的生产、储存和装卸设施周边应设置绿化缓冲带。

4.7.5　区域绿地

在城市总体规划中，区域绿地虽不参与城市建设用地的平衡，但却对城市生态环境起着重要作用，其布局时应遵循以下原则：

切实贯彻"生态优先"的规划原则，着眼于城市可持续发展的长远利益，划定、留足不得开发建设的生态保护区域，如现有的风景名胜区、水源保护区、森林公园、自然保护区等；对于用于城市建设的区域，要明确控制开发强度的范围和边界；充分利用基本农田保护区和自然水域、林地等绿地资源，规划布局城市组团之间或相邻城市之间布局较宽阔的隔离带，用以控制城市发展规模，防止建成区"摊大饼"式无限蔓延发展。

在城乡接合部,应注意规划一些高绿地率控制区;布局应结合郊区农村的产业结构调整,有利于生态农业和林业的发展。

4.8 城市绿化树种规划

4.8 微课

城市绿化树种规划是在城市绿地系统规划中确定绿化树种的种类和比例、明确种植特色等内容的专业规划。

树种规划是城市绿地系统规划的重要组成部分。城市绿地建设的主要材料是树木,树种的选择直接关系城市绿地质量的高低,树种选择适当,树木能健康生长,尽快形成景观并发挥其功能。若选择不当,树木则生长不良,需不断投入人力财力对树木进行养护及更换,不仅经济上浪费,还使城市的景观和环境质量大打折扣。因此,城市绿地系统规划就应从当地自然条件和植被特点出发,对城市树种进行规划,以对城市绿地建设中树种的选择起到科学的指导作用。

4.8.1 我国主要植被类型及其特征

我国幅员辽阔,地质历史悠久,自然环境复杂,植物种类丰富,植被类型繁多。据统计,现有维管束植物353科,3 184属,27 150种,占世界同类科数的80%,是世界上植物种类最丰富的国家之一,仅次于马来西亚(约4.5万种)和巴西(约4万种),居世界第三位。因自然条件差异,发育着以下植被类型:

(1)寒温带针叶林 主要分布在我国最寒冷的大兴安岭北部永冻层地区。植被建群种为兴安落叶松、樟子松等,种类贫乏,外貌冬季落叶,结构简单,群落郁闭度为0.4~0.5,灌木层发育较好。

(2)温带针叶阔叶混交林 主要分布在长白山地和小兴安岭,植被以红松为主。除红松外,主要种类还有落叶松、冷杉、云杉等针叶树和紫椴、水曲柳、黄檗、糠椴、核桃楸等阔叶树。

(3)暖温带落叶阔叶林 主要分布在辽东半岛及华北的山地丘陵,由杨柳科、桦木科、壳斗科等科的植物组成。我国的暖温带落叶阔叶林已基本上无原始林的分布。根据现有次生林情况看,各地夏绿林以栎属落叶树种为主,如辽东栎、蒙古栎、栓皮栎等,此外还有其他落叶树种如椴属、槭属、桦属、杨属等。

(4)北亚热带常绿阔叶、落叶阔叶混交林 主要分布于长江以北,秦岭、淮河以南的低山丘陵区,群落主要由麻栎、栓皮栎和苦槠、青冈栎等组成,是落叶阔叶林和常绿阔叶林的过渡类型,兼有我国南北树种成分。

(5)中亚热带常绿阔叶林 主要分布在江南丘陵、云贵高原中北部和四川盆地的南缘地区,建群种以壳斗科、山茶科等为主,但各地种属略有不同,是我国珍贵用材、经济和孑遗树种最集中的地区。

(6)南亚热带季风常绿阔叶林 主要分布在云南、广西和广东三省区南部及福建东南、台湾中南部地区,群落上层以樟科、壳斗科为主,中下层种类繁多,以大戟科和芸香科最多,并有藤本和附、寄生植物。

(7)热带季雨林、雨林 主要分布在海南和广东、广西、云南、台湾的南部以及西藏南部地区,典型的植被类型为热带季雨林、热带雨林、珊瑚岛热带常绿林和红树林。热带雨林植物种类非常丰富,建群种以龙脑香科为代表。热带季雨林具有明显的浓淡季相变化,建群种以无患子科和棟科种属较多,红树林主要由怀萼海桑、海榄等组成,珊瑚岛常绿林主要由麻风桐、草海桐等构成。

(8)温带森林草原　主要分布在松辽平原、内蒙古高原、黄土高原等地,植物以草本类为主,建群种以菊科、禾本科、蔷薇科、豆科为代表,毛茛科、莎草科、百合科、藜科、十字花科、唇形科等均有分布。

(9)温带荒漠　主要分布在阿拉善高平原、河西走廊、准噶尔盆地以及塔里木、柴达木盆地等地,植物种类非常贫乏,具有适应干旱生境的生态特征,以灌木或半灌木为主,其中藜科的种属最多,主要植物有猪毛菜属、假木贼属、碱蓬属、驼绒藜属、盐爪爪、戈壁藜、小蓬、盐节木、木霸木、泡泡刺、麻黄等。

(10)青藏高原的高寒植被　素有"地球第三极"的青藏高原,地处亚热带和温带,平均海拔高度在4 500 m以上,青藏高原植被在生态和植被外貌方面与一般的山地植被相比有植被分布界限高、植被的旱生性显著、植被带宽广、山地植被垂直带明显的特点。

4.8.2　树种选择原则

(1)充分尊重自然规律,以地带性树种为主　植物的生长离不开光、热、水等自然条件,不同的植物,对光热水的需求不同,这就决定了不同地带生长着种类各异的地带性树种,这些树种对当地土壤、气候条件适应性强,最能体现地方特色。因此在植物选择时,应充分尊重自然规律,坚持以适应当地自然条件、代表当地特征的地带性树种为主。

为丰富城市植物多样性,对在本地适应多年的外来树种也可选用,并有计划地引种驯化一些本地缺少、能适应当地环境条件、经济与观赏价值较高的植物品种逐步推广使用。

(2)选择抗性强的树种　与自然环境相比,以人工环境为主的城市污染严重,土壤板结贫瘠,水分散失快,人为破坏严重,因此在选择树种时,应选择抗性强的树种,即对酸、碱、旱、涝、坚硬土壤、烟尘、病虫害等有较强抗性的树种,以保证树木的健康生长。

(3)速生树种和慢生树种相结合　速生树种成形时间快,能迅速成荫,早期绿化效果较好,但寿命较短,通常20～30年后就进入衰老期,持续绿化效果时间短,须及时补充更新。慢生树种生长速度慢,成荫较迟,但树木寿命长,绿化效果持久。所以,城市绿化应做到速生树种和慢生树种相结合,近期以速生树种为主,搭配一部分慢生树种尽快进行普遍绿化,分期分批逐步过渡。

(4)选择观赏价值高的树种　城市绿地不仅起着改善城市生态环境的作用,还担负着美化城市景观、提升城市形象的任务。因此,树种选择时应突出植物的观赏性,注意选择观花、观叶、观形、观果等观赏价值高的树种,增加绿地景观效果。

(5)注重植物的多样性　多样性利于系统的稳定,然而,在我国的城市绿化中,由于受各种因素影响,大量观赏价值高、适应性强的树种未被应用,普遍存在着植物种类单调、物种丰富度指数低等通病,造成绿地景观单调、植物病虫害严重等问题。因此,树种规划中,应注重发挥我国植物种类多样的优势,丰富植物种类,并注重乔、灌、藤、草的综合利用,以对城市绿化建设起到正确的导向作用。

4.8.3　树种规划步骤

(1)对城市树种进行调查研究　在进行树种规划前,应进行调查研究工作。调查内容包括当地地带性树种和外来树种、城市园林树种应用现状等。地带性树种和外来树种调查,应了解它们的具体种类、生态习性、对环境的适应性、生长状况、分布状况、观赏性及对污染的抗性、应用前景等。城市园林树种应用现状调查,包括目前城市园林树种种类、应用现状、生长状况等,

在此基础上,可从乡土植物指数、物种丰富度指数、各类植物在不同类型绿地中的频度、分布均匀度等方面进行定量分析和评价,以为下一步规划奠定可靠基础。调查时可采用表4.12。

表4.12　城市树种调查表

调查地点:　　　　　绿地类型:　　　　　绿地面积:

种名	科名	植物形态			生长状况			数量/m²	病虫害	备　注
		乔木	灌木	草本	好	中	差			

调查日期:　　　　　　　　　　　　　　　　　　　　　　　　　　调查人:

（2）确定城市绿化的基调树种和骨干树种　基调树种是各类园林绿地普遍使用、数量最大、能形成城市绿化统一基调的树种。骨干树种是各类园林绿地重点使用、数量较大、能形成城市园林绿化特色的树种。确定基调树种和骨干树种应能突出本地植物特色,体现城市文化景观风貌;基调树种宜选择3~5种,骨干树种宜选择20~30种。

（3）确定主要树种的种植比例　合理规划城市绿化主要树种的应用比例,既有利于提高城市绿地的生物量和生态效益,使绿地景观整齐、丰满,也便于指导安排苗木生产,使苗木供应的品种及数量符合城市绿化建设的需要。主要种植比例包括乔木与灌木、落叶树与常绿树、针叶树与阔叶树、木本与草本的比例等。

①乔木与灌木比例的确定:城市绿化建议以乔木为主,但应因不同性质的绿地而异,科学确定。如根据陈自新等人的研究,北京城市绿地乔、灌、草、绿地的比例应为1:6:9:21。此外,对草坪、花卉和地被植物的应用也应提出适当要求,以丰富植物层次,提高城市景观质量和绿化覆盖率。

②落叶树与常绿树的比例:落叶树与常绿树各有特征,落叶树一般生长较快,每年更换新叶,对有毒气体、尘埃的抵抗能力强,但冬季景观效果不好。常绿树一年四季都有良好的绿化效果和防护作用,但生长较慢,栽植成本高,同时冬季时透光差,影响采光,在城市绿化中应根据绿地类型和功能,因地制宜确定比例。如温带地区,常绿树、落叶树的比例一般为(4~3):(6~7)。

③针叶树与阔叶树、木本与草本的比例等应根据各地的实际情况灵活制定。

（4）编制城市绿化应用植物物种名录　通常应包括在城市绿化中应用的乔木、灌木、花卉和地被植物品种。为提高规划的可操作性,在植物名录后最好列出其生态习性、适宜种植区域等。

（5）配套制定苗圃建设、育苗生产和科研规划　城市苗圃建设规划,通常以市、区两级园林绿化部门主管的生产绿地为主,近年来,苗木生产已走向市场化,但作为城市绿化主管部门,应加强行业管理和宏观指导。

4.9　城市生物多样性保护规划

4.9.1　城市生物多样性的概念

生物多样性是近年来生物学与生态学研究的热点问题,但对生物多样性一词的理解却各有不同。一般接受的定义是:生命有机体及其赖以生存的生态综合体的多样化和变异性。按此定义,生物多样性是指生命形式的多样化(从类病毒、病毒、细菌、支原体、真菌到动物界与植物界),各种生命形式之间及其与环境之间的多种相互作用,以及各种生物群落、生态系统及其生境与生态过程的复杂性。通常,生物多样性包括四个层次:遗传多样性、物种多样性、生态系统多样性和景观多样性。

(1)遗传多样性　遗传多样性是指所有生物个体中所包含的各种遗传物质和遗传信息,既包括同一种的不同种群的基因变异,也包括同一种群内的基因差异。遗传多样性对任何物种维持和繁衍其生命、适应环境、抵抗不良环境与灾害都是十分必要的。

复杂的生存环境和多种起源是造成遗传多样性的主要原因。人们估计世界上的生物大约存在 10^9 种不同的基因,这些基因对于遗传多样性的作用不同。其中控制生命基础的生化过程之基因在不同种间的差异并不大,而其他一些特殊基因则表现出明显的变异。

(2)物种多样性　物种多样性是指多种多样的生物类型及种类,强调物种的变异性。物种多样性代表着物种演化的空间范围和对特定环境的生态适应性,是进化机制的最主要产物,所以物种被认为是最适合研究生物多样性的生命层次,也是相对研究最多的层次。从全球角度看,已被描述的物种约有 170 万个,而实际存在的物种还要多。物种多样性给人们提供了食物、医药、工业原料等资源,世界上 90% 以上的食物源于 20 个物种,75% 的粮食来自水稻、小麦、玉米等 7 个物种。目前,大部分物种的用途不明,它们中许多是人类粮食、医药等宝贵的后备资源。

(3)生态系统多样性　生态系统多样性是指生态系统中生境类型、生物群落和生态过程的丰富程度。生态系统由植物群落、动物群落、微生物群落及其环境(包括光、水、空气、土壤等)所组成,系统内各个组分间存在着复杂的相互关系。生态系统中的主要生态过程包括能量流动、水分循环、养分循环、生物之间的相互关系(如竞争、捕食、共生等)。

地球上的生态系统主要分为陆地生态系统和水域生态系统两大类,其中陆地生态系统包括森林生态系统(热带雨林、常绿阔叶林、落叶阔叶林、针叶林)、草地生态系统、荒漠生态系统;水域生态系统包括淡水湿地生态系统、滨水湿地生态系统、海洋生态系统等类型。

(4)景观多样性　景观多样性是近年来提出的一个新词。景观是由斑块、廊道和基质所构成的空间上的叠合体。景观有其结构、功能和自身的动态。景观多样性是指与环境和植被动态性联系的景观斑块的空间分布特征。

生物多样性是人类赖以生存和发展的基础,多种多样的生物是全人类共有的宝贵财富,为人类的生存与发展提供了丰富的食物、药物、燃料等生活必需品以及大量的工业原料。作为城市生态系统不可缺少的组成部分,生物多样性在丰富城市景观、维持生态系统平衡等方面发挥着巨大作用。当前,我国城市绿化中普遍存在着植物物种单一、配置模式简单等通病,动植物的生境单一,加上环境恶化、人类活动频繁、物种交流缺乏应有的生态廊道等原因,城市生物多样性不断减少,植被退化,野生动物难觅踪迹,城市生态结构简单、脆弱,严重威胁着城市生态安全和城市生态系统的稳定。因此,制订城市生物多样性保护规划就成为加强城市生物多样性保护、改善城市生态环境的一项重要工作。

4.9.2　生物多样性保护的基本方式

生物多样性保护的基本方式主要有就地保护和迁地保护。

(1)就地保护　保护生态系统和自然生境以及在物种的自然环境中维护和恢复其可存活种群,对于驯化和栽培的物种而言,是在发展它们独特性状的环境中维护和恢复其可存活种群。

就地保护的最主要方法是在受保护物种分布的地区建设保护区,将有价值的自然生态系统和野生生物及其生态环境保护起来,这样不仅可保护受保护物种,同时也可保护同域分布的其

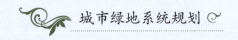

他物种,保证生态系统的完整,为物种间的协同进化提供空间。

(2)迁地保护 是指将生物多样性的组成部分移到他们的自然环境之外进行保护。迁地保护主要包括以下几种形式:植物园、动物园、种质圃、植物种子库、动物细胞库等各种引种繁殖设施。

4.9.3 生物多样性保护规划

1)生物多样性保护规划的规定

(1)宜从植物物种多样性、生态系统多样性、基因多样性和景观多样性四个方面提出相应的保护措施;

(2)应维护生态系统整体性,明确区域重要生物栖息地和迁徙廊道,及其保育管控要求;

(3)应明确对维护整体生态平衡有关键作用的物种、珍稀濒危物种,及其原生生境的空间分布和保育管控要求;

(4)应突出乡土植物景观特色,明确乡土植物的筛选、应用和推广措施;

(5)应坚持园林绿化植物的多样性,提出新增适用园林植物和典型群落建议。

2)生物多样性保护规划的具体内容

生物多样性保护包括遗传多样性、物种多样性、生态系统多样性、景观多样性四个层次。

(1)遗传多样性保护 也称基因多样性保护,通过建立基因库、种子库、离体保存库等措施进行保护。

(2)物种多样性保护 物种多样性的保护通过就地保护和迁地保护两种方式进行。在条件允许的情况下,在城市及其周围物种分布集中且有代表性的地区建立自然保护区进行就地保护,或充分依托动物园、植物园及其他绿地等进行迁地保护。

(3)生态系统多样性保护 规划自然保护区,重点保护和恢复本植被气候地带各种自然生态系统和群落类型,保护自然生境;采取模拟自然群落的设计手法,建设适合当地条件、良性循环的生态系统。

(4)景观多样性保护 保护和恢复城市各种生态系统的自然组合,如低山丘陵、溪谷、湿地以及水体等自然生态系统的自然组合体;在城市大中型绿地建设中,充分借鉴、利用当地自然景观特点,创建各种景观类型(水体景观、湿地景观、森林景观、疏林草地景观等及其综合体),使其在城市绿地中再现;建立景观生态廊道,增强不同景观斑块间的连通性,有利于物种扩散、基因交流,减少生境破碎化对生物多样性保护的不利影响,增加人工生态系统与自然生态系统间的生态联系;重视保护本地历史文化遗迹,把握当地特有的历史文化、民俗、城市结构布局、经济发展特点等核心内容,将城市绿地景观建设特色化,如建设历史文化性绿地、城市布局再现型绿地、民俗再现型绿地等。

4.10 古树名木保护规划

4.10.1 古树名木的含义

古树名木一般是指在人类历史过程中保存下来的年代久远或具有重要科研、历史、文化价值的树木。古树指树龄在100年以上的树木,名木指在历史上或社会上有重大影响的中外历代名人、领袖人物所植或者具有极其重要的历史、文化价值、纪念意义的树木。古树分为国家一、

二、三级,国家一级古树树龄 500 年以上,国家二级古树 300～499 年,国家三级古树 100～299 年。国家级名木不受树龄限制,不分级(全绿字〔2001〕15 号)。古树名木是一个地区发展悠久历史和文化的象征,是绿色文物、活的化石,是自然界和前人留给我们的宝贵财产,必须加以保护。

4.10.2　古树名木规划的主要内容

古树名木的保护规划包括以下内容:

(1)古树名木现状调查　包括品种、树龄、保护等级、生长环境、生长情况、管护现状、管护责任单位等,调查要求做到定点定位,调查完成后,应统一登记、挂牌、编号,建立相应的信息库。调查可采用表 4.13。

表 4.13　古树名木每木调查表

_____省(区、市)_____市(地、州)_____县(区、市)　　　　　　　　调查号:

树　种	中文名:　　　　别名:		
	拉丁名:		
	科属		
位置	乡镇(街道)　　村(居委会)　　社(组、号)		
	经纬度		
树龄	真实树龄　　年	传说树龄　　年	估测树龄　　年
树高	m	胸围(地围)	cm
冠幅	平均　　m	东西　　m	南北　　m
立地条件	海拔　　m;坡向　　;坡度　　度;坡位　　部		
	土壤特征		
	周围环境		
生长势	①旺盛;　②一般;　③较差;　④濒死;　⑤死亡		
树木特殊状况描述			
权属	①国有;　②集体;　③个人;　④其他		
管护单位或个人			
保护现状及建议			
古树历史传说或名木来历;有则记述于此			
管护单位或责任人			

调查者:　　　　日期:　　　　审查者:　　　　日期:

(2)制定法规　通过充分的调查研究,以制订地方法规的形式对古树名木的所属权、保护方法、管理单位、经费来源等做出相应规定,明确古树名木保护的管护职责、经费来源、基本保证金额等。

(3)宣传教育　通过各种媒体和宣传教育手段加大对古树名木保护的宣传教育力度,提高全社会的保护意识。

（4）科学研究　包括古树名木的种群生态研究、生理及生态环境适应性研究、复壮技术研究、病虫害防治技术研究等。

（5）养护管理　在科学研究基础上，制订城市古树名木养护管理工作的技术规范，使相关工作逐渐走向规范化、科学化的轨道。

4.11　城市防灾避险功能绿地规划

4.11 微课

4.11.1　城市防灾避险功能绿地的功能

城市防灾避险功能绿地，是在城市灾害发生时和灾后救援重建中，为居民提供疏散和安置场所的城市绿地，是城市防灾减灾系统的重要组成部分。其功能主要表现在以下几个方面：

（1）安全疏散受灾群众　灾难发生时，建筑物倒塌，交通受阻，人民生命财产面临威胁，迅速将居民从危险区疏散到空旷地，可有效减少人员伤亡。在城市绿地中，绿化面积大，建筑物少而低矮，是安全疏散受灾群众的理想场所，如 1976 年唐山地震时，仅凤凰山公园、人民公园、大城山公园部分地区（总面积约 50 hm^2），就疏散了灾民 1 万人以上。1995 年日本阪神地震时，当晚在公园紧急避难的人数占到避难者总数的 60%。

（2）为受灾群众提供基本的生活条件　灾难发生后，很多民用建筑倒塌，居民失去居住场所，及时解决受灾群众的居住问题，为他们提供基本的生活条件就成为震后救灾工作的当务之急。城市绿地地势开敞，利于搭建简易帐篷和住房，绿地中的水体还可解决居民临时用水等需要。如唐山市震前的民用建筑抗震性能差，地震中几乎全部倒塌。园林系统职工在市区 3 个公园内共搭建了简易住房 670 户，灾民在公园中居住几年甚至 20 年。地震后一周内，全市断水，公园内游泳池和人工湖中的水成为附近居民的唯一水源。公园内的各种落叶乔木、大街小巷及各单位庭院绿化的树木，为灾民搭建防震棚提供了部分材料，树木枯枝、少量灌木也成为灾民的临时燃料。

（3）阻止地震伴生火灾蔓延　大面积的绿地可以阻隔火势蔓延。植物的树干枝叶中含有大量水分，燃点高，许多植物即使叶片全部烤焦，也不会产生火焰。因此一旦发生火灾，火势蔓延至大片绿地时，可以因绿色植物的不易燃受到控制和阻隔。

1923 年 9 月 1 日，日本关东地区发生 7.9 级强烈地震后，在距震中 100 多千米的东京，半小时后有 139 处起火，火灾发生后，街道狭窄，消防车开不进去，而且所有的自来水管也都被震坏，救火人员千方百计从水沟和水井中抽水却无济于事，烈火被大风卷起，节节蔓延。人们争着逃命不仅堵塞交通，而且给消防活动带来麻烦，还把火带过了路，使火势蔓延，越来越大。但许多火头烧到公园前就熄灭了，显示了公园绿地有效的隔火功能。

（4）为实施救援、医疗、救护活动提供场所　灾难发生后，救援工作及时、高效、有序地开展，可以最大限度地减轻灾害带来的人员伤亡和经济损失。在这个过程中，利用绿地的开敞空间，可搭建临时医院和救护场所，实施救援、医疗、救护活动，使受伤群众得到及时的医疗和救护。

（5）提供信息交换场所　灾难发生后，受灾群众与外界失去联系，心理处于恐慌和无助状态，需要外界及时的安抚和信息沟通。空间开阔的绿地可成为受灾群众聚会和交换信息的场所及各级政府部门向受灾群众提供各类生活信息和咨询服务的场所，及时向受灾群众提供各类信息。

（6）提供救灾物资运输条件和贮存场所　灾难发生后，为受灾群众及时提供各类救灾物资成为解决他们基本生活问题的首要任务。城市绿地一般都位于路口等方便通行的地方,便于救灾物资的运送;为保证救灾物资快速、及时地送到受灾群众手中,直升机成为救灾物资运输的主要方式之一而被广泛运用于救灾中,尤其是在道路损坏、其他交通方式不便到达的地区。绿地空间开敞,可以提供救援直升机的起降场地和物资贮存场地,因而成为地震后救援物资的运输、配给和保管的重要场所。

4.11.2　城市防灾避险功能绿地的规划原则

1)规划引领,因地制宜

应遵照城市综合防灾规划、城市绿地系统规划以及抗震防灾规划、消防规划以及地质灾害防治规划等基本要求,在对现有城市绿地全面摸底和调查评估基础上,结合城市自身特点和灾害类型,因地制宜地完善现有城市绿地防灾避险功能,提升新建绿地防灾避险设计水平,并与其他防灾避险场所统筹部署、相互衔接、均衡布局,完善城市综合防灾体系。

2)平灾结合,以人为本

应充分考虑城市防灾避险功能绿地的平灾转换,平时发挥好生态、游憩、观赏、科普等常态功能,灾时能实现功能的快速转换,发挥绿地防灾避险功能,保护人民群众生命安全,尽可能地减少灾害损失。

3)突出重点,注重实效

城市防灾避险功能绿地只承担有限的防灾避险功能,且防灾重点是地震及其次生灾害,适当兼顾其他灾害类型,不具备应对所有类型灾害的防灾避险功能。新建城市防灾避险功能绿地或提升现有城市绿地防灾避险功能,要结合实际,注重实效,应确保生态、游憩、观赏、科普等城市绿地常态功能,同时兼顾防灾避险功能。

4.11.3　城市防灾避险功能绿地的分类

城市防灾避险功能绿地按其功能定位分为四类,包括长期避险绿地、中短期避险绿地、紧急避险绿地和城市隔离缓冲绿带。

1)长期避险绿地

长期避险绿地是指在灾害发生后可为避难人员提供较长时间(30天以上)生活保障、集中救援的城市防灾避险功能绿地。长期避险绿地应依据相关规划和技术规范要求配置应急保障基础设施、应急辅助设施及应急保障设备和物资。长期避险绿地至少应具备以下灾时功能区:救灾指挥区、物资存储与装卸区、避险与灾后重建生活营地、临时医疗区、停车场与直升机临时停机坪和出入口等。

2)中短期避险绿地

中短期避险绿地是指在灾害发生后可为避难人员提供较短时期(中期7~30天、短期1~6天)生活保障、集中救援的城市防灾避险功能绿地。中短期避险绿地至少应具备以下灾时功能区:救灾管理区、物资存储与装卸区、临时避险空间(含临时应急篷宿区、紧急医疗点和简易公共卫生设施)、救援用车停车场、出入口等。

3)紧急避险绿地

紧急避险绿地是指在灾害发生后,避难人员可以在极短时间内(3~10分钟内)到达,并能

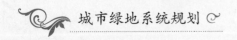

满足短时间避险需求(1 小时至 3 天)的城市防灾避险功能绿地。紧急避险绿地应根据场地条件合理设置紧急避险空间和出入口等。

4)城市隔离缓冲绿带

城市隔离缓冲绿带是指位于城市外围,城市功能分区之间,城市组团之间,城市生活区、城市商业区与加油站、变电站、工矿企业、危险化学品仓储区、油气仓储区等之间,以及易发生地质灾害的区域,具有阻挡、隔离、缓冲灾害扩散,防止次生灾害发生的城市绿地。

4.11.4 城市防灾避险功能绿地的级配和指标

1)级配

设置城市防灾避险功能绿地宜以中、短期避险绿地和紧急避险绿地为主,规划城区人口规模 300 万及以上的城市和抗震设防烈度 7 度以上的城市,宜结合城市用地条件,按"长期避险绿地—中期避险绿地—短期避险绿地—紧急避险绿地"四级配置。

抗震设防烈度 7 度及以下的小城市、中等城市、Ⅱ型大城市,宜按"中期避险绿地—短期避险绿地—紧急避险绿地"三级配置。

2)指标

城市防灾避险功能绿地的有效避险面积是指城市绿地总面积扣除水域、建(构)筑物及其坠物和倒塌影响范围(影响范围半径按建(构)筑物高度的 50% 计算)、树木稠密区域、坡度大于 15% 区域和救援通道等占地面积之后,实际可用于防灾避险的面积。

各级防灾避险功能绿地的规模、有效避险面积应符合下列规定:

(1)长期避险绿地的总面积 ≥ 50 hm², 其中有效避险区域面积 ≥ 60%, 人均有效避难面积 ≥ 5 m²/人。

(2)中期避险绿地的总面积 ≥ 20 hm², 其中有效避险区域面积 ≥ 40%; 人均有效避难面积 ≥ 2 m²/人; 短期避险绿地的总面积 ≥ 1 hm², 其中有效避险区域面积 ≥ 40%; 人均有效避难面积 ≥ 2 m²/人。

(3)紧急避险绿地的总面积 ≥ 0.2 hm², 其中有效避险区域面积 ≥ 30%; 人均有效避难面积 ≥ 1 m²/人。

4.11.5 城市防灾避险功能绿地的选址和布局

1)选址

防灾避险功能绿地应选址于平坦开敞的安全地域,并应符合下列规定:

(1)不得选址于地震断裂带、洪涝、山体滑坡、地面塌陷、泥石流等自然灾害易发生地;

(2)不得选址于危险化学品、易燃易爆物或核放射物储放地、高压输电走廊等对人身安全有威胁或不良影响的区域;

(3)不得选址于需要特别保护的历史名园、动植物园和文物古迹密集区;

(4)不得选址于低于城市防洪标准确定的洪水淹没线以下的区域;

(5)不得选址于坡度大于 15% 区域的面积占比超过 60% 的绿地;

(6)不得选址于开敞空间小于 600 m² 的绿地;

(7)不应选择公园绿地中坡度大于 15% 的坡地、水域、湿地、动物饲养区域、树木稠密区域、建(构)筑物及其坠物和倒塌影响区域、利用地下空间开发区域作为有效避险区域。

2)布局

(1)长期避险绿地以生态、游憩等城市绿地常态功能为主,并按平灾结合、灾时转换要求,兼具防灾避险功能,一般结合郊野公园等区域绿地设置。

(2)中短期避险绿地一般靠近居住区或人口稠密的商业区、办公区设置,一般结合综合公园、专类公园及社区公园等设置。

(3)紧急避险绿地一般结合街头绿地、小游园、广场绿地及部分条件适宜的附属绿地设置,并与周边广场、学校等其他灾害时可用于防灾避险的场所统筹协调,要求步行5～10分钟到达为宜,服务半径500 m以内。

(4)城市隔离缓冲绿带以生态防护、安全隔离为主要功能,一般结合防护绿地、生产绿地和附属绿地设置。

4.11.6 避险、救援通道规划

(1)应保障所有防灾避险功能区域顺畅通达,走向明晰,并设置明显的标识标牌。

(2)应避免设置台阶和大于18%的急坡;主通道净空高度不应小于4.5 m,转弯半径不宜小于12 m,并满足较重荷载车辆通行需要。

(3)长期避险绿地内救援通道宽度应大于5 m;中短期避险绿地和紧急避险绿地应按照《公园设计规范》设置园路,兼顾应急救援、人员疏散等需要。

(4)城市防灾避险功能绿地内的主要道路应满足无障碍设计规范要求。

4.11.7 防灾避险设施配置规划

防灾避险设施是防灾避难绿地灾时功能正常发挥的基础和保障,设施构造应简洁、操作简便、易于维护、持久耐用,方便避险人群使用。城市防灾避险功能绿地中避险设施分为基础设施、一般设施、综合设施三类。基础设施主要包括应急市政设施如供电、供水、通信、厕所、垃圾储运、应急医疗卫生设施(如卫生防疫、医疗救护等)和标识设施;一般设施应包括应急指挥管理设施、消防设施、物资储备设施等;综合设施主要内容包括应急停机坪、停车场等。规划时应根据不同类型避险绿地的功能要求进行配置,并应有清晰规范的应急标志与标识。

4.11.8 防灾避险功能绿地种植设计

1)防护绿带

(1)防护绿带应复层种植。长期避险绿地边缘防护绿带宽度应不少于10米,以满足三排乔灌木交互种植为宜;中短期避险绿地边缘防护绿带应以乔灌木交互种植为宜。

(2)防护绿带应选用含水量高、含油脂量低,并能形成较大冠幅、较好遮荫的植物。

(3)防护绿带宜采用开放式种植,应便于避难人员紧急疏散;设有围墙的城市绿地应沿墙壁种植乔木,以减少墙壁倒塌造成的伤害。

(4)城市防灾避险功能绿地周边如有高层建(构)筑物,宜根据设防标准、建筑结构形式和高度设置宽度为建筑高度1/2～1/3的防护绿带,以防止建筑物倒塌和高层坠物造成的危害。

(5)城市防灾避险功能绿地边缘防护绿带中的沟、渠、河等水体中不宜满植落叶类水生、湿生植物。

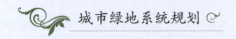

2）篷宿区的绿地种植设计

（1）篷宿区乔木种植应选择分枝点高于2.5米的高大乔木,乔木间距应满足帐篷架设需求,地面宜配置草坪和宿根花卉等地被植物,不宜种植灌木。

（2）篷宿区应选择花、果、叶、枝、干等均无毒、无害、无刺的植物种类。

3）直升机停机坪的绿地种植设计

（1）长期避险绿地内应设置直升机起降草坪,可与绿地内广场等较大开敞空间结合设置,并符合直升机停机坪建设的相关标准。

（2）直升机停机坪地被植物应耐踩压、对环境具有较强的适应性。

（3）直升机停机坪内禁止种植高大乔木和灌木。

4.12 城市绿地景观风貌规划

4.12.1 城市绿地景观风貌概述

城市风貌是城市自然环境、人工环境和人文环境共同反映出的城市综合特征和城市景观表现,其构成要素包括物质环境方面的山水环境、城市结构、空间布局、街道广场、建筑群落、公园绿地、历史遗迹等和人文环境方面的历史文化、风土人情、传统习俗等。城市风貌中的"风"是风貌的内涵,表现为城市人文历史层面上的精神特征,涉及城市风俗、传统活动等方面,城市风貌中的"貌"是风貌的外显,反映为城市物质层面上的外在表现,是城市各物质要素形态和空间的整合,是"风"的载体。城市风貌,既反映了城市的空间景观、神韵气质,又蕴含着地方的文化特质和市民的情感寄托。

城市绿地景观风貌是城市绿地景观所展现出来的风采和面貌,是城市在不同时期历史文化、自然特征和市民生活的长期影响下形成的整个城市的绿地环境特征和空间组织,同时,也是以人的视角,观察和体验城市绿地空间和环境,以及构成城市绿地景观的建筑、公共设施等多种视觉要素后给人留下的感官印象。城市绿地景观是城市空间格局和城市风貌的重要组成部分,是城市自然、历史、情感、艺术相互交融的结晶,它不仅给城市带来勃勃生机,滋养市民身心,也是展现城市特色和魅力的重要内容之一。

在充分解读城市的风貌要素、将城市形态、地域文化精神等与城市绿地景观进行融合的基础上,编制城市绿地景观风貌规划,不仅可以给城市居民以及外地游人一个休闲娱乐的空间,也对传达城市文化、强化城市特色景观、塑造城市自身风貌品质、完善城市功能布局起到重要作用。

4.12.2 城市绿地景观风貌规划的基本要求

（1）城市绿地景观风貌规划应与总体城市设计相协调,明确城市绿地景观风貌的特色定位,确定绿地系统景观结构和特色片区,提出展现地域自然文化特色和提升绿地景观风貌的措施。

（2）城市绿地景观风貌应根据城市性质、职能定位、风貌特征、自然景观特色和历史文化特色等因素,确定城市绿地景观风貌的特色定位。

（3）确定绿地系统景观风貌结构应遵循有利于保护和优化自然山水格局、有利于强化城市整体景观风貌格局、有利于完善城市空间结构的原则,并与城市功能分区、景观轴线、景观节点和开放空间系统的布局相协调。

（4）规划植物景观风貌,应以植物造景为主,倡导使用乡土植物和地带性植物营造地域景观风貌特色。

4.12.3 城市绿地景观风貌的规划原则

1）有利于保护和优化自然山水格局

城市绿地景观风貌规划应尊重城市自然山水特征,对城市山水格局关系、整体空间形态等内容进行管控引导。利用城市道路、水系、绿地等开敞空间,构建城市通风廊道、视觉廊道,显山露水,保护山水格局的完整性。严格控制城市滨河、临山等重要景观界面的空间形态及天际线,突出和优化城市自然山水特征,构建山、水、城、绿交融的城市绿地景观风貌,让市民"看得见山、望得见水,记得住乡愁"。

2）有利于强化城市整体景观风貌格局

城市绿地景观处于城市自然生态、城市空间、社会人文等多维网络体系的交汇点,包含自然生态、社会人文等诸多方面的因素,规划时应从系统的角度出发,充分依托自然山水的独特风光和丰富的历史文化积淀,从自然山水中塑造绿地景观的形,从历史文脉中挖掘绿地景观的根,从人文精神中凝聚绿地景观的魂,同时充分考虑绿地景观与其他景观元素的关系,并同城市总体风貌规划相结合,强化城市整体景观风貌格局。

3）有利于完善城市空间结构

城市绿地景观风貌规划应在景观生态学等理论指导下,按照山水林田湖是一个生命共同体的系统思想,通过绿楔、绿道、绿廊等形式加强城市绿地、河湖水系、山体丘陵、农田林网等各自然生态要素的衔接连通,构成"绿色斑块—绿色廊道—生态基质"的系统格局,并与城市功能分区、景观轴线、景观节点和开放空间系统的布局相协调,彰显城市空间特色。

城市绿地景观风貌规划,可立足于城市绿地景观资源,从宏观（风貌圈）、中观（风貌带、风貌区、风貌核）、微观（风貌符号:山、水、植物、建筑）三个层次对城市绿地景观风貌特色进行分析研究。

4.12.4 案例

盐城市城市绿地系统特色景观规划

（资料来源:《盐城市城市绿地系统规划（2017—2030）》,江苏省城市规划设计研究院,江苏省城市交通规划研究中心）

1）规划目标与原则

（1）规划目标　根据建设"沿海湿地之都、东方活力之地、生态低碳之城"的总体定位,保护和提升原有绿地特色风貌,挖掘和塑造城市魅力景观,顺应自然生态格局,传承地域文化,通过"林廊为框、水脉入景;活力绿斑、多彩登瀛"绿地系统的建设,强化城市景观形象,构建符合国家生态园林城市标准的城市形象。

（2）规划原则

①规划特色景观节点、特色景观走廊、特色景观风貌区三个层次的景观要素,提出对应的控

制与引导细则。结合城市公园布局,合理设置城市绿道,配置符合功能需求的服务设施,形成完善的城市绿道系统。

②以城市历史文化与非物质文化遗产资源特色禀赋为核心,挖掘和塑造新特色、新亮点。

③特色景观建设符合城市发展需求,从而塑造更富有特色的城市景观。

2)绿地特色景观规划(图4.17)

(1)特色景观风貌节点

①历史文化景观节点(略);

②广场景观风貌节点(略)。

(2)特色景观风貌廊道

①水系景观风貌廊道(略);

②主要道路景观风貌廊道(略)。

(3)特色景观风貌区

①传统景观风貌区(略);

②现代景观风貌区(略);

③景观风貌协调区(略);

④生态景观风貌区(略)。

图4.17　盐城市中心城区城市绿地特色景观规划图

4.13　城市生态修复规划

4.13.1　城市生态修复概述

1)城市生态修复的概念

生态修复是指采取自然恢复与人工修复相结合的方法,对被破坏或恶化且难以自我恢复的山体、水体、植被等进行系统修复,实现生态系统功能提升、环境质量改善、资源再利用、生态景观优化等目标的活动。

城市生态修复,是指在加强城市自然生态资源保护的基础上,采取自然恢复为主、与人工修复相结合的方法,优化城市绿地系统等生态空间布局,修复城市中被破坏且不能自我恢复的山体、水体、植被等,修复和再利用城市棕地,实现城市生态系统净化环境、调节气候与水文、维护生物多样性等功能,促进人与自然和谐共生的城市建设方式。

2)城市生态修复的基本原则

城市生态修复应遵循以下原则:

(1)保护优先。强调尊重自然、顺应自然、保护自然。严格保护城市现存的生态资源,对遭受威胁和破坏的自然生态空间,采取自然恢复为主与人工修复相结合的方法,优化城市生态空间,恢复城市生态功能,避免过分干预或再度破坏。

(2)规划引领。城市生态修复应在城乡规划指导下开展。将生态承载力作为城市规划的刚性约束条件,城市各层级、各相关规划以及后续的建设过程中,应统筹生产、生活、生态三大布局,落实生态保护和修复的内容。

(3)统筹协调。根据城市所处气候地带及其自然环境条件、现有生态问题的轻重缓急,坚持修复与保护相结合,针对性与系统性相结合,局部与整体相结合,近期与远期相结合,制订城市生态修复目标、实施方案和技术措施,做到统筹规划、分区施策、分步实施、协调建设。

(4)系统修复。坚持"山水林田湖"生命共同体的思想,以完善绿地系统和山体、水体、棕地等重点修复工程为依托进行系统修复,同时树立"节约和保护也是修复"的理念,统筹节能减排、循环利用等绿色发展措施,最终实现标本兼治。

3)城市生态修复的内容

城市生态修复应包括山体生态修复、水体生态修复、棕地生态修复、绿地系统提升等内容。

对遭受污染、破坏的山体、水体和棕地,应实现形态、土壤、植被和系统功能修复,修复时应对地质、土壤、植被等生态现状摸底调查和安全评估;应排除地质灾害隐患,恢复受损山体、水体的自然形态;应改良有污染的土壤,治理水体污染并提升自净能力;应营建近自然群落,呈现自然生机,修复自然生态。

山体生态修复应依据山体自身条件及受损情况,对采石坑、凌空面、不稳定山体边坡、废石(土)堆、水土流失的沟谷和台塬等破损裸露山体,排除安全隐患,采用工程修复和生物修复方式,修复与地质地貌破坏相关的受损山体以及与动植物多样性保护和水源涵养相关的植被,在保障安全和生态功能的基础上,进行综合改造提升,充分发挥其经济效益和景观价值。

水体生态修复应以控源截污为前提,系统开展城市河流、湖泊、湿地、沿海水域等水体生态修复,按照海绵城市建设和黑臭水体整治等有关要求,从"源头减排、过程控制、系统治理"入手,采用经济合理、切实可行的技术措施,恢复水体自然形态,改善水环境与水质,提升水生态系统功能,打造滨水绿地景观。

因产业改造、转移或城市转型而遗留下来的工业棕地,以及废弃的港口码头、垃圾填埋场,因矿山开采形成的露天采矿场、排土场、尾矿场、塌陷区,受重金属污染而失去经济利用价值的矿山棕地等,应在确保生态安全前提下,兼顾景观打造和有效再利用。

绿地系统提升应推进城乡一体绿地系统的规划建设,构建覆盖城乡的生态网络,提升绿色公共空间的连通性与服务效能,优化城市绿地系统布局,加强各类绿地建设,消除城市绿地系统不完整、破碎化等问题。推广立体绿化,竖向拓展城市生态空间;实施老旧公园提质改造,强化文化建园,提升综合服务功能。

4.13.2 城市绿地系统规划中生态修复规划的基本要求

（1）应以城市绿色生态空间的生态修复为主，并应遵循保护优先、统筹规划、因地制宜、分类推进、自然恢复与人工修复结合的原则。

（2）应在生态问题评估的基础上，明确修复目标，确定重点修复区域和重点项目清单，提出重点修复项目规划指引等。

（3）应针对城区范围内的山体、水体、废弃地和绿地面临的生态问题及其原因进行评估分析，确定需要进行生态修复的重点区域。

（4）应根据问题评估结论，提出与城市发展水平相适应的近远期修复目标和技术指标。

（5）重点修复项目规划指引应根据生态环境受损程度，合理选择修复主导策略，并应符合下列规定：

①对人为破坏少、生态环境保持良好的区域应采取保护主导策略，提出严格的生态保护要求，提出禁止人为破坏和人工干扰的措施；

②对已造成较大生态破坏的区域应采取工程修复主导策略，提出工程修复和植物恢复措施；

③对受到一定人为干扰和破坏，生态系统尚在自然恢复能力内的区域，应采取人工辅助下以自然恢复为主的策略，提出自然恢复促进措施和工程修复辅助措施。

4.13.3 案例

成都市生态修复规划

（资料来源：《成都市公园城市绿地系统规划（2019—2035）》，成都市公园城市建设发展研究院）

1）规划目标

牢固树立和践行"绿水青山就是金山银山"理念，以山、水、林、田等自然资源的保护修复为重点，通过合理划定保护分区，构建生态廊道体系，实施重大生态修复工程，提升生态系统稳定性，保护生物多样性，改善生态环境质量。

2）合理划定保护分区

将市域划分为 4 个生态保护区，包括优先生态保护区、重要生态保护区、一般生态保护区和城镇空间。

（1）优先生态保护区（略）

（2）重要生态保护区（略）

（3）一般生态保护区（略）

（4）城镇空间（略）

3）构建生态廊道体系

全市构建三级生态廊道体系，保护龙门山、龙泉山等一级生态廊道、构建 57 条二级生态廊道和 41 条三级生态廊道，进行严格管控，全面提升生物多样性。

4）实施重大保护修复工程

（1）龙门山实施植被提升和水土流失治理，牢固生态屏障功能

①提升森林质量，严格保护生态公益林，持续实施天然林保护和退耕还林工程，强化龙门山

大熊猫栖息地原生植被提升,通过"增量、提质"提升森林质量。

②加强地质灾害防治和水土流失治理,持续推进龙门山地质灾害治理和避让搬迁工作,加强林区火源防控及有害生物防治,开展小流域生态建设,提升生态系统水土保持服务功能。

(2)龙泉山实施生态保育和生态修复,全面提升森林质量和景观质量

①储备林营造　重点实施龙泉山城市森林公园的国家储备林项目,精准提升森林质量和景观质量,实现全域增绿增景。至2035年,龙泉山城市森林公园森林总面积达900平方千米,全域森林覆盖率达到70.5%。

②水生态系统改良　通过植树造林,提高自身水土保持能力;整治现状小型湖泊,结合农业产业布局,规划新增人工湖、堰、塘,整体提升蓄水保水能力。

③土壤改良　通过以自然修复、治理水土流失、改善种植结构为主,辅以人工维护的方式改良土壤。

④加快生态移民　加快实施龙泉山"生态移民工程",与森林保护、农林产业化项目、特色小镇等结合,为部分移民提供就业岗位。

(3)沱江生态修复

①改善水质,控制岸线,抚育补植林地,构筑宜人生态绿廊。区域联动改善沱江上游水质,提高流域污水处理率;恢复8处河漫滩生态湿地;采用生态驳岸,自然生态型界面和乡村田园型界面保持在70%;堤岸两侧建设植被缓冲带,使绿化覆盖率达90%以上。

②抚育、补植林地,营造高效生态空间。以沱江常年洪水位为基准至第一层山脊范围内,河道两岸建设护岸林带;对土层瘠薄的坡耕地、弃耕地全面实施生态植被恢复;对郁闭度小于0.4的林分,进行补植。

4.14　城市绿线规划

4.14.1　城市绿线的概念和类型

根据建设部颁布的《城市绿线划定技术规范》(GB/T 51163—2016),城市绿线是指城市各类绿地范围的控制线,主要包括以下类型:

(1)现状绿线　建设用地内已建成,并纳入法定规划的各类绿地边界线。

(2)规划绿线　建设用地内依据城市总体规划、城市绿地系统规划、控制性详细规划、修建性详细规划划定的各类绿地范围控制线。

(3)生态控制线　规划区内依据城市总体规划、城市绿地系统规划划定的,对城市生态保育、隔离防护、休闲游憩等有重要作用的生态区域控制线。

城市绿线的法律效力等同于城市规划中建筑、道路的"红线"和水体的"蓝线"及文物古迹的"紫线",对保障城市绿化用地具有重要意义。

城市绿线规划是在城市总体规划和绿地系统规划的基础上,划定城市各类绿地的范围控制线,是城市绿地系统规划的进一步深化。与城市绿地系统规划相比,绿地范围更具体、明确,可操作性更强。

4.14.2　城市绿线划定的相关规定

城市绿线划定应符合下列规定:

①现状绿线和规划绿线应在总体规划、控制性详细规划和修建性详细规划各阶段分层次划定,生态控制线应在总体规划阶段划定。

②现状绿线划定应明确绿地类型、位置、规模、范围,宜标注其管理权属和用地权属。

③规划绿线划定应明确绿地类型、位置、规模、范围控制线,可标注土地使用现状和管理权属。

④生态控制线划定宜标注用地类型、功能、位置、规模、范围控制线,可标注用地权属。

⑤绿地划定应与城市红线、城市黄线的划定相衔接,与城市蓝线、城市紫线的划定相结合。

4.14.3 城市绿线划定方法

1)总体规划阶段

①总体规划阶段应划定建设用地内的现状绿线,规划绿线和规划区非建设用地内的生态控制线。

②建设用地内,应按照绿地系统规划确定的公园绿地和防护绿地,划定现状绿线和规划绿线。

③规划区非建设用地内,应依据城市绿地系统规划划定生态控制线。

2)控制性详细规划阶段

①控制性详细规划阶段应以现状绿地和控制性详细规划为依据,划定公园绿地、防护绿地和广场用地现状绿线和规划绿线及附属绿地现状绿线。

②附属绿地的用地应符合现行国家标准《城市用地分类与规划建设用地标准》(GB 50137)中的城市建设用地分类规定。

3)修建性详细规划阶段

①修建性详细规划阶段应结合修建性规划方案审批,划定附属绿地规划绿线;绿地建设竣工验收后应纳入现状绿地管理。

②修建性详细规划阶段规划绿线应明确绿地布局,并应提出绿地设计控制指标。

4.14.4 城市绿线规划的成果要求

城市绿线规划成果应包括图纸、文本两部分,并应符合下列规定:

①基础地形图电子版应为与城市规划地形图坐标系一致的矢量(dwg)格式文件。

②绿线应为闭合线,现状绿线应为实线,规定绿线应为虚线,生态控制线应为点画线。

③文本内容应包括绿线划定目标、依据、原则、管控要求。

④总体规划阶段绿线划定的图纸应包括建设用地内绿地划定图和规划区非建设用地内生态控制线划定图;应以带城市规划路网的地形图为底图,图纸比例、表达深度应与城市总体规划图纸一致。

⑤控制性详细规划阶段绿地划定的图纸比例、地块编号应与控制性详细规划图纸一致;绿线定位应明确绿地边界线的主要拐点坐标。

⑥修建性详细规划阶段绿线划定的图纸中附属绿地所在地块的编号应符合控制性详细规划地块编号;图纸比例应与修建性详细规划图纸一致;绿线定位应明确绿地边界线的拐点坐标。

4.14.5 城市绿线规划的管理

为保证城市绿化用地,加强城市绿线规划管理,建设部于 2002 年 9 月颁布了城市绿线管理办法(中华人民共和国建设部令第 112 号),对城市绿线管理做了如下规定:

①城市绿线内的用地,不得改作他用,不得违反法律法规、强制性标准以及批准的规划进行

开发建设;因建设或者其他特殊情况,需要临时占用城市绿线内用地的,必须依法办理相关审批手续。

②在城市绿线范围内,不符合规划要求的建筑物、构筑物及其他设施应当限期迁出。

③城市各类新建、改建项目,不得占用绿地,不得损坏绿化及其设施,不得改变绿化用地性质。

④近期不进行绿化建设的规划绿地范围内的建设活动,应当进行生态环境影响分析,并按照中华人民共和国城乡规划法的规定,予以严格控制。

⑤在城市绿线管理范围内,禁止拦河截溪、取土采石、设置垃圾堆场、排放污水以及其他对生态环境构成破坏的活动。

4.15 城市绿地系统的基础资料及文件编制

4.15.1 基础资料收集

城市绿地系统规划要在大量收集资料的基础上,经分析、综合、研究后编制规划文件。一般需要收集以下资料:

1)自然条件资料

(1)地形图(1:5 000 或 1:10 000)、航片、遥感影像图、电子地图等。

(2)气象资料 气温、降水量、湿度、风向、风速、风力、霜冻期、冰冻期等。

(3)土壤资料 土壤类型、土层厚度、土壤物理化学性质、土壤分布情况、地下水深度等。

2)社会条件资料

(1)城市历史、典故、传说、文物保护对象、名胜古迹、革命旧址、历史名人故址、各种文物古迹的位置、保护范围等。

(2)城市社会经济发展战略、国内生产总值、财政收入等。

(3)城市建设现状与规划资料 城市总体规划、土地利用总体规划、风景名胜区规划、旅游规划、林业规划及其他发展规划。

3)环境质量资料

城市的环境质量、主要污染源的分布及影响范围、环保基础设施的建设现状与规划、环境污染治理情况、生态功能分区及其他环保资料。

4)园林绿化资料

(1)基础资料

①现有绿地率与绿化覆盖率。

②各类绿地的位置、范围、面积、性质、质量、植被状况、用地比例、经营及养护情况。

③各类公共绿地的节假日游人量、人均公共绿地面积等。

④绿化苗木的生产情况。

(2)植物物种资料

①当地自然植被物种调查资料。

②城市古树名木的数量、位置、名称、树龄、生长状况等。

③现有园林绿化植物的应用种类及其对生长环境的适应程度。

④附近地区城市绿化植物种类及其对生长环境的适应情况。

⑤主要植物病虫害情况。

⑥园林植物的引种驯化及科研进展情况等。

（3）绿化管理资料

①城市园林绿化建设管理机构的名称、性质、归属、编制、管理体制等。

②园林绿化行业从业人员概况、职工总数、人员结构、科研及生产机构设置等。

③园林绿化维护及管理情况、资金投入、专用设备投入等。

4.15.2　规划文件编制

城市绿地系统规划成果应包括4个部分：规划文本、规划说明书、规划图则、规划基础资料。

1）规划文本

一、总则

总则包括规划范围、规划依据、规划指导思想与原则、规划期限与规模等。

二、规划目标与指标

三、市域绿色生态空间统筹

四、市域绿地系统规划

五、城市绿地系统规划结构、布局与分区

六、城市绿地分类规划

简述各类绿地的规划原则、规划要点和规划指标。

七、树种规划

规划绿化植物数量与技术经济指标。

八、生物多样性保护规划

包括规划目标与指标、保护措施与对策。

九、古树名木保护规划

古树名木数量、树种和生长状况、保护措施与对策。

十、专项规划

防灾避险功能绿地规划、绿地景观风貌规划、生态修复规划、立体绿化规划等。

十一、分期建设规划

分近、中、远三期规划，重点阐明近期建设项目、投资与效益估算。

十二、规划实施措施包括法规性、行政性、技术性、经济性和政策性等措施

十三、附录

2）规划说明书

第一章　概况及现状分析

一、概况。包括自然条件、社会条件、环境状况和城市基本概况等。

二、绿地现状与分析。包括各类绿地现状统计分析、城市绿地发展优势与动力、存在的主要问题与制约因素等。

第二章　规划总则

一、规划编制的意义

二、规划的依据、期限、范围与规模

三、规划的指导思想与原则

第三章　规划目标

一、规划日标

二、规划指标

第四章　市域绿地系统规划

阐明市域绿地系统规划结构与布局和分类发展规划,构筑以中心城区为核心、覆盖整个市域、城乡一体化的绿地系统。

第五章　城市绿地系统规划结构布局与分区

一、规划结构

二、规划布局

三、规划分区

第六章　城市绿地分类规划

一、城市绿地分类

二、公园绿地(G1)规划

三、防护绿地(G2)规划

四、广场用地(G3)规划

五、附属绿地(G4)规划

六、区域绿地(G5)规划

分述各类绿地的规划原则、规划内容(要点)和规划指标并确定相应的基调树种、骨干树种和一般树种的种类。

第七章　树种规划

一、树种规划的基本原则

二、确定城市所处的植物地理位置,包括植被气候区域与地带、地带性植被类型、建群种、地带性土壤与非地带性土壤类型。

三、技术经济指标

确定裸子植物与被子植物比例、常绿树种与落叶树种比例、乔木与灌木比例、木本植物与草本植物比例、乡土树种与外来树种比例(并进行生态安全性分析)、速生与中生和慢生树种比例,确定绿地植物名录(科、属、种及种以下单位)。

四、基调树种、骨干树种和一般树种的选定

五、市花、市树的选择与建议

第八章　生物(重点是植物)多样性保护规划

一、总体现状分析

二、生物多样性的保护的目标与指标

三、生物多样性保护的层次与规划(含物种、基因、生态系统、景观多样性规划)

四、生物多样性保护的措施与生态管理对策

五、珍稀濒危植物的保护与对策

第九章　古树名木保护

第十章　专项规划

城市防灾避险功能绿地规划、绿地景观风貌规划、生态修复规划、立体绿化规划等

第十一章　分期建设规划

城市绿地系统规划分期建设可分为近、中、远三期。在安排各期规划目标和重点项目时,应

依城市绿地自身发展规律与特点而定。近期规划应提出规划目标与重点,具体建设项目、规模和投资估算;中、远期建设规划的主要内容应包括建设项目、规划和投资估算等。

　　第十二章　实施措施

　　分别按法规性、行政性、技术性、经济性和政策性等措施进行论述。

　　第十三章　附录、附件

3)规划图则

　　(1)城市区位关系图

　　(2)现状图　包括城市综合现状图、建成区现状图和各类绿地现状图以及古树名木和文物古迹分布图等。

　　(3)城市绿地现状分析图

　　(4)规划总图

　　(5)市域大环境绿化规划图

　　(6)绿地分类规划图　包括公园绿地、防护绿地、广场用地、附属绿地和区域绿地规划图等。

　　(7)近期绿地建设规划图　图纸比例与城市总体规划图基本一致,一般采用1:5 000～1:25 000;城市区位关系图宜缩小(1:10 000～1:50 000);绿地分类规划图可放大(1:2 000～1:10 000);并标明风玫瑰。绿地分类现状和规划图(如生产绿地、防护绿地和其他绿地等)可适当合并表达。

4)基础资料汇编

　　第一章　城市概况

　　第一节　自然条件

　　地理位置、地质地貌、气候、土壤、水文、植被与主要动、植物状况

　　第二节　经济及社会条件

　　经济、社会发展水平、城市发展目标、人口状况、各类用地状况

　　第三节　环境保护资料

　　城市主要污染源、重污染分布区、污染治理情况与其他环保资料

　　第四节　城市历史与文化资料

　　第二章　城市绿化现状

　　第一节　绿地及相关用地资料

　　一、现有各类绿地的位置、面积及其景观结构

　　二、各类人文景观的位置、面积及可利用程度

　　三、主要水系的位置、面积、流量、深度、水质及利用程度

　　第二节　技术经济指标

　　一、绿化指标

　　1.人均公园绿地面积;

　　2.建成区绿化覆盖率;

　　3.建成区绿地率;

　　4.人均绿地面积;

　　5.公园绿地的服务半径;

6.公园绿地、风景林地的日常和节假日的客流量。

二、生产绿地的面积、苗木总量、种类、规格、苗木自给率

三、古树名木的数量、位置、名称、树龄、生长情况等

第三节　园林植物、动物资料

一、现有园林植物名录、动物名录

二、主要植物常见病虫害情况

第三章　管理资料

第一节　管理机构

一、机构名称、性质、归口

二、编制设置

三、规章制度建设

第二节　人员状况

一、职工总人数(万人职工比)

二、专业人员配备、工人技术等级情况

第三节　园林科研

第四节　资金与设备

第五节　城市绿地养护与管理情况

案例分析

第4章案例分析

邳州市城市绿地系统规划(2016—2030)

具体内容扫旁边二维码学习。

思考与练习

1.简述城市绿地系统规划的主要内容。

2.城市绿化指标的作用有哪些?制订城市绿化指标时应考虑哪些因素?

3.城市绿地布局的基本形式有哪些?确定城市绿地布局时应遵循哪些原则?

4.城市树种规划包括哪些内容?规划时应遵循哪些原则?

5.简述保护城市生物多样性的意义和途径。

实　训

1)实训目标

(1)通过资料查阅,学习国内外优秀的城市绿地系统规划实例,加深对城市绿地系统规划知识的了解,开阔眼界。

(2)能利用所学知识,对某一城市的绿地系统规划做出评价,并对其完善提高提出自己的意见和建议。

(3)基本掌握城市绿地系统规划的编制方法,基本具备城市绿地系统规划的编制能力。

2)实训任务

试以你熟悉的某一城市为例,在现场调查和资料分析的基础上,对其绿地系统规划做一评

价,并对其完善提高提出自己的意见和建议。

3) 实训要求

(1) 选择你熟悉的某一城市,收集其绿地系统规划、城市总体规划、城市土地利用规划等相关文献资料。

(2) 通过资料查阅和现场调查,了解调研当地的气候、土壤、地质条件等自然环境、历史文化特征、社会经济发展概况、环境保护概况、城市园林绿化发展情况等。

(3) 认真阅读该市的城市绿地系统规划,结合相关情况,运用所学知识对该城市的绿地系统规划进行评价。

(4) 完成该城市的绿地系统规划评价报告,字数不少于 3 000 字,评价要结合本章所学知识,有理有据,条理清晰,图文并茂。

5 公园绿地规划

[本章导读]本章共分三节,分别是公园绿地规划的基本理论、各类公园绿地规划、公园绿地规划案例。本章概述了公园绿地规划的概念、发展现状、类型、功能,再具体介绍各类公园绿地规划设计的基本原则、工作流程、相关方法和成果要求,最后选取了国内外优秀公园绿地规划案例以供参考。

5.1 公园绿地规划的基本理论

5.1 微课

公园是供人民群众游览、休息、观赏、开展文化娱乐和社交活动、体育活动的优美场所,是反映城市园林绿化水平的重要窗口,在城市各类绿地中常居首要地位。

公园中具有优美的环境,郁郁葱葱的树丛,赏心悦目的花果,如茵如毡的草地,还有形形色色的小品设施,不仅在式样色彩上富有变化,而且环境宜人,空气清新,到处莺歌燕舞,鸟语花香,风景如画,可使游人平添耳目之娱,尽情享受大自然的诱人魅力,从而振奋精神,消除疲劳,忘却烦忧,促进身心健康。

公园中的游乐、体育等各种设施,也是居民联欢、交往的媒介,特别是青少年和老年人锻炼身体的好地方。通过共同的游乐、运动、竞赛、艺术交流等活动,不断地增进市民间的友谊。

公园中的科普、文化教育设施和各类动植物、文化古迹等,可使游人在游乐、观赏中增长知识,了解历史,热爱社会,热爱祖国,所以它是精神文明建设的重要课堂。

公园中设有开旷的绿地、水面、大片树林,也是市民们防灾避难的有效场所。

随着中国城市的发展,工业交通的繁忙,人口的集中和密度的增大,城市人民对公园的需要越来越迫切,而对公园规划设计的要求也越来越高。

5.1.1 公园概述

1)公园的发生与发展

公元前1171年,中国周文王之囿当称为世界最早的公园。孟子曰"刍荛者往焉,雉兔者往焉"。可见当时的帝王之囿已向庶民开放,共同使用。

古希腊,城市中的广场(agora)为市民共同生活或祭典使用。古罗马也有为市民共同活动的中心广场(forum)和公共剧场(colosseum),都是较早出现的公园雏形。

中世纪,城市外面的田园地带(guid),也是为市民野外休养使用的公园形式。

近代,文艺复兴时代庄苑(villa),如路易十四大面积的凡尔赛宫,已有公园的精髓。

19世纪前,英国及法国建立了近代公园。特别是公元1822—1903年,美国的中央公园

(Central Park)340 hm²,突出了田园风光,并联系市内大小公园绿地形成公园系统,为纽约市民游憩使用。

英国19世纪中,城市公园的设置就被法定,1898年Ebenezer Howard提出了"田园城市"(garden city),把市郊土地定为"田园地带"(permanent agricultural or rural belt),受到世界各国城市规划者的采纳。

德国城市的分区园(kleingartenbewegung),改变了生产粮食的方向,设置了儿童乐园、运动场、日光浴场、鸟类保护区、示范庭等,从而成了公园。

日本从1875年(明治6年),以旧寺庙为中心开放了浅草公园、芝公园、上野公园、深川公园、飞鸟山公园等,以1903年建的日比谷公园最为突出。

近代公园在中国出现是1868年上海的"公花园"(黄浦公园)、虹口公园、法国公园(复兴公园)、极斯非尔公园(中山公园)等,当时只是为少数外国殖民者和"高等华人"服务而已。1906年无锡筹资兴建"锡金花园"(城中公园)。辛亥革命后,有广州越秀公园、汉口的市府公园(中山公园)、北平的中央公园(中山公园)、南京的玄武湖公园、杭州的中山公园、汕头的中山公园等。

2)公园的类型

(1)中国公园类型 目前中国各大、中、小城市所设的公园类型很多。如从所属的关系来分,有:县属公园、区属公园、市属公园、省属公园、国家公园等;从所处的位置分,有:居住区的近邻公园、市内公园、郊外公园、海上公园、空中公园、水下公园等;由于公园的性质不同又可分为:文化休息公园、儿童公园、动物园,植物园、体育公园、纪念性公园(陵园)、古典园林、遗址公园等。在2017年国家颁布的《城市绿地分类标准》中根据各种公园绿地的主要功能和内容,将其分为以下几类:综合公园、社区公园、专类公园(儿童公园、动物园、植物园、历史名园、游乐园、其他专类公园等)、游园。

(2)国外公园分类

①美国 a.儿童游戏场(children's playgrounds);b.近邻运动公园(neighborhood playfield—parks,or neighborhood recreation parks);c.特殊运动场,如田径场、高尔夫球场、海滨游泳场、露营地等;d.教育公园(educational—recreational areas),如动物园、植物园、标本园、博物馆;e.广场(ovals,triangles and other odds and ends properties);f.近邻公园(neighborhood parks);g.市区小公园(downtown squares);h.风致眺望公园(scenic outlook parks);i.水滨公园(waterfront landscaped rest,scenic parks);j.综合公园(large landscapedrecreationparks);k.保留地(reservations);l.道路公园与公园道路(boulevards and park ways)。

②德国 a.郊外森林及森林公园;b.国民公园(volks park);c.运动场及游戏场;d.各种广场(platze);e.有行道树的修饰道路;f.郊外的绿地;g.运动设施;h.小菜园(kaleyard)。

5.1.2 公园规划设计的概念和布局形式

1)公园规划设计的概念

公园规划设计是在功能性和艺术性指导下,实现某地美好园林设想的创作过程,即从设想到作成图和文字说明书,按照设计图施工直到建成和使用管理,为公园规划设计的全过程。公园规划是设想可能性的调查和分析,它具有全局性和指导性意义;其设计是实现规划的手段,它是指导园林局部施工设计和建设的依据。

2)公园布局的基本形式与内容

公园的布局形式多种多样,但总的来说有3种。

(1)规则式　规则式公园又称为整形式、几何式、建筑式、图案式。它是以建筑或建筑式空间布局作为主要风景题材的。它有明显的对称轴线,各种园林要素都是对称布置。它具有庄严、雄伟、自豪、肃静、整齐、人工美的特点。但是,它也有过于严整、呆板的缺点。如18世纪以前的埃及、希腊、罗马等西方古典园林、文艺复兴时期的意大利台地建筑式园林、17世纪法国勒诺特平面图案式花园及我国北京天安门广场等都是采用这种形式。

(2)自然式　自然式的公园又称为风景式、山水式、不规则式。这种形式的公园无明显的对称轴线,各种要素自然布置。这种创造手法是效法自然,服从自然,但是高于自然,它具有灵活、幽雅的自然美。其缺点是不易与严整、对称的建筑、广场相配合。如中国古代的苏州园林、颐和园、承德避暑山庄、杭州西湖等。在内容方面两者不同之处见表5.1。

表5.1　公园布局的基本形式

基本要素	规则式	自然式
地形地貌	平原地区,标高不同的水平面或平缓的倾斜平面。在山地丘陵上,以阶梯式水平台地倾斜平面或石级表示,剖面线均为直线	平原,自然起伏的和缓地形与人工起伏的土丘相结合。山丘,用自然地形地貌,一般不作人工阶梯地形改造,对原破碎割切的地形地貌人工整理后使其自然,一般剖面均为和缓曲线
水体	外形轮廓为几何形整齐式驳岸。水景的类型:整形水池、壁泉或整形瀑布,常用喷泉作为水景主题	外形轮廓为自然曲线,水岸为各种自然曲线的倾斜坡度,驳岸多为自然山石。水景有溪涧、河流、自然瀑布、池沼。常以湖泊为主题,瀑布为水景主题
建筑	个体建筑群、组群以中轴对称的手法布置。主轴和副轴系统控制全园	个体建筑常用对称或不对称均衡布局。建筑群、组群多用不对称均衡布局。以连续序列布局的主要导游线控制全园
道路广场	道路为直线、折线、几何曲线、方格形、环状、放射形、中轴对称布局,广场外形为几何形,四周用建筑、林带、树墙包围,形成封闭空间	道路平面和剖面为自然起伏曲折的平面线和竖曲线组成。外形为自然形
植物	园内花卉布置以花坛为主。树木配植有行列式、对称式。用绿篱、绿墙区划组织空间。单株树木整形修剪,模拟建筑、动物等	花卉、孤立树、树丛、树群、树林等自然布置或分隔空间。树木整形模拟自然苍老,反映树木的自然美
其他景物	以盆树、盆花、饰瓶、雕像作为主要景物,布置在轴线交点上	多以盆景、假山、动物雕像等来创造主要景物,布置在透景线交点上

(3)混合式　混合式是把规则式和自然式的特点融为一体,而且这两种形式与内容在比例上相近。

由于地形、水体、土壤气候的变化,环境的不一,公园规划实施中很难做到绝对规则式和绝对自然式。往往对建筑群附近及要求较高的园林种植类型采用规则式进行布置,而在远离建筑群的地区,自然式布置则较为经济和美观,如北京中山公园、广东新会城镇文化公园。在规划中,如果原有地形较为平坦,自然树木少,面积小,周围环境规则,则以规则式为主。如果在原有地形起伏不平或丘陵、水面和自然树木较多处,面积较大,周围环境自然,则以自然式为主。林荫道、建筑广场、街心公园等多以规则式为主;大型居住区、工厂、体育馆、大型建筑物四周绿地则以混合式为宜;森林公园、自然保护区、植物园等多以自然式为主。

5.1.3 公园规划设计的规范

1)公园规划设计的依据

公园的规划设计以国家、省、市有关城市园林绿化方针政策、国土规划、区域规划、相应的城市规划和绿地系统规划作为依据。

2)公园规划设计的原则

①为各种不同年龄的人们创造适当的娱乐条件和优美的休息环境。

②继承和革新中国造园传统艺术,吸收国外先进经验,创造社会主义新园林。

③充分调查了解当地人民的生活习惯、爱好及地方特点,努力表现地方特点和时代风格。

④在城市总体规划或城市绿地系统规划的指导下,使公园在全市分布均衡,并与各区域建筑、市政设施融为一体,又显出各自的特色,富有变化而又不相互重复。

⑤因地制宜充分利用现状及自然地形,有机组合,便于分期建设和日常管理。

⑥正确处理近期规划与远期规划的关系,以及社会效益、环境效益、经济效益的关系。

3)公园面积指标及游人容量计算

公园的面积大小由城市总体规划和该市的绿地系统规划中分配的面积而定。一般与该公园的性质、位置关系密切。市级综合性公园面积应大于 $10 \ hm^2$;区级、县级公园的面积可以适当小些。

公园游人容量,即公园的游览旺季(节日)游人高峰每小时的在园人数,它是公园的功能分区、设施数量、内容和用地面积大小的依据。其计算方法如下:

$$C = A_1/A_m$$

式中　　C——公园游人容量(人);

　　　　A_1——公园硬质活动场地面积(m^2);

　　　　A_m——公园游人人均占有硬质活动场地面积(m^2/人),包括道路、铺装、亭廊、服务建筑等,近期(5年)30 m^2/人,特殊情况不少于15 m^2/人,远期(20年)60 m^2/人。

公园的容人量为服务区范围居民人数的15% ~20% ,50万人口的城市公园游人容量应为全市居民人数的10% 。

4)公园规划的面积标准

功能不同、国别不同,则公园规划的面积标准各异。

(1)美国有关公园类型的面积标准　1923年美国娱乐休养协会的标准是50万人口的城市为100人4 047 m^2(40.47 m^2/人);超过100万人以上的城市,则为300人4 047 m^2(13.49 m^2/人);距人口中心向外乘车2 h范围内,则1人分配80 m^2,其中40 m^2为市民日常利用,另外40 m^2为地方性自然公园及其他保存绿地。最低标准,校园及游戏运动场每1 000人应有12 141 m^2(约12 m^2/人)。市街公园每1 000人应有40 470 m^2(40 m^2/人)。地方公园、游戏运动场、沿海游泳场、钓鱼场在半径75英里(120 km)内,每1 000人应为80 940 m²(80 m²/人)。

(2)英国有关公园的面积标准　运动场协会1929年公布城市公园绿地标准为每1 000人应有32 376 m²(32.28 m²/人)。32 376 m²中公园绿地占20 235 m²(20.24 m²/人);私有庭园绿地12 141 m²(12.14 m²/人);其中公园绿地以4/5作运动场,以1/5作一般公园。伦敦的公园面积达到25 m²/人。

(3)德国有关公园的面积标准　按人口计算,标准为20~30 m²/人,按面积计算,则以10%面积率为标准(表5.2)。

表5.2　柏林城市规划中依建筑层数所定每人最小公园面积

建筑楼房层次	建地占总面积率/%	公园及运动场/m²	分区园/m²	永续森林/m²	合计/m²
2	20~30	4	0	13	17
3	36~40	5	3	13	21
4	40~50	6	6	13	25
5	50~60	7	9	13	29

(4)日本　日本政府的城市公园法施行令规定:城市公园所要面积标准为6 m²/人以上。

(5)中国　公园的面积大小由城市总体规划和该市的绿地系统规划中分配面积而定。一般与该公园的性质、位置关系密切。市级综合性文化休息公园面积应大于10 hm²,区级、县级公园的面积可以适当小些。城市中各类公园的总面积,反映了城区绿地的水平。要使游人在公园中休息好,标准为不少于60 m²/人为宜。如果以城市人口1/10数量到公共绿地中休息,则全市平均每人应需公共绿地6 m²,方可满足全市人民游园的需要。

5)公园规划内容

公园规划设计的各个阶段都有一整套设计图纸、分析计算图表和文字说明。一般包括以下内容:

(1)现状分析　对公园用地的情况进行调查研究和分析评定,为公园规划设计提供基础资料。

①公园在城市中的位置,附近公共建筑及停车场地情况,游人的主要人流方向、数量及公共交通的情况,公园外围及园内现有的道路广场情况、性质、走向、标高、宽度、路面材料等。

②当地多年积累的气象资料,每月最低的、最高的及平均的气温、水温、湿度、降水量及历年最大暴雨量,每月阴天日数,风向和风力等。

③用地的历史沿革和现在的使用情况。

④公园规划范围界线,周围红线及标高,园外环境景观的分析、评定。

⑤现有园林植物、古树、大树的品种、数量、分布、高度、覆盖范围、地面标高、质量、生长情况、姿态及观赏价值的评定。

⑥现有建筑物和构筑物的立面形式、平面形状、质量、高度、基地标高、面积及使用情况。

⑦园内及公园外围现有地上地下管线的种类、走向、管径、埋置深度、标高和柱杆的位置高度。

⑧现有水面及水系的范围,水底标高、河床情况、常年水位、最高及最低水位、历史上最高洪

水位的标高、水流的方向、水质及岸线情况,地下水的常年水位及最高、最低水位的标高,地下水的水质情况。

⑨现有山峦的形状、坡度、位置、面积、高度及土石的情况。

⑩地貌、地质及土壤情况的分析评定,地基承载力,内摩擦角度、滑动系数、土壤坡度的自然稳定角度。

⑪地形标高坡度的分析评定。

⑫风景资源与风景视线的分析评定。

(2)全园规划 确定整个公园的总布局,对公园各部分做全面的安排。常用的图纸比例为1∶1 000或1∶2 000。

①公园的范围、公园用地内外分隔的设计处理与四周环境的关系、园外借景或障景的分析和设计处理。

②计算用地面积和游人量,确定公园活动内容、需设置的项目和设施的规模、建筑面积和设备要求。

③确定出入口位置,并进行园门布置和汽车停车场、自行车停车棚的位置安排。

④公园活动内容的功能分区,活动项目和设施的布局,确定园林建筑的位置和组织建筑空间。

⑤划分景区,确定景点或"园中园"的内容及位置。

⑥公园河湖水系的规划,水底标高、水面标高的控制,水工构筑物的设置。

⑦公园道路系统、广场的布局及组织导游线。

⑧规划设计公园的艺术布局、安排平面及立面的构图中心和景点、组织风景视线和景观空间。

⑨地形处理、竖向规划,估计填挖土方的数量、运土方向和距离,进行土方平衡。

⑩园林工程规划、护坡、驳岸、挡土墙、围墙、水塔、水工构筑物、变电间、厕所、化粪池、消防用水、灌溉和生活给水、雨水排水、污水排水、电力线、照明线、广播通信线等管网的布置。

⑪植物群落的分布、树木种植规划、制定苗木计划、估算树种规格与数量。

⑫公园规划设计意图的说明、土地使用平衡表、工程量计算、造价概算、分期建园计划。

(3)详细设计 在全园规划的基础上,对公园的各个地段及各项工程设施进行详细的设计。常用的图纸比例为1∶500或1∶1 000。

①主要出入口、次要出入口和专用出入口的设计:园门建筑、内外广场、服务设施、园林小品、绿化种植、市政管线、室外照明、汽车停车场和自行车停车棚等的设计。

②各功能区的设计:各区的建筑物、室外场地、活动设施、绿地、道路广场、园林小品、植物种植、山石水体、园林工程、构筑物、管线、照明等的设计。

③园内各种道路的走向、纵横断面、宽度、路面材料及做法、道路中心线坐标及标高、道路长度及坡度、曲线及转弯半径、行道树的配置、道路透景视线。

④各种园林建筑初步设计方案,平面、立面、剖面、主要尺寸、标高、坐标、结构形式、建筑材料、主要设备。

⑤各种管线的规格、管径尺寸、埋置深度、标高、坐标、长度、坡度或电杆灯柱的位置、形式、高度,水、电表位置,变电或配电间、广播室位置、广播喇叭位置,室外照明方式和照明点位置,消防栓位置。

⑥地面排水的设计:分水线、汇水线、汇水面积、明沟或暗管的大小、线路走向、进水口、出水

口和窨井位置。

⑦土石、石山设计:平面范围、面积、坐标、等高线,标高、立面、立体轮廓、叠石的艺术造型。

⑧水体设计:河湖的范围、形状、水底的土质处理、标高,水面控制标高、岸线处理。

⑨各种建筑小品的位置、平面形状、立面形式。

⑩园林植物的品种、位置和配置形式:确定乔木和灌木的群植、丛植、孤植及绿篱的位置,花卉的布置,草地的范围。

(4)植物种植设计　依据树木种植规划,对公园各地段进行植物配置。常用的图纸比例为1∶500或1∶200,包括以下内容:

①树木种植的位置、标高、品种、规格、数量。

②树木配置形式:平面、立面形式及景观,乔木与灌木、落叶与常绿、针叶与阔叶等的树种组合。

③蔓生植物的种植位置、标高,品种、规格、数量、攀缘与棚架情况。

④水生植物的种植位置、范围、水底与水面的标高、品种、规格、数量。

⑤花卉的布置:花坛、花境、花架等的位置、标高、品种、规格、数量。

⑥花卉种植排列的形式:图案排列的式样,自然排列的范围与疏密程度,不同的花期、色彩、高低,草本与木本花卉的组合。

⑦草地的位置、范围、标高、地形坡度、品种。

⑧园林植物的修剪要求,自然的与整形的形式。

⑨园林植物的生长期,速生与慢生品种的组合,在近期与远期需要保留、疏伐与调整的方案。

⑩植物材料表:品种、规格、数量、种植日期。

(5)施工详图　按详细设计的意图,对部分内容和复杂工程进行结构设计,制订施工的图纸与说明,常用的图纸比例为1∶100,1∶50或1∶20。内容包括:

①给水工程:水池,水闸、泵房、水塔、水表、消防栓、灌溉用水的水龙头等的施工详图。

②排水工程:雨水进水口、明沟、窨井及出水口的铺饰,厕所化粪池的施工图。

③供电及照明:电表、配电间或变电间、电杆,灯柱、照明灯等施工详图。

④广播通信:广播室施工图,广播喇叭的装饰设计。

⑤煤气管线、煤气表具。

⑥废物收集处、废物箱的施工图。

⑦护坡、驳岸、挡土墙、围墙、台阶等园林工程的施工图。

⑧叠石、雕塑、栏杆、踏步、说明牌、指路牌等小品的施工图。

⑨道路广场硬地的铺饰及回车道、停车场的施工图。

⑩园林建筑、庭院、活动设施及场地的施工图。

(6)编制预算及说明书　对各阶段布置内容的设计意图、经济技术指标、工程的安排等用图表及文字形式说明。

①公园建设的工程项目、工程量、建筑材料、价格预算表。

②园林建筑物、活动设施及场地的项目、面积、容量表。

③公园分期建设计划,要求在每期建设后,在建设地段能形成园林的面貌,以便分期投入使用。

④建园的人力配备:工种、技术要求、工作日数量、工作日期。

⑤公园概况:在城市园林绿地系统中的地位、公园四周情况等的说明。

⑥公园规划设计的原则、特点及设计意图的说明。

⑦公园各个功能分区及景色分区的设计说明。

⑧公园的经济技术指标:游人量、游人分布、人均用地面积及土地使用平衡表。

⑨公园施工建设程序。

⑩公园规划设计中要说明的其他问题。

为了表现公园规划设计的意图,除绘制平面图、立面图、剖面图外,还应绘制轴测投影图、鸟瞰图、透视图和制作模型,以便更形象地表现公园设计的内容。

5.1.4 公园规划设计的步骤

由于公园绿地的功能日益增多,造园技术日益复杂,在实际工作中常常是统一规划,分工协作。如园林规划负责公园的总体规划(包括公园范围、大门入口、功能分区、道路系统、绿化规划等),园林工程负责公园的各项工程的规划与设计(如给排水、供电、广播通信、护坡、驳岸等),园林植物负责公园的绿化规划和种植设计。但对一些面积较小、设施较简单的公园绿地,则可统一进行。公园规划设计通常有以下4个阶段。

1)深入探讨目的

公园规划设计时,无论是多么简单的设计,也要具备很多条件,何况建设数十公顷乃至数百公顷的市区级综合性公园,它的条件可以说是无数的。这些条件大致分为3类,即:建设公园的目的,为实现目的的可能受到的种种限制,解决问题的方法。

(1)明确目的 目的这个词在这里可以理解为公园的功能。公园的功能不仅指游憩、观赏、利用的效果,而且还包括环境保护、美化环境等环境效益。

努力理解和认识目的性,从设计之初到设计的各个阶段也都是非常必要的。公园的设置目的通常是从综合利用的角度来考虑的。例如,某城市决定在市区内建一个纪念性公园,但规划时不仅要求突出其纪念性这一主题,有时亦会要求在园址上同时设置儿童游戏场或风景游憩区等,如长沙烈士公园、南京雨花台烈士陵园等。这里所说的明确目的、评价目的以及对它们进行适当的安排,本身就是一种设计。

同时,必须收集、整理为实现目的所必需的资料,如计划在哪个纪念性公园里设置一个儿童游戏场,它的面积、位置、设施的种类如何,它和纪念区如何协调,空间如何过渡等,对这些问题都要深入细致地进行分析,并加以调整。

(2)明确限制 即使明确了公园的设置目的,但设计能否满足要求,达到标准,还取决于是否了解各种限制因素。切合实际的设计应该是在限制因素的范围内加以考虑。

①预算的限制:在现实情况下任何工程费用不受限制是不可能的。城市公园的建设投资一般多由国家拨款(也有个人、集体投资兴建的),且款额有限,因此,设计时不仅要了解公园规划设计的任务情况、建园的审批文件、征收用地的情况,还应了解建设单位的特别要求、经济能力、管理能力等。

②公园用地和环境的限制:为明确限制需进行以下调查:

a.自然环境调查:气象、地形、地质、土壤、水系、植物、动物、景观的个性。

b.人文环境调查:历史、土地利用、道路、上下水管道等的现况和规划及其在整体规划中的地位、材料及资料,技术人员,施工机械状况。

c.用地现况调查：方位、坡度、边界线、土地所有权、建筑物的位置,高度、式样、个性、植物、土壤、日照时间、降水量、地下水位,遮蔽物和风、恶臭、噪声、道路、煤气,电力、上水管道、排水、地下埋设物、交通等。

d.利用者的要求调查：功能的要求(主要使用方式),美的要求(内容与形式),利用的界限条件(时间、地点、年龄)。

以上调查应达到怎样的精度,可根据现有资料的状况、预算及时间的限制、设计精确度要求等的不同来确定。需要注意的是,在调查过程中不仅要重视设计中的有利因素,还要仔细考虑设计中的不利因素。

③技术的限制：为了满足公园设计的目的,要了解选用什么样的设施和材料,什么结构才能达到安全、经济、美观的效果。此外,建筑施工的条件,技术力量和建筑材料的供应情况等都应考虑。特别是植物配置,不仅要考虑气候等因素对植物的限制,还应考虑园地的土质、地下水位、病虫害等的限制。

④政策、法规的限制：国家在公园建设中制定了有关的方针、政策以及主管部门提出的一些具指导意义的建议等。如公园建设应以植物造景为主,公园中建筑物的占地比例为公园陆地总面积的 1%～3% 等。

以上4条限制就是设计的前提条件。对此,如果不努力加以研究和分析,中途就会发生大的变动或返工。

(3)出色的公园设计手法 很好地掌握了公园设计的目的,即使做完了各种调查,也将是一些杂乱的资料,这时如何把它们归纳在一个系统的设计之下,则是设计的关键。为此,了解相似的优秀的公园设计实例,对于开阔设计思路,提高设计能力是十分有益的。同类的公园即使其规模和设施不同,但也有很多的共同点。无论是综合性公园、儿童公园、植物园或动物园、纪念性公园,都有很多优秀的实例,这都是前人的努力和经验积累的成果。了解这些实例,不是生搬硬套,而是要了解它的来龙去脉、成功的经验和不足之处,以此作为自己设计的借鉴。同时,还可以参观其他同类的公园,看看他们解决问题的手法。有条件时,应多翻阅一下世界各国,尤其是公园建设水平较高的国家此类公园的设计手法。

2) 资料的整理和评价

在第一阶段,已经收集了有关公园设计目的的资料和对设计的限制资料,以及同类公园实例的资料。但这些都是孤立的资料,本阶段就是要对它们进行整理和评价,为后面的规划设计工作打下基础。

在调查设计的过程中收集到的资料,都是设计所必需的。但其重要程度及其相互之间的关系并不太明确。哪个资料重要,哪个资料次要,以及如何利用这些资料为设计工作服务等具体问题,往往使初搞设计的人束手无策,颇感头痛。其实,解决问题的方法很简单,即在充分理解造园目的的基础上,对广泛收集的资料进行归纳、整理,并从功能和造景两方面对所掌握的资料进行科学、合理的评价。由于各种公园自然条件等的差异,其评价工作亦不相同,现作简单介绍,仅供参考：

(1)平地 土质稳定,靠近城市街道的平地;可作文体活动的场地或缓坡地;可作活动场地或风景游憩地的沙石地面;视线开阔,临近水面的平地、缓坡地。

(2)水面 可供划船的河;可供游泳的江;可供饮用的井、泉,可供观赏、借景的湖、海、水库等,可供造景的山塘、溪流。

（3）山地　视线开阔的眺望点，较为平坦的台地或鞍部，形状奇特的山峰、怪石，幽静、清新的山间谷地。

（4）植物　观赏价值高的古树名木，可供休息、活动的疏林地，林相较好的树丛、树林，季相变化明显、观赏价值高的大片树林，生长较好的乡土树种，野生花卉资源。

（5）道路　可供利用的简易公路，富有野趣的山间小路，有观赏利用价值的小桥、汀步。

（6）文化，历史　历史悠久的名胜古迹，影响较大的民间传说，浓郁奇特的风土民情。

（7）其他　富有地方特色的建筑形式，特有的动物资源；气象因子（日光、月光、冰雪等）的景观效果；城市的市花、市树。

3）方案设计

（1）基本构思

①基本构思：所谓基本构思，就是指设计开始阶段，在头脑中要进行一定的酝酿，对方案总的发展方向有一个明确的意图，这和绘画创作中的"立意"或"意在笔先"的意思是一样的。在园林设计中，基本构思的好坏对整个设计的成败有着极大的影响，特别是一些复杂的设计，面临的矛盾和各种影响因素很多，如果在一开始就没有一个总的设计意图，那么，在以后的工作中就很难主动地掌握全局。如果开头的基本构思妥善合理，局部的缺点就很容易克服。相反，一开始就在大方向上失策，则很难在后来的局部措施上加以补救，甚至会造成整个设计的返工和失败，因此，从设计开始，就要有意识地注意这方面的锻炼，这是十分必要的。

②徒手绘草图：徒手绘草图，在园林规划设计中一般有两种形式，即铅笔草图和彩色水笔草图。

a. 铅笔草图：徒手绘制铅笔草图，是学习园林设计必须掌握的一项基本功。一些初学者常常以为徒手画图缺乏准确性或因不习惯而不能坚持，这是不对的。其实，绘制园林草图，并不是单纯地制图。在这过程中，设计者一面动手画图，一面思考设计中的问题，手、眼、脑并用，它们之间要求具有最敏捷的联系，使用铅笔徒手绘图，就有这种好处。用软铅笔（B—2B）徒手画出的线条，要远比使用硬铅笔和尺画出的线条富于灵活性和伸缩性，而且可以通过对软铅笔的轻重、虚实的控制进行推敲和改动，这样就可以使设计者在较短的时间内最有效地把设计的主要意图表现出来。

b. 彩色水笔草图：彩色水笔因其色鲜醒目，书写流利，而逐渐被用作方案草图。其优点是：美观、醒目、画图快，但画错后影响整体效果。因此，下笔需准确。在实际工作中常常用于画正式草图。

在彩色水笔草图中，为了醒目地区分园林各要素，可采用不同的颜色来表示，如：红色表示建筑物、构筑物、建筑小品等；绿色表示植物；天蓝色表示水面；棕色表示道路、广场、山石、等高线等；深蓝色表示边界等。

无论是用铅笔，还是用彩色水笔做方案时，都要使用半透明的草图纸（又叫拷贝纸）。因为任何一种方案构思的开始阶段，总难免有所欠缺，且不可将其轻易否定，也不应在同一张草图纸上做过多的修改或者擦掉重画。而应用草图纸逐张地蒙在原图上修改，不但可使设计的思路得以连贯的发展，而且有利于设计工作由粗到细地逐步深入下去。

（2）做方案　这个阶段对设计者来说，付出的心血最多，但所得的喜悦也最大。此时的任务主要是通过绘制大量的草图，把自己的基本构思表现出来，并根据手中掌握的资料，将设计不断地深入下去，直至最后作出自己认为较为满意的基本设计方案。

具体做法如下：

①由平面图开始：设计草图一般可由平面图开始，因为公园绿地的基本功能要求在其平面图里反映得最为具体，如功能分区、道路系统以及景区、景点、各景物之间的联系等，这些都是规划设计中将要遇到和考虑的问题。有经验的设计者在画平面图的同时，对其立面、剖面及总的景观已有相应的设想，对初学者来说，由于还缺少锻炼，空间和立体的概念不强，难以做到这一点。因此，可在开始动手的一段时间内先把主要力量放在平面图的研究上。

②画第一张草图：用半透明的草图纸蒙在所设计的公园现状图（或地形图）上，根据基本构思的情况，在草图纸上按照大致的尺寸和园林平面图的图例徒手描画。通过描画，即可产生第一张平面草图。第一张草图势必有不少的毛病，甚至称不上一个方案，但无论如何，它已经开始把设计者的思维活动第一次变成了具体的图纸形象。

③分析描绘：通过对第一张草图的分析，找出问题（如：道路坡度太大，水池形状太简单等），便可很快地用草图纸蒙在它上面进行改进，绘出第二张、第三张、第四张草图，每一张草图又有 A、B 的不同比较。通过描画比较，将好的方案继续作下去，使设计工作从思维到形象，又从形象到思维，不断往复深入下去。

④平、立、剖配合：公园绿化设计的平面不是孤立存在的，每一种平面的考虑实际上都反映着立面或剖面的关系。因此，对平面做过初步的考虑后，还应从平、立、剖三方面来考虑所设计的方案。同时，还可以试着画一些鸟瞰图或透视图，或做些简单的模型，这对初学者学习如何从平、立、剖整体去考虑问题很有好处。

⑤方案比较：画过一遍平、立、剖面图后，表示设计者已经初步接触到了公园绿地各方面的问题，对各种关系有了比较全面的了解，这时应集中力量做更多的方案尝试，探讨各种可能性。最后可将所做方案归纳为几类，进行全面的比较，与当初进行目的探讨时的设想对照，明确方案的基本构思，选出自己认为满意的方案（图5.1）。

总之，园林设计是一门综合性很强的工作，它涉及的知识面很广，即使是同一类型的公园绿地，也会因各种具体的变化而有所不同。因此，在设计过程中应广泛听取各方面的意见，这样设计出来的方案，就比较切合实际。

（3）设计方案的选择　方案作成以后，假如是受委托设计的，就要征求委托者的意见。一般需经上级主管部门审批同意后，方可进行各种内容和各个地段的详细设计，包括植物的种植设计等。

当方案定稿后，会提出种种意见，越是涉及根本问题，越不容易接受。可是为了使其成为一个优秀的设计方案，就需要集思广益吸取其合理的因素作为综合比较、修改时的参考。

另一方面，现代社会日趋走向专门化。培养掌握全面业务和有综合能力的设计工作者也越来越困难。俗话说："因小失大"，即不能因为纠正局部错误而贻误全局。应该注意，过分尊重部分专家或领导的意见，有时也会出现使整个设计意图含糊不清的情况，甚至连表现什么都弄不清楚。设计师应该对方案不断地反复观察，推敲与思考规划布置是否合理、优美，整体与局部的处理是否协调统一，特别是对意见分歧较大的问题或对提意见较多的部分进行思考。

4）详细设计

基本设计方案的决定，对设计者来说，只是决定了设计的框架，即总体结构，但它还不是一个可以实践的具体方案。因此，详细设计的主要任务是将已基本确定的方案做进一步的修改和细致的推敲，将前阶段中未及深入考虑的各个局部、细节逐一具体化，并绘制详细设计的各种正式图。

规则式A　　　　自然式B　　　　混合式C　　　　自由式D

A₁　　　　　B₁　　　　　C₁　　　　　D₁

A₂　　　　　B₂　　　　　C₂　　　　　D₂

A₃　　　　　B₃　　　　　C₃　　　　　D₃

图5.1　多方案探讨

大致在1：500的平面测量图及1：50～1：500的断面测量图上确定土地修整,园地、园路、各种设施的边界和设施内容,在纵断面图上绘制立体结构。在这个阶段,才能把第一阶段收集来的并经过整理和评价的资料充分利用。这时,重要的是把设计意图特别是造景意图贯彻到园地、园路、设施和构造物的每个角落。如果忽视这种努力,在公园中将会使河川、道路或苗圃成为不符合实际的水流、园路和树丛。

其次,遇到难解决的问题时,不要只依靠自己迄今所知道的办法轻易地去解决。自己知道的办法可能是一个固定观念,但是否就是解决该问题的最好方法却值得怀疑。最好是调查国内外类似问题的解决方法,或是倾听老前辈的意见,两者都不可能时,就换一种思路重新考虑。

此外,还应编制预算说明书。比例尺的采用应根据设施而定。一般园地或植物种植用的图纸为1：200左右,设施和构造物详图为1：30～1：10,在场地整理方面用纵断面图和挖土、填土的土方量计算书,有关各部分的详图、材料、色彩等,不能用图表示的,要按次序做成说明书。

需要注意的是,在详细设计的过程中,不要忘记公园的设计意图,把每一种材料,每一个构造有效地利用到设计的意图上,该用的用,该去的去,简捷、朴素地完成设计任务。

公园规划设计的步骤根据公园面积的大小、工程复杂的程度,可按具体情况增减。如公园面积很大,则需先有总体规划;如公园面积不大,则公园规划与详细设计可结合进行。

公园规划设计后,进行施工阶段还需制订施工组织设计。在施工放样时,对规划设计结合地形的实际情况需要校核、修正和补充,在施工后需进行地形测量,以便复核整形。有些园林工程内容如叠石、塑石等,在施工过程中还需在现场根据实际情况,对原设计方案进行调整。

5.2 各类公园绿地规划

5.2.1 综合性公园规划设计

5.2.1 微课

综合性公园应包括多种文化娱乐设施、儿童游戏场和安静休憩区,也可设游戏型体育设施。在已有动物园的城市,其综合性公园不宜设大型或猛兽类动物展区。全园面积不宜小于 10 hm²。公园设计必须以创造优美的绿色自然环境为基本任务,并根据公园类型确定其特有的内容。根据城市总体规划和绿地系统规划的要求,对景区的划分、景点的设置、出入口位置、竖向及地貌设计、园路系统、河湖水系、植物配置、主要建筑物及其风格、规模、位置和各专业工程管理系统等,作出综合规划设计。

1) 功能分区规划

依照各区功能上的特殊要求、公园面积大小、与周围环境的关系、自然条件(地形、土壤、水体、植被)、公园的性质、活动内容、设施的安排来进行功能分区规划。

综合性公园的功能分区一般包括科学普及文化娱乐区、体育活动区、儿童活动区、游览休息区(安静休息区)、公园管理服务区等。

(1)科学普及文化娱乐区 该区的功能是向广大人民群众开展科学文化教育,使广大游人在游乐中受到文化科学、生产技能等教育。它具有活动场所多、活动形式多、人流多等特点,可以说是全园的中心。主要设施有展览馆、画廊、文艺宫、阅览室、剧场、舞场、青少年活动室、动物角等。该区应设在靠近主要出入口处,地形较平坦的地方,要求有一定的分隔,平均每人有 30 m² 的活动面积。该区的建筑物要适当集中,工程设备与生活服务设施齐全,布局要有利于游人活动和内务管理。

在地形平坦、面积较大的地方,可采用规则式布局,要求方向明确,有利于游人集散。在地形变化大、平地面积较小的地方,可以采用自然式布局,用园路进行联系,各种功能设施与自然风景相映衬。为了保持公园的风景特色,建筑物不宜过于集中,尽量利用绿化的环境开展各种文艺活动。

(2)体育活动区 该区是为广大群众开展各项体育活动的场所,具有游人多、集散时间短、对其他各项干扰大等特点。其布局要尽量靠近城市主要干道,或专门设置出入口,因地制宜设立各种活动场地,如各种球类、溜冰、游泳、划船等场地,在凹地水面设立游泳池,在高处设立看台、更衣室等辅助设施;开阔水面上可开展划船活动,但码头要设在集散方便之处,并便于停船。游泳的水面要和划船的水面严格分开,以免互相干扰。天然的人工溜冰场按年龄或溜冰技术进行分类设置。

另外,结合林间空地,开设简易活动场地,以便进行武术、太极拳、羽毛球等活动。

(3)儿童活动区 为促进儿童的身心健康而设立的专门活动区。具有占地面积小、各种设施复杂的特色。其中设施要符合儿童心理,造型设计应色彩明快、尺度小。一般儿童游戏场设有秋千、滑梯、滚筒、浪船、跷跷板和电动设施等;儿童体育场应有涉水、汀步、攀梯、吊绳、圆筒、障碍跑、爬山等设施;科学园地应有农田、蔬菜园、果园、花卉等;少年之家应有阅览室、游戏室、展览厅等。

以城市人口的3%计,每人活动面积为 50 m² 来规划该区。该区多布置在公园出入口附近或景色开朗处,在出入口常设有塑像。其布置规划和分区道路以易于识别为宜。按不同年龄划分活动区,可用绿篱、栏杆与其他假山、水溪隔离,防止互相串入干扰活动。

(4)游览休息区　该区主要功能是供人们游览、休息、赏景、陈列或开展轻微体育活动,具有占地面积大、游人密度小(100 m²/人)的特点。

该区应广布全园,特别是设在距出入口较远、地形起伏、临水观景、视野开阔、树多、绿化、美化之处,应与体育活动区、儿童活动区、闹市区分隔。

其中适当设立阅览室、茶室、画廊、凳椅等,但要求艺术性高。特别是在林间可设立简易运动场所,便于老人轻微活动,也可设植物专类园,创造山清水秀、鸟语花香的环境为游者服务。

(5)公园管理服务区　主要功能是管理公园各项活动,具有内务活动多的特点。多布设在专用出入口内部、内外交通联系方便处,周围用绿色树木与各区分隔。

其主要设施有办公室、工作室,要方便内外各项活动。工具房、杂物院,要有利于园林工程建设。职工宿舍、食堂,要方便内务活动。温室、花园、苗圃要求面积大,设在水源方便的边缘地。服务中心要方便对游人服务。建筑小品、路牌、园椅、废物箱、厕所、小食、休息亭廊、电话、问询、摄影、寄存、借游具处、购物店等设施要齐全。

根据公园的性质、服务对象不同,还可进行特殊功能分区。例如,用历史名人典故来分区,有李时珍园、中山陵园、岳飞墓;以景色感受分区,有开朗景区(水面、大草坪)、雄伟景区(树木高大挺拔、陡峭、大石阶)、幽深景区(曲折多变);以空间组合分景区,有园中园、水中水、岛中岛等;用季相景观分区,有春园、夏园、秋园、冬园;以造园材料分区,有假山园、岩石园、树木园等;以地形分区,有河、湖、溪、瀑、池、喷泉、山水等区(图5.2)。

2)公园出入口的设立

公园的范围线应与城市道路红线重合,条件不允许时,必须设通道使主要出入口与城市道路衔接。沿城市主、次干道的市、区级公园主要出入口的位置,必须与城市交通和游人走向、流量相适应,根据规划和交通的需要设置游人集散广场。根据城市规划和公园本身功能分区的具体要求与方便游览出入、有利对外交通和对内方便管理的原则,设立公园出入口。公园出入口有主要出入口(大门)、次要出入口或专用出入口(侧门)。主要出入口,要能供全市游人出入;次要出入口,要能方便本区游人出入;专用出入口,要有利本园管理工作。

公园出入口及主要园路宜便于通过残疾人使用的轮椅,其宽度及坡度的设计应符合《无障碍设计规范》(GB 50763—2012)中的有关规定(表5.3)。

表5.3　公园游人出入口总宽度下限

单位:m/万人

游人人均在园停留时间/h	售票公园	不售票公园
>4	8.3	5.0
1~4	17.0	10.2
<1	25.0	15.0

注:单位"万人"指公园游人容量,单个出入口最小宽度1.5 m;举行大规模活动的公园,应另设安全门。

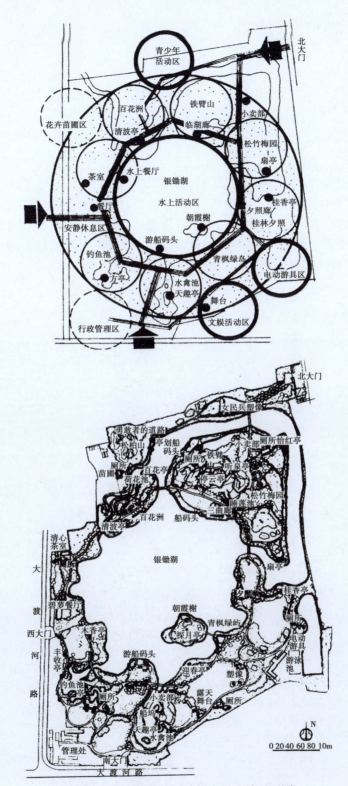

图5.2　上海长风公园功能分区及总平面图

公园出入口总宽度用下式计算：

$$D = \frac{a \cdot t \cdot d}{Q}$$

式中　　D——出入口总宽度，m；

　　　　Q——公园容量，人；

　　　　t——最高进园人数/最高在园人数(转换系数0.5~1.5)；

　　　　d——单股游人进入宽度，m；

　　　　a——单股游人高峰小时通过量(900人)。

出入口的主要设施有：大门建筑、出入口内外广场等。

大门建筑：要求集中、多用途。造型风格要与公园及附近城市建筑风格协调一致。

出入口内外广场：入口前广场要满足游人进园前集散需要，设置标牌，介绍公园季节性特别活动。入口内广场要满足游人入园后需要，设导游图、碑、亭、廊等休息设施。广场布置形式有对称式和自然式，要与公园布局和大门环境相协调一致(图5.3)。

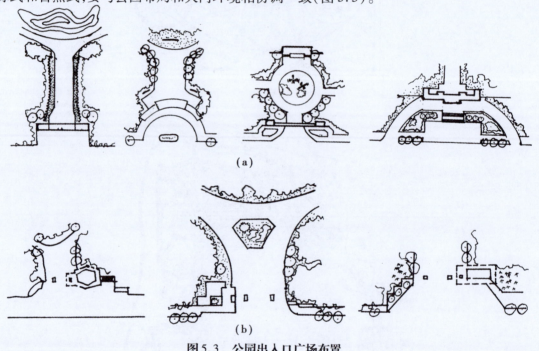

图5.3　公园出入口广场布置
(a)规则对称式　　(b)均衡式

3)园路的分布

各级园路应以总体设计为依据，确定路宽、平曲线和竖曲线的线形以及路面结构。

(1)园路宽度　　见表5.4。

表5.4　园路宽度一览表

园路级别	公园总面积/hm²			
	<2	2~10	10~15	>50
主路/m	2.0~3.5	2.5~4.5	3.5~5.0	5.0~7.0
支路/m	1.2~2.0	2.0~3.5	2.0~3.5	3.5~5.0
小路/m	0.9~1.2	0.9~2.0	1.2~2.0	1.2~3.0

（2）园路线形设计　园路线形设计与地形、水体、植物、建筑物、铺装场地及其他设施结合，形成完整的风景构图，创造连续展示园林景观的空间或欣赏前方景物的透视线。主路纵坡宜小于8%，横坡宜小于3%，粒料路面横坡宜小于4%，纵、横坡不得同时无坡度。山地公园的园路纵坡应小于12%，超过12%应作防滑处理。主园路不宜设梯道，必须设梯道时，纵坡宜小于36%。支路和小路，纵坡宜小于18%。纵坡超15%路段，路面应作防滑处理；纵坡超过18%，宜按台阶、梯道设计，台阶踏步数不得少于2级，纵坡大于58%的梯道应作防滑处理，宜设置护栏设施。经常通行机动车的园路宽度应大于4 m，转弯半径不得小于12 m。园路在地形险要的地段应设置安全防护设施。通往孤岛、山顶等卡口的路段，宜设通行复线；须沿原路返回的，宜适当放宽路面。应根据路段行程及通行难易程度，适当设置供游人短暂休息的场所及护栏设施。园路及铺装场地应根据不同功能要求确定其结构和饰面。面层材料应与公园风格相协调，并宜与城市车行路有所区别。

（3）园路的功能与类型　园路联系着不同的分区、建筑、活动设施、景点，组织交通，引导游览，便于识别方向。同时也是公园景观、骨架、脉络、景点纽带、构景的要素。园路类型有主干道、次干道、专用道、散步道等。

①主干道：全园主道，通往公园各大区、主要活动建筑设施、风景点，要求方便游人集散，通畅、蜿蜒、起伏、曲折并组织大区景观；路宽4~6 m，纵坡8%以下，横坡1%~4%。

②次干道：是公园各区内的主道，引导游人到各景点、专类园。自成体系，组织景观。

③专用道：多为园务管理使用，在园内与游览路分开，应减少交叉，以免干扰游览。

④散步道：为游人散步使用，宽1.2~2 m。

（4）园路布局　公园道路的布局要根据公园绿地内容和游人容量大小来定。要求主次分明，因地制宜和地形密切配合。如山水公园的园路要环山绕水，但不应与水平行，因为依山面水区，活动人次多，设施内容多。平地公园的园路要弯曲柔和，密度可大，但不要形成方格网状。山地公园的园路纵坡12%以下，弯曲度大，密度应小，可形成环路，以免游人走回头路。大山园路可与等高线斜交，蜿蜒起伏；小山园路可上下回环起伏。

（5）弯道的处理　路的转折、衔接通顺，符合游人的行为规律。园路遇到建筑、山、水、树、陡坡等障碍，必然会产生弯道。弯道有组织景观的作用，弯曲弧度要大，外侧高，内侧低，外侧应设栏杆，以防发生事故。

（6）园路交叉口处理　两条园路交叉或从一干道分出两条小路时，必然会产生交叉口。两条主干道相交时，交叉口应作扩大处理，作正交方式，形成小广场，以方便行车、行人。小路应斜交，但不应交叉过多，两个交叉口不宜太近，要主次分明，相交角度不宜太小。丁字交叉口，是视线的交点，可点缀风景。上山路与主干道交叉要自然，藏而不显，又要吸引游人入山。纪念性园路可正交叉（图5.4）。

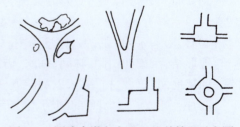

图5.4　园路弯道和交叉口几种处理示意图

（7）园路与建筑的关系　园路通往大建筑时，为了避免路上游人干扰建筑内部活动，可在建筑前面设集散广场，使园路由广场过渡再和建筑联系；园路通往一般建筑时，可在建筑前面适当加宽路面，或形成分支，以利游人分流。园路一般不穿过建筑物，而从四周绕过（图5.5）。

（8）园路与桥　桥是园路跨过水面的建筑形式。其风格、体量、色彩必须与公园总体设计、周围环境相协调一致。桥的作用是联络交通，创造景观，组织导游，分隔水面，保证游人通行和

图5.5 园路与建筑的关系示意图

水上游船通航的安全,有利造景、观赏。但要注明承载和游人流量的最高限额。桥应设在水面较窄处,桥身应与岸垂直,创造游人视线交叉,以利观景。主干道上的桥以平桥为宜,拱度要小,桥头应设广场,以利游人集散;小路上的桥多用曲桥或拱桥,以创造桥景。

小水面上的桥,可偏居水面一隅,贴近水面;大水面上的桥,讲究造型、风格,丰富层次,避免水面单调,桥下要方便通船。

另外,路面上雨水口及其他井盖应与路面平齐,其井盖孔洞小于 20 mm×20 mm,路边不宜设明沟排水。可供轮椅通过的园路应设国际通用的标志。视力残疾者可使用的园路、路口及交会点、转弯处两侧可设宽度不小于 0.6 m 的导向块材。

园桥应根据公园总体设计确定通行、通航所需尺度并提出造景、观景等项具体要求。通过管线的园桥,应同时考虑管道的隐蔽、安全、维修等问题。通行车辆的园桥在正常情况下,汽车荷载等级可按汽车-10级计算。非通行车辆的园桥应有阻止车辆通过的措施,桥面人群荷载按 3.5 kN/m² 计算。作用在园桥栏杆扶手上的竖向力和栏杆顶部水平荷载均按 1.0 kN/m² 计算。

(9)路网密度 园路的路网密度,宜为 150 ~ 380 m/hm²;动物园的路网密度宜为 160 ~ 300 m/hm²。

4)公园中广场布局

公园中铺装场地,根据公园总体设计的布局要求,确定各种铺装场地的面积。铺装场地应根据集散、活动、演出、赏景、休憩等使用功能要求做出不同设计。内容丰富的售票公园游人出入口外,集散场地的面积下限指标以公园游人容量为依据,按 500 m²/万人计算。安静休憩场地应利用地形或植物与喧闹区隔离。演出场地应有方便观赏的适宜坡度和观众席位。

公园中广场主要功能为游人集散、活动、演出、休息等使用。其形式有自然式、规则式两种(图5.6)。由于功能的不同又可分为集散广场、休息广场、生产广场。

(1)集散广场 以集中、分散人流为主。可分布在出入口前后、大型建筑前、主干道交叉口处。

(2)休息广场 以供游人休息为主。多布局在公园的僻静之处。与道路结合,方便游人到达;与地形结合,如在山间、林间、临水,借以形成幽静的环境;与休息设施结合,如廊、架、花台、坐凳、铺装地面、草坪、树丛等,以利游人坐息赏景。

(3)生产广场 为园务的晒场、堆场等。

公园中广场排水的坡度应大于1%。在树池四周的广场应采用透气性铺装,范围为树冠投影区。

另外,停车场和自行车存车处的位置应设于各游人出入口附近,不得占用出入口内外广场,其用地面积应根据公园性质和游人使用的交通工具确定。

5)公园中的建筑

公园中建筑形式要与其性质、功能相协调,全园的建筑风格应保持统一。园的建筑功能是供开展文化娱乐活动,创造景观,防风避雨等,甚至形成公园的中心、重心。管理和附属服务建筑设施在体量上应尽量小,位置要隐蔽,保证环境卫生和利于创造景观。建筑物的位置、朝向、高度、体量、空间组合、造型、材料、色彩及其使用功能,应符合公园总体设计的要求。建筑布局,要相对集中,组成群体,一屋多用,有利管理。要有聚有散,形成中心,相互呼应。建筑本身要讲究造型艺术,要有统一风格,不要千篇一律。个体之间又要有一定变化对比,有民族形式、地方风格、时代特色。公园建筑要与自然景色高度统一。"高方欲就亭台,低凹可开池沼",这是明代造园家计成的名言,以植物的色、香、味、意来衬托建筑。色彩要明快,起画龙点睛的作用,具有审美价值。

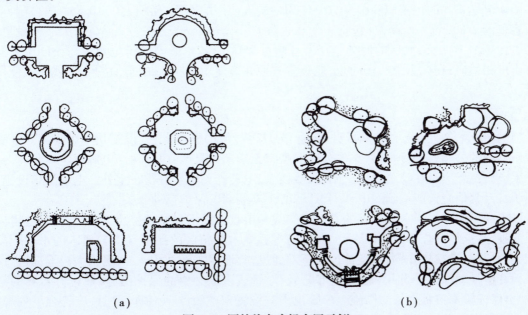

(a)   (b)

图 5.6　园林休息广场布置示例
(a)规则式;(b)自然式

公园中的管理建筑,如变电室、泵房、厕所等既隐蔽又要有明显的标志,以方便游人使用。公园其他工程设施,也要满足游览、赏景、管理的需要。如动物园中的动物笼舍等要尽量集中,以便管理;工程管网布置,必须有利保护景观、安全、卫生、节约等,所有管线都应埋设在地下,勿碍观展。公园内不得修建与其性质无关的、单纯以营利为目的的餐厅、旅馆和舞厅等建筑。公园中方便游人使用的餐厅、小卖部等服务设施的规模应与游人容量相适应。需要采暖的各种建筑物或动物馆舍,宜采用集中供热。管理设施和服务建筑的附属设施,其体量和烟囱高度应按不破坏景观和环境的原则严格控制;管理建筑不宜超过2层。公园内景观最佳地段,不得设置餐厅及集中的服务设施。"三废"处理必须与建筑同时设计,不得影响环境卫生和景观。残疾人使用的建筑设施,应符合《无障碍设计规范》(GB 50763—2012)的规定。

游览、休憩、服务性建筑物设计应与地形、地貌、山石、水体、植物等其他造园要素统一协调。层数以一层为宜,起主题和点景作用的建筑高度和层数服从景观需要。游览、休憩建筑的室内净高不应小于 2.0 m,亭、廊、花架、敞厅等的楣子高度应考虑游人通过或赏景的要求。公用的条凳、座椅、美人靠等,其数量应按游人容量的 25% ~35% 设置。但平均每 1 hm² 陆地面积上的座位数量最低不得少于 20,最高不得超过 150,分布应合理。公园内的示意性护栏高度不宜超过 0.4 m。各种游人集中场所容易发生跌落、淹溺等人身事故的地段,应设置安全防护性护栏;各种装饰性、示意性和安全防护性护栏的构造作法,严禁采用锐角、利刺等形式。电力设施、猛兽类动物展区以及其他专用防范性护栏,应根据实际需要另行设计和制作。游人通行量较多的建筑室外台阶宽度不宜小于 1.5 m;踏步宽度不宜小 0.3 m,踏步高度不宜大于 0.16 m;台阶踏步数不少于 2 级;侧方高差大于 0.7 m 的台阶,设护栏设施;建筑内部和外缘,凡游人正常活动范围边缘临空高差大于 0.7 m 处,均设护栏设施,其高度应大于 1.05 m;高差较大处可适当提高,但不应低于 1.1 m;护栏设施必须坚固耐久且采用不易攀登的构造,有吊顶的亭、廊、敞厅,吊顶采用防潮材料;亭、廊、花架、敞厅等供游人休息之处,不采用粗糙饰面材料,也不采用易刮伤肌肤和衣物的构造。

厕所等建筑物的位置应隐蔽又方便使用。游人使用的厕所,面积大于 10 hm² 的公园,应按游人容量的 2% 设置厕所蹲位(包括小便斗位数),小于 10 hm² 者按游人容量的 1.5% 设置;男女蹲位比例为 1∶1.5;厕所的服务半径不宜超过 250 m;各厕所内的蹲位数应与公园内的游人分布密度相适应;在儿童游戏场附近,应设置方便儿童使用的厕所;公园宜设方便残疾人使用的厕所。

6)电气设施与防雷

(1)电气设施　公园中由于照明、交通、游具等能源的需要,电气设施是不可少的。开展电动游乐活动的公园、开放地下岩洞的公园和架空索道的风景区,应设两个电源供电。

变电所位置应设在隐蔽之处。闸盒、接线盒、电动开关等不得露在室外。电动游乐设施、公园照明灯及其他游人能触到的电动器械,都必须安装漏电保护自动开关。

城市高压输配电架空线以外的其他架空线和市政管线不宜通过公园,特殊情况时过境应符合下列规定:选线符合公园总体设计要求;通过乔灌木种植区的地下管线与树木的水平距离符合相关的规定;管线从乔、灌木设计位置下部通过,其埋深大于 1.5 m,从现状大树下部通过,地面不得开槽且埋深大于 3 m。根据上部荷载,对管线采取必要的保护措施;通过乔木林的架空线,提出保证树木正常生长的措施。公园内不宜设置架空线路,必须设置时,应符合下列规定:避开主要景点和游人密集活动区;不得影响原有树木的生长,对计划新栽的树木,应提出解决树木和架空线路矛盾的措施。

(2)防雷　园内照明宜采用分线路、分区域控制。电力线路及主园路的照明线路直埋地敷设,架空线必须采用绝缘线。动物园和晚间开展大型游园活动、装置电动游乐设施、有开放性地下岩洞或架空索道的公园,应按两路电源供电设计,并应设自投装置;有特殊需要的应设自备发电装置。公共场所的配电箱应加锁,并宜设在非游览地段。园灯接线盒外罩应考虑防护措施。园林建筑、配电设施的防雷装置应按有关标准执行。园内游乐设备、制高点的护栏等应装置防雷设备或提出相应的管理措施。

7)公园地形处理

公园地形处理,以公园绿地需要为主题,充分利用原地形、景观,创造出自然和谐的景观骨架。结合公园外围城市道路规划标高及部分公园分区内容和景点建设要求进行,要以最少的土方量丰富园林地形。竖向控制应根据公园四周城市道路规划标高和园内主要内容,充分利用原有地形地貌,提出主要景物的高程及对其周围地形的要求,地形标高还必须适应拟保留的现状物和地表水的排放。竖向控制应包括下列内容:山顶;最高水位、常水位、最低水位;水底;驳岸顶部;园路主要转折点、交叉点和变坡点;主要建筑的底层和室外地坪;各出入口内外地面;地下工程管线及地下构筑物的埋深;园内外佳景的相互观赏点应借地面高程而建。

地形设计应以总体设计所确定的各控制点的高程为依据。土方调配设计应提出利用原表层栽植上的措施。人力剪草机修剪的草坪坡度不应大于 25%。大高差或大面积填方地段的设计标高,应计入当地土壤的自然沉降系数。改造的地形坡度超过土壤的自然安息角时,应采取护坡、固土或防冲刷的工程措施。在无法利用自然排水的低洼地段,应设计地下排水管沟。地形改造后的原有各种管线的覆土深度,应符合有关标准的规定。公园中的地形有:平地、山丘、水体等。

(1)平地　为公园中平缓用地,适宜开展娱乐活动。如草坪,游人视野开阔,适宜坐卧休息观景。林中空地,为闭锁空间,适宜夏季活动。集散广场、交通广场等处平地,适宜节日活动。平地处理应注意高处上面接山坡,低处下面接水体,联系自然,形成"冲积平原景观",利于游人观景,群体娱乐活动。如果山地较多,可削高填低,改成平地;若平地面积较大,不可用同一坡度延续过渡,以免雨水冲刷。坡度要稍有起伏,不得小于1%。可用道路拦截平地环流雨水,以利排水。平地应铺设草坪覆盖,以防尘、防水土冲刷。创造地形应同时考虑园林景观和地表水的排放;各类地表的排水坡度见表5.5。

表5.5　公园各类地表的排水坡度

地表类型		最大坡度/%	最小坡度/%	最适宜坡度/%
草地		33	1.0	1.5 ~ 10
运动草地		2	0.5	1
栽植地表	挖坡	66	0.5	3 ~ 5(排水)
	土壤回填坡	50		
铺装场地	平原地区	2	0.3	1
	丘陵地区	3	0.3	—

(2)山丘　公园内的山丘可分为主景山、配景山两种。其主要功能是供游人登高眺望,或阻挡视线,分隔空间,组织交通等。

主景山:南方公园利用原有山丘改造;北方公园常由人工创造,与配景山、平地、水景组合,创造主景。一般高可达10 ~ 30 m,体量大小适中,给游人有活动的余地。山体要自然稳定,其坡度超过该地土壤自然安息角时,应采取护坡工程措施。优美的山面应向着游人主要来向,形成视线交点。山体组合应注意形有起伏,坡有陡缓,峰有主次,山有主从。衬景北用山地,南用水体。建筑物应设计在山地平坦台地之上,以利游人观景休息。

配景山:主要功能是分隔空间,组织导游,组织交通,创造景观。其大小、高低以遮挡视线为宜(1.5 ~ 2 m)。配景山的造型应与环境相协调统一,形成带状,蜿蜒起伏,有断有续,其上以植被覆盖,护坡可用挡土墙及小道排水,形成山林气氛。

(3)水体　公园内的水体往往是城市水系中的一部分,起着蓄洪、排涝、卫生、改良气候等作用。公园中的大水面可开展划船、游泳、滑冰等水上运动;还可养鱼、种植水生植物,创造明净、爽朗、秀丽的景观,供游人观赏。

水体处理,首先要因地制宜地选好位置。"高方有亭台,低凹处可开池沼",这是历来造园家常用的手法。其次,要有明确的来源和去脉。因为无源不持久,无脉造水灾。池底应透水。大水面应辽阔、开朗,以利开展群众活动;可分隔,但隔不可居中;四周要有山和平地,以形成山水风景。小水面应迂回曲折,引人入胜,有收有放,层次丰富,增强趣味性。水体与环境配合,创造出山谷、溪流;与建筑结合,造成园中园、水中水等层次丰富的景观。

另外,水体驳岸多以常水位为依据,岸顶距离常水位差不宜过大,应兼顾景观、安全与游人近水心理。从功能需要出发,定竖向起伏。例如:划船码头宜平直;游览观赏宜曲折、蜿蜒、临水。还应防止水流冲刷驳岸工程设施。水深应根据原地形和功能要求而定。无栏杆的人工水池、河湖近岸的水深应在 0.5~1 m,汀步附近的水深应在 0.3~0.6 m,以保证当地最高水位时,公园各种设施不受水淹。水池的进水口、排水口、溢水口及附近河湖间闸门的标高,应能保证适宜的水面高度,以利于洪水宣泄和清塘。游船水面应按船的类型提出水深要求和码头位置;游泳水面应划定不同水深的范围。

河湖水系设计,应根据水源和现状地形等条件,确定园中河湖水系观赏水面,以及各种水生植物的种植范围和不同的水深要求。公园内的河湖最高水位,必须保证重要的建筑物、构筑物和动物笼舍不被水淹。水工建筑物、构筑物应符合下列规定:水体的进水口、排水口和溢水口及闸门标高,应保证适宜的水位和泄洪、清淤的需要;下游标高较高致使排水不畅时,应提出解决的措施;非观赏型水工设施应结合造景采取隐蔽措施。硬底人工水体的近岸 2.0 m 范围内的水深,不得大于 0.7 m,达不到此要求的应设护栏。无护栏的园桥、汀步附近 2.0 m 范围内的水深不得大于 0.5 m。溢水口的口径应考虑常年降水资料中的一次性最高降水量。护岸顶与常水位的高差,应兼顾景观、安全、游人近水心理和防止岸体冲刷。

(4)驳岸与山石　河湖水池必须建造驳岸并根据公园总体设计中规定的平面线形、竖向控制点、水位和流速进行设计。

素土驳岸:岸顶至水底坡度小于 100% 者应采用植被覆盖;坡度大于 100% 者应有固土和防冲刷的技术措施;地表径流的排放及驳岸水下部分处理应符合有关标准的规定。

人工砌筑或混凝土浇筑的驳岸应符合下列规定:

寒冷地区的驳岸基础:应设置在冰冻线以下,并考虑水体及驳岸外侧土体结冻后产生的冻胀对驳岸的影响,需要采取的管理措施在设计文件中注明;驳岸地基基础设计应符合《建筑地基基础设计规范》(GB 50007—2011)的规定。采取工程措施加固驳岸,其外形和所用材料的质地、色彩均应与环境协调。

堆叠假山和置石,体量、形式和高度必须与周围环境协调,假山的石料应提出色彩、质地、纹理等要求,置石的石料还应提出大小和形状要求。叠山、置石和利用山石的各种造景,必须统一考虑安全、护坡、登高、隔离等各种功能要求。叠山、置石以及山石梯道的基础设计应符合《建筑地基基础设计规范》(GB 50007—2011)的规定。游人进出的山洞,其结构必须稳固,应有采光、通风、排水的措施,并应保证通行安全。叠石必须保持本身的整体性和稳定性。山石衔接以及悬挑、山洞部分的山石之间、叠石与其他建筑设施相接部分的结构必须牢固,确保安全。山石勾缝作法可在设计文件中注明。

8)给排水设计

(1)给水　根据灌溉、湖池水体大小、游人饮用水量、卫生和消防的实际供需确定。给水水源、管网布置、水量、水压应作配套工程设计;给水以节约用水为原则,设计人工水池、喷泉、瀑布。喷泉应采用循环水,并防止水池渗漏。取用地下水或其他废水,以不妨害植物生长和污染环境为准。给水灌溉设计应与种植设计配合,分段控制,浇水龙头和喷嘴在不使用时应与地面水平。饮水站的饮用水和天然游泳池的水质必须保证清洁,符合国家规定的卫生标准。我国北方冬季室外灌溉设备、水池,必须考虑防冻措施。木结构的古建筑和古老树的附近,应设置专用消防栓。喷泉设计可参照《建筑给水排水设计规范》(GBJ 15)的规定。养护园林植物用的灌溉系统应与种植设计配合,喷灌或滴灌设施应分段控制。喷灌设计应符合《喷灌工程技术规范》(GBJ 85)的规定。

（2）排水　污水应接入城市活水系统，不得在地表排泄或排入湖中，雨水排泻应有明确的引导去向，地表排水应有防止径流冲刷的措施。

9）公园中植物的种植设计

全园的植物组群类型及分布，应根据当地的气候状况、园外的环境特征、园内的立地条件，结合景观构想、防护功能要求和当地居民游赏习惯确定，应做到充分绿化和满足多种游憩及审美的要求。公园的绿化种植设计，是公园总体规划的组成部分，它指导局部种植设计，协调各期工程，使育苗和种植施工有计划地进行，创造最佳植物景观。

（1）公园绿化树种选择　由于公园面积大，立地条件及生态环境复杂，活动项目多，所以选择绿化树种不仅要掌握一般规律，还要结合公园特殊要求，因地制宜，以乡土树种为主，以外地珍贵的驯化后生长稳定的树种为辅，充分利用原有树木和苗木，以大苗为主，适当密植。要选择具有观赏价值，又有较强抗逆性、病虫害少的树种，不得选用有浆果和招引有害虫的树种，以易于管理。

为了保证园林植物有适应的生态环境，在低洼积水地段应选用耐水湿的植物，或采用相应排水措施后可生长的植物。在陡坡上应有固土和防冲刷措施。土层下有大面积漏水或不透水层时，要分别采取保水或排水措施。不宜植物生长的土壤，必须经过改良。客土栽植，必须经机械碾压，人工沉降。

植物的配置，必须适应植物生长的生态习性，有利树冠和根系的发展，保证高度适宜和适应近远期景观的要求。

（2）公园绿化种植布局　根据当地自然地理条件、城市特点、市民爱好，进行乔、灌、草本合理布局，创造优美的景观。既要做到充分绿化、遮阴、防风，又要满足游人日光浴等的需要。

首先，用2~3种树，形成统一基调。北方常绿树占30%~50%，落叶树占70%~50%；南方常绿树占70%~90%。在树木搭配方面，混交林可占70%，单纯林可占30%。在出入口、建筑四周、儿童活动区、园中园的绿化应善于变化。

其次，在娱乐区、儿童活动区，为创造热烈的气氛，可选用红、橙、黄暖色调植物花卉；在休息区间或纪念区，为了保证自然肃穆的气氛，可选用绿、紫、蓝等冷色调植物花卉。公园近景环境绿化可选用强烈对比色，以求醒目；远景的绿化可选用简洁的色彩，以求概括。在公园游览休息区，要形成一年四季季相动态构图，春季观花，夏季浓荫，秋季观红叶，冬季有绿色丛林，以利游览欣赏。

（3）公园设施环境及分区的绿化　城市公园是人们娱乐、休息、游览、赏景的胜地，也是宣传、普及科学文化知识的活动场所。只有在统一规划的基础上，根据不同的自然条件，结合不同的功能分区，将公园出入口园路、广场、建筑小品等设施、环境与绿色植物合理配置形成景点，才能充分发挥其功能作用。

大门为公园主要出入口，大都面向城镇主干道。绿化时应注意丰富街景并与大门建筑相协调，同时还要突出公园的特色。如果大门是规则式建筑，那就应该用对称式布置绿化；如果大门是不对称式建筑，则要用不对称方式来布置绿化。大门前的停车场，四周可用乔、灌木绿化，以便夏季遮阴及隔离周围环境；在大门内部可用花池、花坛、灌木与雕像或导游图相配合，也可铺设草坪，种植花、灌木，但不应有碍视线，且须便利交通和游人集散。

园路：主要干道绿化可选用高大、荫浓的乔木和耐荫的花卉植物在两旁布置花境，但在配置上要有利于交通，还要根据地形、建筑、风景的需要而起伏、蜿蜒。小路深入公园的各个角落，其绿化更要丰富多彩，达到步移景异的目的。山水园的园路多依山面水，绿化应点缀风景而不碍视线。平地处的园路可用乔灌木树丛、绿篱、绿带来分隔空间,使园路高低起伏,时隐时现;山地则要根据其地形的起伏、环路,绿化有疏、有密;在有风景可观的山路外侧,宜种矮小的花灌木及草花,才不影响景观;在无景可观的道路的两旁,可以密植、丛植乔灌木,使山路隐在丛林之中,形成林间小道。园路交叉口是游人视线的焦点,可用花灌木点缀。

广场绿化:既不要影响交通,又要形成景观。如休息广场,四周可植乔木、灌木;中间布置草坪、花坛,形成宁静的气氛。停车铺装广场,应留有树穴,种植落叶大乔木,利于夏季遮阴,但冠下分枝高应为 4 m,以便停汽车。如果与地形相结合种植花草、灌木、草坪,还可设计成山地、林间、临水之类的活动草坪广场。

公园小品建筑:附近可设置花坛、花台、花境。展览室、游艺室内可设置耐阴花木,门前可种植浓荫大冠的落叶大乔木或布置花台等。沿墙可利用各种花卉境域,成丛布置花灌木。所有树木花草的布置要和小品建筑协调统一,与周围环境相呼应,四季色彩变化要丰富,给游人以愉快之感。

公园的水体可以种植荷花、睡莲、凤眼莲、水葱、芦苇等水生植物,以创造水景。在沿岸可种植水湿的草本花卉或者点缀乔灌木、小品建筑等,以丰富水景,但要处理好水生植物与养殖水生动物的关系。

公园的绿化要与公园性质或功能分区相适应。

科学普及文化娱乐区:地形要求平坦开阔,绿化要求以花坛、花镜、草坪为主,便于游人集散。该区内,可适当点缀几株常绿大乔木,不宜多种灌木,以免妨碍游人视线,影响交通。在室外铺装场地上应留出树穴,供栽种大乔木。各种参观游览的室内,可布置一些耐荫或盆栽花木。

体育运动区:宜选择快长、高大挺拔、冠大而整齐的树种,以利夏季遮阴;但不宜用那些易落花、落果、种毛散落的树种。球类场地四周的绿化要离场地 5～6 m,树种的色调要求单纯,以便形成绿色的背景。不要选用树叶反光发亮树种,以免刺激运动员的眼睛。在游泳池附近可设置花廊、花架,不可种带刺或夏季落花落果的花木。日光浴场周围应铺设柔软耐踩的草坪。

儿童活动区:可选用生长健壮、冠大荫浓的乔木来绿化,忌用有刺、有毒或有刺激性反应的植物。该区四周应栽植浓密的乔灌木与其他区域相隔离。如有不同年龄的少年儿童分区,也应用绿篱、栏杆相隔,以免相互干扰。活动场地中要适当疏植大乔木,供夏季遮阴。在出入口可设立塑像、花坛、山石或小喷泉等,配以体形优美、色彩鲜艳的灌木和花卉,以增加儿童的活动兴趣。

游览休息区:以生长健壮的几个树种为骨干,突出周围环境季相变化的特色。在植物配置上根据地形的高低起伏和天际线的变化,采用自然式配置树木。在林间空地中可设置草坪、亭、廊、花架、坐凳等,在路边或转弯处可设月季园、牡丹园、杜鹃园等专类园。

公园管理区:要根据各项活动的功能不同,因地制宜进行绿化,但要与全园的景观相协调。

为了使公园与喧哗的城市环境隔开,保持园内的安静,可在周围特别是靠近城市主要干道的一面及冬季主风向的一面布置不透式的防护林带。

(4)植物种类的选择　应符合下列规定:

适应栽植地段立地条件的当地适生种类;林下植物应具有耐阴性,其根系发展不得影响乔木根系的生长;垂直绿化的攀缘植物依照墙体附着情况确定;具有相应抗性的种类;适应栽植地养护管理条件;铺装场地内的树木其成年期的根系伸展范围,应采用透气性铺装;公园的灌溉设施应根据气候特点、地形、土质、植物配置和管理条件设置。

(5)苗木控制　应符合下列规定:

规定苗木的种名、规格和质量;根据苗木生长速度提出近、远期不同的景观要求,重要地段应兼顾近、远期景观,并提出过渡的措施;预测疏伐或间移的时期。

(6)树木的景观控制 应符合下列规定:

风景林郁闭度见表5.6。

风景林中各观赏单元应另行计算,丛植、群植近期郁闭度应大于0.5;带植近期郁闭度宜大于0.6。孤植树、树丛:选择观赏特征突出的树种,并确定其规格、分枝点高度、姿态等要求;与周围环境或树木之间应留有明显的空间,提出有特殊要求的养护管理方法。树群:群内各层应能显露出其特征部分。孤立树、树丛和树群至少有一处欣赏点,视距为观赏面宽度的1.5倍和高度的2倍。

表5.6 风景林郁闭度

类 型	开放当年标准	成年期标准
密林	0.3 ~ 0.7	0.7 ~ 1.0
疏林	0.1 ~ 0.4	0.4 ~ 0.6
疏林草地	0.07 ~ 0.20	0.1 ~ 0.3

(7)人集中场所的植物选用 应符合下列规定:

在游人活动范围内宜选用大规格苗木;严禁选用危及游人生命安全的有毒植物;不应选用在游人正常活动范围内枝叶有硬刺或枝叶呈尖硬剑、刺状以及有浆果或分泌物坠地的种类;不宜选用挥发物或花粉能引起明显过敏反应的种类。集散场地种植设计的布置方式,应考虑交通安全视距和人流通行,场地的树木枝下净空应大于2.2 m。

(8)儿童游戏场的植物选用 应符合下列规定:

乔木宜选用高大荫浓的种类,夏季庇荫面积应大于游览活动范围的50%;活动范围内灌木宜选用萌发力强、直立生长的中高型类,树木枝下净空应大于1.8 m。露天演出场观众席范围内不应布置阻碍视线的植物,观众席铺栽草坪应选用耐践踏的种类。

(9)停车场的种植 应符合下列规定:

树木间距应满足车位、通道、转弯、回车半径的要求;庇荫乔木枝下净空的标准:大、中型汽车停车场,大于4.0 m;小汽车停车场,大于2.5 m;自行车停车场,大于2.2 m。场内种植池宽度应大于1.5 m,并应设置保护设施。

(10)成人活动场的种植 应符合下列规定:

宜选用高大乔木,枝下净空不低于2.2 m;夏季乔木庇荫面积宜大于活动范围的50%。

(11)园路两侧的植物种植 应符合下列规定:

通行机动车辆的园路,车辆通行范围内不得有低于4.0 m高度的枝条;

(12)方便残疾人使用的园路边缘种植 应符合下列规定:

不宜选用硬质叶片的丛生型植物;路面范围内,乔、灌木枝下净空不得低于2.2 m;乔木种植点距路线应大于0.5 m。

(13)公园树木与地面建筑物、构筑物外缘和地下管线最小水平距离应符合表5.7规定。

表5.7 树木与地面建筑物、构筑物外缘和地下管线最小水平距离

单位:m

名 称	新植乔木	现状乔木	灌木或绿篱外缘	名 称	新植乔木	现状乔木	灌木或绿篱外缘
测量水准点	2.00	2.00	1.00	楼房	5.00	5.00	1.50
地上杆柱	2.00	2.00	—	平房	2.00	5.00	—
挡土墙	1.00	3.00	0.50	围墙(高度小于2 m)	1.00	2.00	0.75

续表

名　称	新植乔木	现状乔木	灌木或 绿篱外缘	名　称	新植乔木	现状乔木	灌木或 绿篱外缘
排水明沟	1.00	1.00	0.50	排水盲沟	1.00	3.0	—
电力电缆	1.50	3.5	0.50	消防龙头	1.20	2.0	1.20
通信电缆	1.50	3.5	0.50	煤气管道(中低压)	1.20	3.0	1.00
给水管	1.50	2.0	—	热力管	2.00	5.0	2.00
排水管	1.50	3.0	—				

注:乔木与地下管线的距离是指乔木树干基部的外缘与管线外缘的净距离。灌木或绿篱与地下管线的距离是指地表处分蘖枝干中最外的枝干基部外缘与管线外缘的净距离。

5.2.2　植物园规划设计

5.2.2—5.2.8 微课

1)植物园的性质与任务

植物园是植物科学研究机构,也是以采集、鉴定、引种驯化、栽培实验为中心,可供人们游览的公园。

植物园的主要任务:

①发掘野生植物资源,引进国内外重要的经济植物,调查收集稀有珍贵和濒危植物种类,以丰富栽培植物的种类或品种,为生产实践服务。

②研究植物的生长发育规律,植物引种后的适应性和经济性状及遗传变异规律,总结和提高植物引种驯化的理论和方法。

③建立具有园林外貌和科学内容的各种展览和试验区,作为科研、科普的用地。

2)规划原则要求

总的原则是在城市总体规划和绿地系统规划指导下,体现科研、科普教育、生产的功能;因地制宜地布置植物和建筑,使全园具有科学的内容和园林艺术外貌。具体要求:

①明确建园目的、性质、任务。

②功能分区及用地平衡:展览区用地最大,可占全园总面积的 40% ~60%,苗圃及实验区占 25% ~35%,其他占 25% ~35%。

③展览区是为群众开放使用的,用地应选择地形富于变化、交通联系方便、游人易到达的区域。

④苗圃是科研、生产场所,一般不向群众开放,应与展览区隔离。

⑤建筑包括展览建筑、科研用建筑、服务性建筑等。

⑥道路系统与公园道路布局相同。

⑦排灌工程:为了保证园内植物生长健壮,在规划时就应做好排灌工程,保证旱可浇,涝可排。

3)植物园功能分区

(1)植物科普展览区　在该区主要展示植物界的客观自然规律,人类利用植物和改造植物的最新知识。可根据当地实际情况,因地制宜地布置:植物进化系统展览、经济植物、抗性植物、水生植物、岩石植物、树木、温室、专类园等。

①植物进化系统展览区:应按植物进化系统分目、分科,要结合生态习性要求和园林艺术效果进行布置,给游人普及植物进化系统的概念和植物分类、科属特征。

②经济植物区:展示经过栽培试验确属有用的经济植物。

③抗性植物区:展示对大气污染物质有较强抗性和吸收能力的植物。

④水生植物区:展示水生、湿生、沼泽生等不同特点的植物。

⑤岩石区:布置色彩丰富的岩石植物和高山植物。

⑥树木:展示本地或外地引进露地生长良好的乔灌树种。

⑦专类区:集中展示一些具有一定特色、栽培历史悠久的品种变种。

⑧温室:展示在本地区不能露地越冬的优良观赏植物。

根据各地区的地方具体条件,创造特殊地方风格的植物区系。如庐山有高山植物用岩石园,广东植物园为亚热带区,设了棕榈区等。

(2)科研试验区 该区主要功能是科学研究或科研与生产相结合的试验区。一般不向游人开放,仅供专业人员参观学习。如在温室区中主要作为引种驯化、杂交育种、植物繁殖储藏等,另外,还有实验苗圃、繁殖苗圃、移植苗圃、原始材料圃等。

(3)职工生活区 植物园一般都在城市郊区,须在园内设有隔离的生活区。

4)建筑设施

植物园的建筑依功能不同,可分为展览、科学研究、服务等几种类型。

(1)展览性的建筑 如展览温室、植物博物馆、荫棚、宣传廊等,可布置在出入口附近、主干道的轴线上。

(2)科研用房 如图书馆、资料室、标本室、试验室、工作间、气象站、繁殖温室、荫棚、工具房等,应与苗圃、试验地靠近。

(3)服务性建筑 有办公室、招待所、接待室、茶室、小卖部、休息亭、花架、厕所、停车场等。

其他地形处理、排灌设施、道路处理同综合性公园。

5)绿化设计

植物园的绿化设计,应在满足其性质和功能需要的前提下,讲究园林艺术构图,使全园具有绿色覆盖、较稳定的植物群落。

在形式上,以自然式为主,创造各种密林、疏林、树群、树丛、孤植、草地、花丛等景观,注意乔、灌草本植物的立体、混交绿地。

具体收集多少种植物、每种收集多少、每株占面积多少,根据各地各园的具体条件而定(图5.7)。

5.2.3 动物园规划设计

1)动物园的性质与任务

动物园是集中饲养、展览和研究野生动物及少量优良品种的家禽、家畜的可供人们游览休息的公园。

其主要任务是:普及动物科学知识,宣传动物与人的利害关系及经济价值等;作为中小学生的动物知识直观教材、大专院校实习基地。在科研方面,研究野生动物的驯化和繁殖、病理和治疗方法、习性与饲养,并进一步揭示动物变异进化规律,创造新品种。在生产方面,繁殖珍贵动物,使动物为人类服务;开展交换活动,通过动物交换活动,增进各国人民的友谊。

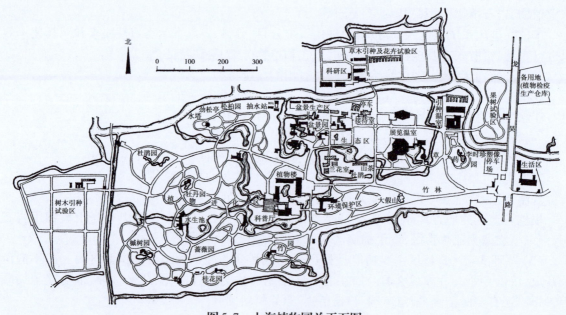

图5.7　上海植物园总平面图

2）规划原则、要求

总原则是在城市总体规划,特别是绿地系统规划的指导下,依照动物进化论为原则,既方便游人参观游览,又方便管理。具体要求:

①有明确功能分区,既互不干扰,又有联系,以方便游客参观和工作人员管理。

②动物笼舍和服务建筑应与出入口、广场、导游线相协调,形成串联、并联、放射、混合等形式,以方便游人全面或重点参观。

③游览路线,一般逆时针右转。主要道路和专用道路,要求能通行汽车以便管理使用。

④主体建筑设在主要出入口的开阔地上或全园主要轴线上或全园制高点上。

⑤外围应设围墙、隔离带和林地,设置方便的出入口、专用出入口,以防动物出园伤害人畜。

3）动物园功能分区

(1)宣传教育、科学研究区　是科普、科研活动中心,由动物科普馆组成,设在动物出入口附近,方便交通。

(2)动物展览区　由各种动物的笼舍组成,占用最大面积。以动物的进化顺序,即由低等动物到高等动物,从无脊椎动物、鱼类、两栖到爬行、鸟类、哺乳类。还应和动物的生态习性、地理分布、游人爱好、地方珍贵动物、建筑艺术等相结合统一规划。哺乳类可占用地1/2～3/5,鸟类可占1/5～1/4,其他占1/5～1/4。

因地制宜安排笼舍,以利动物饲养和展览,以形成数个动物笼舍相结合的既有联系又有绿化隔离的动物展览区。

另外,也可按动物地理分布安排,如欧洲、亚洲、非洲、美洲、大洋洲等,而且还可创造不同特色的景区,给游人以动物分布的概念。还可按动物生活环境安排,如水生、高山、疏林、草原、沙漠、冰山等,利于动物生长和园容布置。

(3)服务休息区　为游人设置的休息亭廊、接待室、饭馆、小卖部、服务点等,便于游人使用。

(4)经营管理区　行政办公室、饲料站、兽疗所、检疫站应设在隐蔽处,用绿化与展区、科普区相隔离,但又要联系方便。

（5）职工生活区　为了避免干扰和保持环境卫生,一般设在园外。

4) 设施内容

（1）动物笼舍建筑　为了满足动物生态习性、饲养管理和参观的需要,大致由以下三部分组成。

①动物活动区:包括室内外活动场地、串笼及繁殖室。室内要求卫生,通风排气。其空间的大小,要满足动物生态习性和运动的需要。

②游人参观部分:包括进厅、参观厅廊、道路等。其空间比例大小和设备主要是为了保证游人的安全。

③管理设备部分:包括管理室、贮藏室、饲料间、燃料堆放场、设备间、锅炉间、厕所、杂院等。其大小构造根据管理人员的需要而定。

（2）科普教育设施　有报告厅、图书馆、展览馆、画廊等。

其他服务设施、交通道路、暖气等同综合性公园。

5) 绿化设计

动物园绿化首先要维护动物生活,结合动物生态习性和生活环境,创造自然的生态模式。另外,要为游人创造良好的休息条件,创造动物、建筑、自然环境相协调的景致,形成山林、河湖、鸟语花香的美好境地。其绿化也应适当结合动物饲料的需要,结合生产,节省开支。

在园的外围应设置宽 30 m 的防风、防尘、杀菌林带。在陈列区,特别是兽舍旁,应结合动物的生态习性,表现其动物原产地的景观,但又不能阻挡游人的视线,又有利游人夏季遮阴的需要。在休息游览区,可结合干道、广场,种植林荫树、花坛、花架。大面积的生产区,可结合生产种植果木、生产饲料(图 5.8)。

5.2.4　儿童公园规划设计

1) 儿童公园的性质与任务

儿童公园是城市中儿童游戏、娱乐、开展体育活动,并从中得到文化科学普及知识的专类公园。其主要任务是使儿童在活动中锻炼身体,增长知识,热爱自然,热爱科学,热爱祖国等,培养优良的社会风尚。主要类型有综合性儿童公园、特色性儿童公园、小型儿童乐园等。

2) 规划原则要求

①按不同年龄儿童使用比例、心理及活动特点进行空间划分。

②创造优良的自然环境。绿化用地占全园用地的 65% 以上,保持全园绿化覆盖率在 70% 以上,并注意通风、日照。

③入口设置、道路网、雕塑等,要简明、显目,以便幼儿寻找。

④建筑等小品设施要求形象生动,色彩鲜明,主题突出,比例尺度小,易为儿童接受。

3) 功能分区及主要设施(图 5.9)

（1）幼儿活动区　既有 6 岁以下儿童游戏活动场所,又有陪伴幼儿的成人休息设施,以方便幼儿到达为原则。其规模要求每位幼儿在 10 m² 以上。其中应以高大乔木绿化为主,适当增设些游戏设施。如广场、砂池、小屋、小游具、小山、水池、花架、荫棚、桌椅、游戏室等,以培养幼儿团结、友爱及爱护公共财物的集体主义精神,还应配备厕所和一定的服务设施。在幼儿活动设施的附近要设置游人休息亭廊、坐凳等服务设施,供幼儿父母等成人使用。

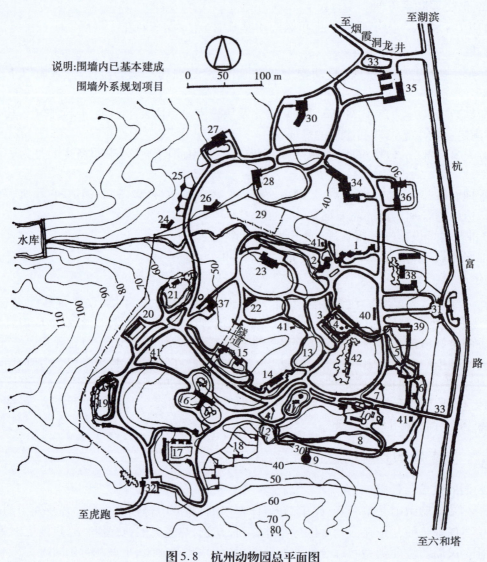

说明:围墙内已基本建成
围墙外系规划项目

图5.8 杭州动物园总平面图

1.金鱼廊;2.孔雀;3.鸣禽;4.小游禽;5.游禽;6.涉禽;7.走禽;8.大游禽;9.猛禽;10.爬虫;11.海豹;
12.海狮;13.猴山;14.猴馆;15.大小熊猫;16.熊山;17.小兽园;18.食草兽;19.虎山;20.豹房;21.狮山;
22.斑马;23.大象;24.羚羊;25.鹿苑;26.骆驼;27.河马;28.长颈鹿;29.小灵猫饲养场;30.猩猩馆;
31.大门;32.次门;33.专用出入口;34.科普馆;35.兽医站、隔离室;36.幼兽园;37.饲料站;
38.办公管理;39.摄影亭;40.大型导游牌;41.厕所;42.宣传牌

（2）儿童活动区 7～13岁小学生活动场所,小学生进校后学习生活空间扩大,具有学习和游戏两方面的特征,有成群活动的兴趣。面积以 3 000 m² 为原则。其中绿化以大乔木为主,除以上各种游乐运动设施外,还应增设一些冒险活动、幻想设施、女生的静态游戏设施、凉亭、座椅、饮水台、钟塔等。

（3）少年活动区 14～15岁以上,为中学生时代,是成年的前期,男女在性特征上有很大变化,喜欢运动与充分发挥精力。规模,在园内活动少年每人 50 m² 以上,整体面积在 8 000 m² 以上为好。其中设施,除充分用大乔木绿化外,以增设棒球场、网球场、篮球场、足球场、游泳池等运动设施和场地为主。

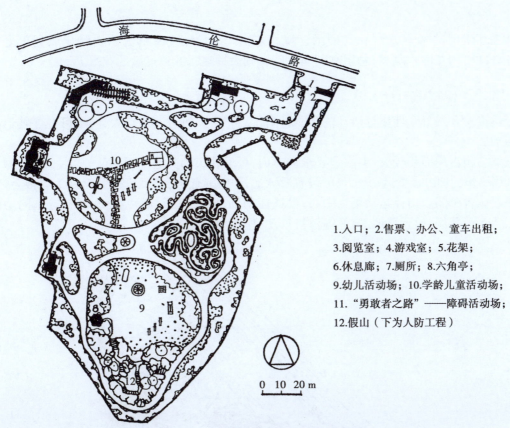

1.入口；2.售票、办公、童车出租；
3.阅览室；4.游戏室；5.花架；
6.休息廊；7.厕所；8.六角亭；
9.幼儿活动场；10.学龄儿童活动场；
11."勇敢者之路"——障碍活动场；
12.假山（下为人防工程）

0　10　20 m

图5.9　上海海伦路儿童公园总平面图

（4）体育运动区　是为幼儿、儿童、青少年提供体育运动的场所,可增设一些障碍活动设施。儿童游戏场与安静休息区、游人密集区及城市干道之间,应用园林植物或自然地形等构成隔离地带。幼儿和学龄儿童使用的器械,应分别设置。游戏内容应保证安全、卫生和适合儿童特点,有利于开发智力,增强体质。不宜选用强刺激性、高能耗的器械。儿童游戏场内的建筑物、构筑物及室内外的各种使用设施、游戏器械和设备应结构坚固、耐用,并避免构造上的硬棱角;尺度应与儿童的人体尺度相适应;造型、色彩应符合儿童的心理特点;根据条件和需要设置游戏的管理监护设施。机动游乐设施及游艺机,应符合《大型游乐设施安全标准》(GB 8408—2018)的规定;戏水池最深处的水深不得超过0.35 m,池壁装饰材料应平整、光滑且不易脱落,池底应有防滑措施;儿童游戏场内应设置坐凳及避雨、庇荫等休息设施;宜设置饮水器、洗手池。场内园路应平整,路缘不得采用锐利的边石;地表高差应采用缓坡过渡,不宜采用山石和挡土墙;游戏器械的地面宜采用耐磨、有柔性、不扬尘的材料铺装。

（5）管理区　设有办公管理用房,与活动区之间设有一定隔离设施。

另外,还有一些其他形式的特色性儿童公园,如交通公园、幻想世界等。交通公园是专为教育儿童交通规则的游乐性公园,其面积可以考虑在2 hm^{2}左右,利用地形做道路交叉,以区分运动场、儿童游戏场的路线构成。在道路沿线设有:斑马线、交通标志、信号、照明、立交道、平交道、桥梁、分离带等,道路上设有微型车、小自行车以供儿童自己驾驶及儿童指挥等,在游乐过程中有成人指导。幻想世界,在园内模拟著名儿童幻想故事情节,将故事、历史情节等再现,或者对将来幻想世界趣味性再现,激发儿童的幻想乐趣,如美国迪斯尼乐园、日本儿童天国等。

4)绿化

外围环境用树林、树丛绿化和周围环境相隔离。园内用高大的庭荫树绿化以利于夏季遮阴。各分区可用花灌木隔离,忌用有刺、有毒、有刺激性臭味或致过敏的花木。

5.2.5 体育公园规划设计

专供市民开展群众性体育活动的公园,体育设备完善,可以开运动大会,也可开展其他游览休息活动。

该类公园占用面积较大,不一定要求在市内,可设在市郊交通方便之处。

利用平坦的地方设置运动场,低处设置游泳池,如周围有自然地形起伏用来作为看台会更好。

一般体育公园以田径运动场为中心,设置运动场、体育馆、儿童游戏场、园林等不同功能分区。配置各种球场,设置草地、树林等植被景观(图5.10)。

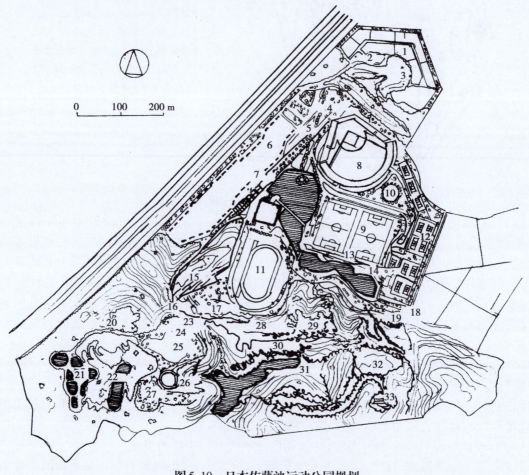

图5.10 日本佐藤池运动公园规划

1.苗圃;2.工作间;3.绿化地带;4.象徵广场;5.管理中心;6.停车场;7.绿荫散步道;8.棒球场;
9.体育馆;10.圆形广场;11.运动广场;12.网球场;13.池上客站;14.花木露台;15.花木露台;
16.丘陵露台;17.丘陵客站;18.辅助入口;19.自行车停车场;20.游戏场;21.花园;22.水生植物园;
23.运动场;24.竞跑起点;25.广场;26.野外舞台;27.整形树木;28.红叶树散步道;29.休息森林;
30.露营广场;31.钓鱼中心;32.绿茵广场;33.选手树

5.2.6 带状公园规划设计

带状公园是指沿城市道路、城墙、水系等,有一定游憩设施的狭长形绿地,是城市公园绿地系统中颇具特色的重要组成部分。带状公园除具有公园的一般功能外,还承担着城市生态廊道的职能。带状公园一般呈狭长形,以绿化为主,辅以简单的设施,其宽度受用地条件的影响,可宽可窄,但最窄处应能满足游人的通行、绿化种植带的延续以及小型休息设施布置的要求。

带状公园是城市中呈线性分布的一种公园形式,其空间场所包括滨水绿带、环城绿带和都市景观大道等。带状公园范围的确定不仅指基地本身的范围,还应包括从空间、景观、视线分析得到的景观范围。

1)带状公园的规划设计要点

由于带状公园在用地条件上受到一定的限制,因此在规划设计中应遵循以下要点:

带状公园一般呈狭长形,用地条件受限,因此规划时应以绿化为主,注重种植设计。其中的活动设施及建筑小品不宜过多,同时还应注意其尺度及形式应与狭长的用地条件相协调。

带状公园的建设一般与城市道路、水系、城墙等相结合,因此在规划中应注意与这些要素紧密结合,充分体现不同要素的特征。如与城市中古城墙相结合的带状绿地就应充分体现城市的历史文化特征;与城市水系相结合的带状绿地应体现其滨水性及亲水性的特征等。

在带状公园的规划设计上应注意序列的节奏感。由于受用地条件的限制,带状公园在空间感觉及路线组织上均较单一,为了避免产生单调的感觉,在规划设计中应注意把握其节奏感。

2)典型带状公园——滨水公园的规划设计

城市带状公园中最具代表性的是滨水公园。所谓滨水公园是与城市的河道、湖泊、海滨等水系相结合的带状公园绿地,它以带状水域为核心,以水岸绿化为特征,是城市公园绿地中涉及内容最广泛的一种绿地类型。另外,由于滨水地带对人类而言具有一种内在的、与生俱来的持久吸引力,所以滨水公园也是最受城市居民喜爱的一类城市公园绿地。

(1)滨水地区的特征　城市滨水地区既是陆地的边缘,也是水的边缘,是典型的生态交错区,是水陆两种自然环境交界融合的区域。这里物质、能量的流动与交换非常频繁,是城市中自然因素最为密集、自然过程最为丰富的地域,是自然群落的集中地,自然特性明显,具有自然山水的景观情趣。

城市滨水区一般由水面、滩涂、水岸林带等组成,这种空间结构为多种生物提供了良好的生存环境和迁徙廊道,对于维持城市生物多样性具有其他地方无法替代的作用,是城市中可以自我保养和更新的天然花园;它与城市发展息息相关,记载着城市的发展历史,保留着丰富的城市历史文化痕迹;它是城市重要的开敞空间,水面、水滩、岸线,形成丰富的空间层次,并且具有导向明确、渗透性强的空间特征。所以说,城市滨水地区具有城市中最具生命力与变化的景观形态,是城市中理想的生境走廊、最高质量的城市绿线,也是城市开发中重要的资源。

(2)滨水公园的规划设计要点　滨水公园的规划设计,应先确定其总体功能,在此基础上考虑功能分区,充分利用滨水沿线的环境优势,理顺沿线与道路的关系,确定公园景观布局的方式。

滨水区多呈现出沿河流、海岸走向的带状空间布局。在进行滨水公园规划设计时,应将这一地区作为整体全面考虑,通过林荫步行道、自行车道、植被及景观小品等将滨水区联系起来,保持水体岸线的连续性,而且可将郊外的自然空气和凉风引入市区,改善城市大气环境质量,营造出宜人的城市生态环境。

滨水公园是城市中独具特色的开放空间,与其他公园绿地相比,生态第一性以及亲水性是其最大的特征。在设计中应强调场所的公共性、功能内容的多样性、水体的可接近性以及滨水景观的生态化设计,创作出市民及游客渴望滞留的休憩场所。

①场所的公共性、功能的多样性:滨水绿地是城市公共游憩空间的重要组成部分,应保证滨水公园绿地与城市其他区域有便捷的交通联系;规划设计应以人为本,让全社会成员都能共享滨水的乐趣和魅力。应考虑城市居民的休闲游憩的需要,提供多种形式的功能,如林荫步道、成片绿荫休息场地、儿童娱乐区、音乐广场、游艇码头、观景台、赏鱼区等,结合人们的各种活动组织室内外空间,点线面相结合。点——是这条绿化线上的重点观景场所或被观景对象,如重点建筑、重点环境艺术小品、古树等;线——连续不断地以林荫道为主体的贯通脉络;面——在这条主线的周围扩展开的较大绿化空间,如中心广场、水面等。这些室外空间可与文化性、娱乐性、服务性建筑相配合,使滨水公园真正成为市民喜欢的公共场所。

②水体的可接近性:亲水是人的天性。流连于水天之间,徜徉在余晖之下无疑是令人心旷神怡的一大乐事。滨水绿地最突出的特点就是临水,与水面的关系处理得当,将使滨水绿地增色不少,滨水公园亲水性设计的成功与否是滨水公园设计的关键,亲水性的设计主要包括对水体景观主题的考虑以及人们亲水活动的安排,将优美的江、河、海风光组织到滨水风景观赏线中,给游人开辟以水为主的多样化的游憩机会。在保证水系沿岸对洪水等的防灾安全的前提下,利用岸线特点,通过设计不同形式的滨水活动场所和设施,可以吸引人们接近水:伸出水面的建筑、架空的水上步道、悬挑出水面的平台、面向水域的广场、伸入水中的码头和水边的散步道等(图5.11)。

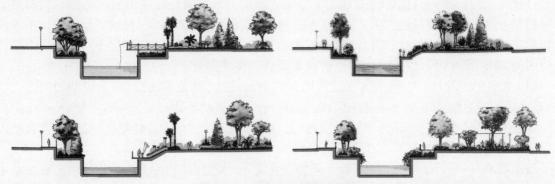

图5.11 亲水设计形式示意图

滨水设施的设计应让人们很容易接近水和水中的游船。美国著名景观公司——EDAW公司在苏州工业园区金鸡湖景观工程中的湖滨大道的亲水性设计使湖滨大道颇具吸引力和活力:首先在景观方面,设计将整个滨水的岸坡作了4个标高的划分,并以此形成了水的关系由疏至密的4个不同区域,即从城市往湖面靠近,依次为"望湖区"(宽80~120 m的绿化带区域)、"远水区"(高处湖滨大道,由乔木与灌木构成的半围合空间)、"见水区"(地处湖滨大道,9.4 m的宽阔花岗六大道)、"亲水区"(可戏水区域)。这样的空间划分及景观设计,丰富了滨水公园临水的空间及景观层次,增强了人们对水的期待、渴望的心理感受。在亲水活动的安排上,设计者为了满足人们触水、戏水、玩水的要求,采用了亲水木平台、亲水花岗岩大台阶和挑出湖中的座凳3种不同的方式,促成人们与水的直接接触。通过这样一些处理,不管一年四季水位高低如何,人们都能与水亲密接触。同样成功的还有俞孔坚教授主持设计的中山岐江公园的栈桥式亲水湖岸。这种栈桥式湖岸的具体做法是:首先在最高和最低水位之间的湖底修筑3~4道挡土墙,墙体顶部可分别在不同水位时被淹没,墙体所围合的空间内回填淤泥,以此形成一系列梯田式水生和湿生种植台。根据水位的变化及不同深浅情况,在这些梯田式种植台中种植各种水生及湿生植物,形成水生—沼生—湿生—中生植物群落带。然后在此梯田式种植台上空挑出一系列方格网状临水栈桥。栈桥随水位的变化而出现高低错落的变化,在各种水位情况下均能接触到水面及各种水生植物和湿生植物,不仅使得在各种水位条件下游客都能获得较好的亲水体验,同时也形成了良好的景观效果。

③环境保护与生态化设计:滨水公园与一般城市公园绿地相比,更要重点突出其生态价值。规划设计要遵循自然生态优先原则,依据景观生态学原理,根据调查中的生态资源状况,在有动、植物栖息的河道及河道两岸设立保护,恢复动物栖息生境和维护城市景观异质性的自然生态发展空间;在规划划定的自然生态发展空间内,要限定活动设施的布置。立足于环境保护,模拟自然江河岸线,以绿为主,运用天然材料,进行生态化设计,创造自然生趣,保护生物多样性,增加景观异质性,强调景观个性,促进自然循环,沿河流两岸控制足够宽度的绿带,并与郊野基质连通,从而保证河流作为生物迁徙的廊道功能,构架城市生境走廊,实现景观的可持续发展。由中、美、韩三国的水利、城建、环保、园林和艺术家共同设计建造的成都府南河活水公园,是一个以水的整治为主体的生态环保公园,受到污染的水从府南河抽取上来,经过公园的人工湿地系统进行自然生态净化处理,最后变为"达标"的活水回归河流,不仅丰富了府南河沿岸景观,而且促进了生态环保观念在市民中的普及(图5.12)。

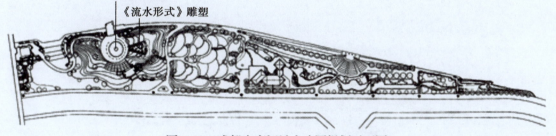

图5.12 成都府南河活水公园规划平面图

设计应遵从自然过程,而各种自然过程都有自然的形式与之对应,应积极利用和发挥各种自然形式,恢复并促进这些自然过程,在驳岸的处理上可以灵活考虑。根据不同的地段及使用要求,进行不同类型的生态驳岸设计(图5.13),生态驳岸是指恢复后的自然河岸或具有自然河岸"可渗透性"的人工驳岸,它除护堤防洪的基本功能外,还可以充分保证河岸与河流水体之间的水分交换和调节功能,增强水体的自净功能,并有利于各种生物的生存、栖息与繁衍。

滨水公园植物造景要依据景观生态学原理,从保护生物多样性和增加景观异质性出发,建立稳定可持续发展的植物景观生态系统。滨水植物群落要以物种丰富、结构复杂的自然群落形式为主。造景植物的配置要注重其生态要求,遵循自然水岸植被群落的组成、结构等规律,在水平结构上采用多树种混交林的形式,在垂直结构上采用乔木层、灌木层和地被层多层次组合的形式,这样群落的生态效益更好。滨水植物造景要充分考虑其作为廊道的生态作用,在分布上注意连续性,避免用大面积的建筑与广场等设施隔断廊道,破坏其连通功能。绿化植物的选择要充分考虑滨水地带生态因子的复杂性,应以乡土植物为主,以培育地方性的耐水性植物或水生植物为主,同时高度重视滨水的规划植被群落,它们对河岸水际带和堤内地带这样的生态交错带尤其重要。选择适合滨水地区生长的植物,并且尽可能地使植物种类多样化,要避免在植物种类的选择上过多地追求新、奇、异、珍品种。同时,滨水植物景观的建设要在满足生态需要的前提下,以艺术构图原理为指导,运用植物造景艺术手法,表现出植物个体及群体的形式美和意境美。从建立优美的滨水绿带景观出发,应尽量采用自然化设计,避免采用几何式的造园绿化方式,植被的搭配——地被花草、低矮灌丛、高大树木的层次的组合,应尽量符合水滨自然植物群落的结构。一般宜以风景林为主,通过疏密不同的风景林地构成滨水绿带骨架;再以开敞植被带和局部的湿地景观穿插于绿带之中,形成连续的动态观赏序列。在构图形式上要遵循艺术构图原理,表现植物的组合美;在平面上,林带的边缘线一般不宜与水岸线平行,可采用进退有序的变化曲线,增添水岸空间与景观的变化;在立面上,可结合水岸地形,采用高低不同的植物群落类型依次进行巧妙组合,构成富有韵律感的林冠线,使滨水植物景观的立面更为丰富;通过有意识的植物景观营造使滨水植物表现出明显的季相特色,创造四时变化的景观,或者通过植物色彩的对比和变化,丰富岸线植物景观。

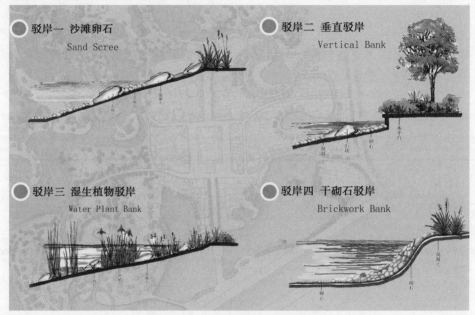

图5.13 不同类型的生态驳岸形式

④滨水公园的规划设计应注重历史人文景观的挖掘,充分考虑区域的地理历史环境条件,尊重地域性特点,与文化内涵、风土人情和传统的滨水活动有机结合,保护和突出历史建筑的形象特色。由于城市滨水区场所意义内容多样,可以从生活的内容、社会背景、历史变迁、自然环境等众多因素中发掘,形成独具一格的滨水景观特色。

⑤滨水区是步行者的天堂,规划有方便、舒适、合理、亲切的步行系统,是滨水公园设计与自然和谐共生的重要体现,通过各种形式的林荫步道,串联各个公共开放空间,将沿线的景区、景点、观景平台、广场组织起来,形成丰富的步行交通空间,达到步移景异的园林空间效果,强调安全性、易达性、舒适性、连续性和选择性,减少机动车与非机动车之间的干扰,以确保步行系统的畅通。

5.2.7 纪念性公园规划设计

1)纪念性公园的性质与任务

纪念性公园是人类用技术与物质为手段,通过形象思维而创造的一种精神意境,从而激起人们的思想情感,如革命活动故地、烈士陵墓、著名历史名人活动旧址及墓地等。其主要任务是供人们瞻仰、凭吊、开展纪念性活动和游览、休息、赏景等。

2)规划原则要求

①总体规划应采用规则式布局手法,不论地形高低起伏或平坦,都要形成明显的主轴线干道、主体建筑、纪念形象、雕塑等应布置在主轴的制高点上或视线的交点上,以利突出主体。其他附属性建筑物一般也受主轴线控制,对称布置在主轴两旁。

②用纪念性建筑物、纪念形象、纪念碑等来体现公园的主体,表现英雄人物的性格、作风等主题。

③以纪念性活动和游览休息等不同功能特点来划分不同的空间(图5.14)。

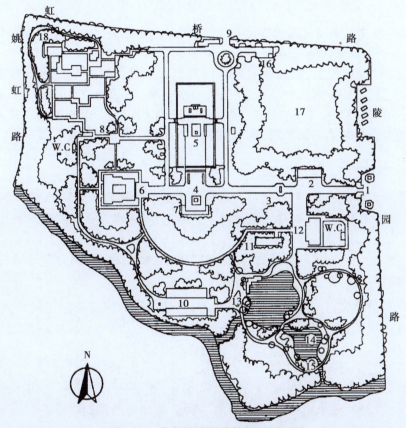

图5.14　宋庆龄陵园总体规划平面图

1.陵园入口;2.贵宾厅;3.宋庆龄纪念碑;4.纪念广场;5.宋庆龄墓地;
6.宋庆龄事迹陈列室;7.纪念花架;8.国内名人墓园;9.万国公墓入口;10.儿童小世界;
11.陵园管理处;12.茶室;13.水榭;14.鸽岛;15.园亭;16.方亭;17.国际友人墓区;18.小花架

3)功能分区及其设施

(1)纪念区　该区由纪念馆、碑、墓地、塑像等组成。不论是主体建筑组群,还是纪念碑、雕塑等,在平面构图上均用对称的布置手法,其本身也多采用对称均衡的构图手法,来表现主体形象,创造严肃的纪念性意境,为群众开展纪念活动服务。

(2)园林区　该区主要是为游人创造良好的游览、观赏内容,为游人休息和开展游乐活动服务。全区地形处理、平面布置都要因地制宜,自然布置。亭、廊等建筑小品造型均采取不对称

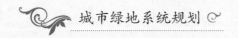

的构图手法,创造活泼、愉快的游乐气氛。

4)绿化种植设计

纪念性公园的植物配置,应与其公园特色相适应,既有严肃的纪念性活动区,又有活泼的园林休息活动部分。种植设计要与各区的功能特性相适应。

(1)出入口　要集散大量游人,因此需要视野开阔,多用广场来配合。而出入口广场中心的雕塑或纪念形象周围可以花坛来衬托主体。主干道两旁多用排列整齐的常绿乔灌木配置,营造庄严肃穆的绿色气氛。

(2)纪念碑、墓的环境　多用常绿的松、柏等作为背景树林,其前点缀红叶树或红色的花卉,寓意烈士鲜血换来的今天的幸福,激发后人奋发图强的爱国主义精神,象征烈士的爱国主义精神万古长青。

(3)纪念馆　多用庭院绿化形式进行布置,应与纪念性建筑主题思想协调一致。以常绿植物为主,结合花坛、树坛、草坪点缀花灌木。

(4)园林区　以绿化为主,因地制宜地采用自然式布置。树木花卉种类的选择应丰富多彩。在色彩上的搭配要注意对比和季相变化;在层次上要富于变化。如广州起义烈士陵园大量使用了凤凰木、木棉、刺桐、扶桑、红桑等。南京雨花台烈士陵园多用红枫、红花檵木、茶花等,以表现革命先烈用鲜血换来的幸福生活,也体现了游览、休息、观赏的功能需要。

5.2.8　游园规划设计

随着社会逐步走向高度文明,人类对于自身的生活质量提出了更高的要求,不仅仅只是满足于温饱,而是要享受生活。在当今土地资源十分紧缺,绿化建设资金匮乏的情况下,如何使绿地利用率达到最高值,这无疑是广大园林工作者应考虑的问题。街旁绿地作为公园绿地的一部分,因其面小量多,适合人们就近锻炼身体、休闲娱乐,越来越受到大家的重视和欢迎。

1)游园的相关概念

街旁绿地最早被称为街头绿地或街头小游园,自从美国的佩雷公园正式开园,街旁绿地便成了一种新形式的城市公共空间。此后,街头绿地一直得到提倡和鼓励,并在近几十年逐渐被我国所应用。

我国于2002年对街头绿地、小游园等给予统一称呼,即街旁绿地,其属于城市公园绿地范畴,即指位于城市道路用地之外,相对独立成片的绿地,如沿街小型绿地、广场绿地等。绿化占地比例应大于等于65%,是城市中量大面广的一种公园绿地类型,在2017年新颁布的绿地分类标准中,统一称为游园。

2)游园的功能

(1)改善城市生态环境,提升城市形象　城市绿地不仅可以改善生态环境,而且能美化城市,因而可作城市的"名片",起到很好的宣传作用。一个良好的游园的景观设计能体现出一个城市的地域特色及城市面貌。

(2)贴近生活,满足游憩需求　城市游园大多小而分散,贴近人们的生活,是人们日常游憩的场所。游园把人们吸引到户外,可促进人与自然的交流及人与人之间的交流。同时,绿地有良好的环境和游憩设施,是人们锻炼身体、消除疲劳的最佳场所。

(3)承载精神需求,寓教于乐　游园在一定程度上能满足人们的精神需要。通过一些主题,可以向人们展示城市的历史印记,并通过内部的雕塑、小品等传达科学及文化信息,增加文化知识,陶冶情操。

（4）兼具防灾避灾功能　游园作为城市公园的扩张和补充,相对于城市中基础设施等"硬件"环境而言,城市绿地是具有防震减灾功能的隐性"韧"环境,是城市中具有避灾功能的重要"柔性"空间。它能够成为城市居民紧急疏散和救灾的通道,并对灾害具有一定的隔离作用。

3）游园设计要点

（1）注重与城市空间布局的衔接　游园的形成与城市的建设密不可分,大致主要分为两种,即:旧城更新而形成、新区开发而形成。

①在旧城区的空间布局形式:在旧城更新中,大量游园主要是结合市政建设、旧城改造、拆除危房等应运而生,通常其面积不大,形式灵活,邻近居民生活区或商服区,是居民使用最多,距离最近,通常在半天时间内可以往返的绿地。游园作为城市绿地系统"点、线、面"构成中"点"的要素,孤立的小型游园往往是无序的、零散的,规划时应作整体性考虑,或串连成带状,或成片布置。因此,在布局中应体现出"由点连线""由点组面"及"点线面交融"的空间布局模式,这样可以从整体上体现特色资源,增强城市特色风貌。如上海的小型沿街绿地为上海老城区增添了活力(图5.15)。

②在新城区的空间布局形式:在前期开发区域内,有些游园是作为带动招商引资形象工程而建设的,其规模相对较大,主要以大面积绿化为主,观赏性植物种植较多,缺少必要的场地和活动设施,因此,其绿化和形象功能占据首位,而使用功能等被弱化。这样的绿地要考虑"点、线"成"面"的关系,做好绿地系统的前期规划,把近期绿化形象功能与远期使用功能相结合,这是这种游园形成和发展的重要特征。在新区开发建设中,一些新建游园以改善生态环境及为大众提供休闲活动空间为主,在位置选择上注重与城市主要道路毗邻。这些毗邻城市干道的开放空间,不是拥有大量硬质铺装的广场,而是加入更多的植物元素,与周围的街头绿地体系有机地融为一体,作为线性开放空间融入城市网络,如上海市延中绿地(图5.16)。

图5.15　上海某街头绿地　　　　　　图5.16　上海市延中绿地

（2）注重与交通组织的联系　城市游园与城市道路联系紧密,起到划分城市空间、界定道路范围的作用。因此,考虑交通组织的可达性及其绿地的可进入性,是人们在城市道路与环境和他人发生联系的关键因素。

①绿地的可达性:可达性是衡量绿地系统功能的重要指标。距离越近,绿地共享越容易实现;相反,绿地的利用率则降低。因此,在设计游园时,应将服务半径作为首要考虑条件。在新区开发建设中,由于绿地面积增加,因而其服务半径可适当增加。而在旧城区改造中,考虑到周围居民的使用情况,其服务半径一般不超过0.75 km,满足市民步行5~10 min即可到达一处休

息场所的需要。合理的服务半径为周边的城市居民提供了舒适的开放空间。若这方面内容在规划中得不到相应的重视,城市绿地服务半径不合理,则会出现许多绿化服务的盲区。

图 5.17　北京皇城根遗址公园入口

②居民的可入性:城市游园是城市道路的补充。就目前园林发展的形势来说,人们更多的是渴望能够"绿地敞开,进去活动"。因此,良好的可入性是作为城市开放空间的必然趋势。游园作为城市人行道的延伸,其入口是连接城市道路与绿地内部空间可入性的重要环节。一般,主入口是人们进出绿地的必经之地,是人流集散之地,因此可结合休息设施、小品构筑物等进行设置,结合步行系统,方便过路行人或周围居民使用(图 5.17)。对于交通较复杂的地段,如道路的交叉口或主要干道,在设计时,可使入口部分升高或降低,避免游人与车辆的正面交锋。对地形较复杂的地段,可随高就低布置挡土墙或台地,以增加绿化的层次(图 5.18)。

为利于绿地的管理和维护,常用栏杆、绿化隔离带、休息设施等作为游园的外边界,以阻隔内部空间与外部空间的联系,确保绿地行人的安全,营造步行空间,在入口处设置防止机动车辆和自行车进入的隔离设施(图 5.19)。因此,城市游园建设应在满足市民的可进入性的同时,阻止外来车辆等的干扰,为市民提供休闲、娱乐、交往、健身的活动场所。

图 5.18　上海延中绿地入口

图 5.19　北京某街头小游园入口处车挡

(3)注重与周围环境的结合　城市游园在城市建设之初,其原始功能单一,仅起到点缀城市、美化环境的作用。但随着经济的发展,单一功能的城市绿地已不能满足人们的需求。城市绿地的性质、功能也随着周边用地性质的改变而发生变化。一般来说,商业建筑附近绿地的服务对象是商场中的顾客,该绿地主要提供人们休息;居住建筑附近的绿地主要为周围居民提供游憩、休闲的场所;道路两侧及交叉口处的绿地主要起到绿化美化、阻隔噪声的作用;建筑前庭绿地为附近上班族提供闲暇休息的活动空间。因此,在不同位置与性质的环境,城市游园所起到的作用不同,其设计形式及大小也不同。只有真正做到与周围环境相互协调,相互依托,互为借用,构成整体的和谐美,才是建设城市绿地的真正用意。

(4)注重内部空间的多样性

①满足不同人群的需求:城市游园应满足不同层次人群及不同时间的人群活动的要求。如中老年人喜欢群聚、晨练等,因而需要规模合适的交流场所;青年人一般需要较安静的场地,以便于休息和学习;少年儿童需要带有游乐设施的活动场地。因此,游园要均衡配置、结合所处地段的环境特点,从形式、布局、内容、风格等方面突出体现各自的特色和风格,从而体现城市游园

的灵活多样性。城市游园从整体来说,要形成动静、开敞与封闭结合的空间形式,以满足各层次人群的不同需求。

②利用植物搭配,划分不同空间:城市绿地常利用植物搭配进行空间划分,在游园中,通过软质植物与硬质铺地形式结合,以划分内部空间,在面积有限的游园绿地中给人步移景异的感觉。通常利用低矮的灌木或低于视线的绿篱或地被,使空间变得开敞,在视线上保持连续性;利用高大的乔木及灌木,以减少视线的通透性,也围合了空间;若结合乔灌草的复层形式,还能加强空间的私密性。

(5)注重内部小品设施,体现艺术特色　游园的内部景观空间往往受商业化影响而缺乏特色,常导致城市街旁绿地景观千篇一律。游园是以组织空间为特征的环境艺术,在满足绿地使用功能的基础上,应创造出丰富的景观艺术效果,如小品雕塑、座椅、园灯、指示牌等。在这些"硬质"要素景观的基础上,更要讲究意境,重视精神文化。例如,在景观设计中,水景应用发展迅速,一些游园中,常引入"水",使绿地景观具有动态感,体现园林意境流动的美感。景观环境的优美、空间组织流畅及小品设施舒适性和安全感,"软质""硬质"要素的结合,使空间层次丰富,更有利于提升街旁绿地的品质。

城市游园作为城市公园绿地的重要组成部分,面积虽然不大,但分布广泛,与人们的生活息息相关,可为市民提供最基本的绿色空间和活动场所。在城市绿地系统总体布局中,城市游园必须因地制宜,依据现状合理安排,并与其他城市绿地配合形成"点、线、面"交融复合系统。对已建成的旧城区要坚决保留既有绿地,在原有的基础上进行扩建,并进一步提高质量;对于新建的开发区、新城区等,则采用"一步到位"原则,做好规划要求,努力使游园建设符合科学的绿地建设规律,这也是今后绿地建设发展的方向。

案例分析

案例1　北京奥林匹克公园的规划

第 5 章案例分析

案例2　法国拉维莱特公园解析——巴黎绿色
　　　　会客大厅里欢快地旅游与艺术地憩息

案例分析微课

案例3　安徽灵璧石公园规划设计

思考与练习

1. 公园绿地游人容量如何进行确定?
2. 城市公园的用地平衡包括哪些内容?
3. 公园规划设计布局的形式有哪些?
4. 公园规划设计的原则有哪些?
5. 在综合性公园的规划设计中如何进行功能分区和景观分区?
6. 综合性公园地形设计要点有哪些?
7. 综合性公园出入口设计要点有哪些?
8. 儿童公园的规划设计要点是什么?
9. 带状公园设计要点有哪些?

10.选择某一综合性公园,对其功能分区、出入口设计、园路设计、地形设计、植物设计、建筑设计进行调查分析,并对其提高完善提出自己的意见和建议,在此基础上完成调查报告,要求字数不少于3 000字,图文并茂。

实　训

1)实训目标

1.通过调研学习国内外优秀公园绿地的规划设计实例,了解其具体的规划设计手法,并能学会灵活应用。

2.熟悉和掌握公园绿地规划设计的基本程序、方法和内容;进一步提高公园绿地规划设计实践操作技能和方案表现能力。

2)实训任务

根据所提供的基地底图和项目要求,进行滨水绿地规划。

项目概况及任务:

规划区域为江苏省徐州市云龙湖滨湖绿地,东西长约1 600 m,南北平均宽度为150 m,占地面积为24 hm²(图5.20)。东与市民广场相邻,西与城市风景林地相呼应,南倚碧波荡漾的云龙湖。根据城市绿地系统规划,拟将该地段建成集旅游、休闲、娱乐、健身的开放式滨水公园。本实训要求在对基地现状分析的基础上,以《公园规划设计规范》为指导,根据开放式滨水公园的要求,以突出地方特色、滨水特色、满足市民休闲需求等原则为指导,对该地段进行规划设计。

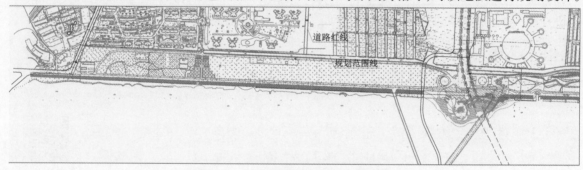

图5.20　公园绿地规划设计实训底图

3)实训要求

(1)充分了解任务书的要求,研读相关领域的优秀案例。

(2)了解规划设计条件,确定规划设计风格。

(3)分析各种因素,做出总体构思,进行分区和草图设计。

(4)经推敲,确定总平面图。

(5)绘制正图。包括总平面图、分区图、剖面图、局部小景效果图或总体鸟瞰图、植物种植设计图、编写设计说明等。

(6)规划成果:纸质文本包括规划设计说明和相关图则,A₃规格,横向排版,软面平装。规划设计说明包括概况、规划设计依据和原则、总体构思与布局、分区规划内容、竖向规划、种植规划、主要景点设计构思等;主要图纸包括现状分析图、总平面图、功能分区图、景观分区图、道路系统规划图、植物种植设计图,以及主要景点景观平面图、立面图、效果图等。

6 防护绿地规划

6 微课

[本章导读]防护绿地是用地独立,具有卫生、隔离、安全、生态防护等功能的绿地,是城市绿地的重要组成部分。本章重点讲述防护绿地的类型、作用、规划设计要点。

防护绿地是用地独立,具有卫生、隔离、安全、生态防护等功能,游人不宜进入的绿地,诸如:城市防风林,工厂与居住区之间的卫生防护距离中的绿化地带,建成区内防止风沙、保护水源、隔离公墓、掩蔽防空及城市公用设施防护为目的而营造的防护林。防护绿地是城市绿地系统的重要组成部分,可以发挥防风固沙,防止水土流失;降低风速,减弱强风及强风所夹带的沙、尘等对城市的侵袭,以及美化城市、改善城市生态环境等作用。

6.1 防护绿地的类型

防护绿地按不同的划分依据可分为以下不同的类型,需要说明的是,许多防护绿地的设置与各自发挥的作用并不是孤立的,而是相互联系的,发挥的作用是综合的。

(1)根据防护林的功能或主要防护的危害源种类分为防风林、治沙林、防火林、防噪林、防毒林、卫生隔离林等。

(2)根据主要的保护对象分为道路防护林、农田防护林、水土保持林、水源涵养林、交通防护林(铁路、公路)等。

(3)根据防护林营造的位置分为环城防护林、江(或河、湖)岸防护林、海防林、郊区风景林等。

6.2 各类型防护绿地规划设计

6.2.1 城市防风林绿地

城市防风林带除了能起到城市绿地诸如调节温度和湿度,改善小气候条件等一般功能外,其主要作用是降低风速,防风固沙,涵养水源,保持水土,防止大风及其所夹带的粉尘、沙石等对城市的侵袭,同时也可以吸附市内扩散的有毒、有害气体,减少对郊区的污染。

1)防风林的类型

林带的结构对于防风效果具有直接的影响,防护林按结构类型可以分为不透风林(紧密结构)、半透风林(稀疏结构)、透风林(通风结构)3种类型(图6.1)。各防护林因结构不同,其防护功能有所差别,营造防护林时,应综合考虑当地自然条件、场地现状等因素,选择合适的林带结构。

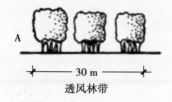 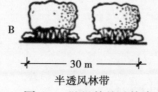 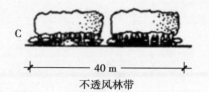

A　30 m　透风林带　　B　30 m　半透风林带　　C　40 m　不透风林带

图6.1　防风林的结构类型

（1）不透风林：不透风林（紧密结构）一般由带幅较宽（一般40 m左右）、行数较多的常绿乔木、落叶乔木和灌木组成，林带的枝叶较为稠密，形成多层林冠，透光较少，因其密实度大、枝叶稠密，能够阻挡大风前行，能起到良好的防风效果。不透风林带的透风系数小于0.3，即仅有不到30%的风可穿透林带，在不透风防护林带的背后，风速可降低70%左右。不透风林经常用于果园和种植园的保护，或用于某些建筑物和工程措施，阻止流沙侵袭的防沙固沙林也宜采用这种结构。但风遇到阻挡会产生涡流，从林冠上部越过，并很快恢复原来的风速，因而紧密结构的防风林带虽然降低风速效果显著，但防风范围小，风速恢复迅速，且紧密结构的林带内和林缘附近有一静风区，在两条主林带间距稍远时，易造成其间耕地严重风蚀，在农田林网内形成靠四边林带的附近积沙较高的现象，因而在多风沙区的耕地切忌采用这种结构的林带。

（2）半透风林：半透风林带（稀疏结构）的树种组成及林冠层次和不透风林带相似，但比不透风林带要枝叶稀疏、行数较少、带幅较窄（一般30 m左右），且半透风林带只在林带外侧配置一行或在内外两侧各种植一行灌木，林带内部一般不种植灌木，有时半透风林带也不配置灌木，而只种植侧枝较发达的乔木。林带树种的选择以深根性的或侧根发达的为首选，以免在遭遇强风时被风吹倒。这种结构的防风林带透光均匀，旨在让风穿越时，受树木枝叶的阻挡而减弱风势，因而大部分气流能够较均匀地通过林带。半透风林带的透风系数一般为0.3～0.5，即30%～50%的风可不改变运行方向，而均匀地穿过林带，另外一部分气流由林带上缘越过，从而可以在背风林缘处形成一个弱风区，我国平原农业区普遍采用这种结构的防风林带。

（3）透风林带：透风林带（通风结构）则由一种或两种枝叶稀疏的乔木（或有伴生树种）组成，个别有少量灌木，通风结构的林带较窄。由于透风林带的树冠部分紧密不通风或很少透风，一部分气流从林带的上缘越过，还有部分气流从林带下层穿过时，因遇到均匀的栅栏状树干层的通风道（管道效应），林带改变气流的作用相当于空气动力扩散器的作用。由于浓缩气流力量强大，林带下部气流穿过树干时，风速略有增加。到一定距离后，气流由于断面加大而辐散，再与上部气流汇合，由于两股气流的相对速度的差异，很容易产生涡流，从而达到减低风速的效果。透风结构林带降低风速的绝对值比稀疏结构小，在背风林缘附近减低风速不是十分明显，且会在林缘附近有不同程度的风蚀现象，但其防护范围要大于前两种结构的防风林。在风害不大的壤土耕地或风速不大的灌溉区，或没有台风的水网区，适宜采用这种结构，在一般平原农业区也可采用这种结构的林带。

2）防风林带规划设计要点

（1）城市外围防风林的布置：在规划设计城市防风林带之前，首先应了解和把握当地主导风向的规律，并确定可能对城市造成危害的季风风向，以便在城市的外围正对盛风的位置设置与风向方向相垂直的防风林带。防风林应设在被防护的上风方向，并与风向垂直布置，如果受地形或其他因素限制，可以与风向形成30°左右的偏角，但偏角不得大于45°，否则会大大减弱防风效果。特别需要注意的是，在我国许多夏季炎热的城市中，为促进城市空气的对流，降低城市温度，可以设置与夏季主导风向平行的楔形林带，将郊外、自然风景区、森林公园、湖泊水面等区域的新鲜、湿润、凉爽的空气引入城市中心,以缓解由建筑辐射、人的活动以及各种设备产生的热量积聚造成的"热岛效应"。

(2)城市防风林的结构组成:城市防风林一般由主林带和副林带组成,主林带每带宽度不小于10 m,副林带的宽度不小于5 m。一般而言,主林带与城市主导风向垂直布置,副林带与主林带垂直布置,以便阻挡从侧面吹来的风。防风林带的内部组合一般是在迎风面布置透风林,中间为半透风林带,靠近城市的一侧设置不透风林,形成一组完整的结构合理的防风林组合体系,从而起到较为理想的防风效果。

(3)城市防风林的树种选择:城市防风林带应选择具有抗风性能强、根系发达的树种,应以深根性的或侧根发达的乡土树种为首选,以免在遭遇强风时被风吹倒,同时要选择展叶早的树种。

(4)城市防风林带的综合功能:单一的防风林带可以承担相应的物理功能,但在当前城市绿地系统规划和建设的新理念下,加之由于城市用地紧张,城市防风绿地大多安排在市郊的农村或田野中,因而城市防风林带可以结合地形、环境和当地的实际情况,与其他绿地结合,经过合理的规划设计,形成兼有防风功能与景观、游憩功能为一体的具有综合功能的绿地,如郊野公园、观光果园、植物园等。

(5)城市内部的防风林带设置:仅依靠城市周边的防风林带还不足以完全改善城市内部的风力状况,因为与主导风向平行的街道、建筑会形成强有力的穿堂风,众多的高层建筑又会产生湍流及不定向的风,有时多股气流的叠加会使风速加剧,因此在城市内的一定区域以及高楼的附近还须布置一定数量的防风绿地,以改变风向及削弱有害气流的强度。

6.2.2　道路防护绿地

根据我国现行规定,城市干道规划红线外两侧建筑物的退缩地带和公路规划红线外两侧的不准建筑区,除按城市规划设置人流集散场地外,均应用于建造隔离绿化带。其宽度分别为:城市干道规划红线宽度26 m以下的,两侧各2~5 m;26~60 m,两侧各5~10 m;60 m以上的,两侧各不少于10 m。公路规划红线外两侧不准建筑区的隔离绿化带宽度,国道各20 m,省道各15 m,县(市)道各10 m,乡(镇)道各5 m。城市道路防护绿地是指在道路两侧营建的以保护路基、防止风沙和水土流失、隔音为主要目的,兼顾卫生隔离、农田防护和美化城市的防护林,包括铁路防护林、高速公路防护林、公路防护林和城市道路防护林。

1)城市公路干道防护绿地规划设计

城市公路干道是连接城市之间的主要交通道路,其防护林带集遮阴、景观、防风沙等多种功能于一体,在城市公路干道防护绿地规划设计中,应注意以下要点:

(1)为充分发挥树木的防风固沙作用,应合理加大种植密度,增加单位面积的绿量,更好地发挥防护功能,尤其在平原地区,密植防风林的作用就更加明显。城市公路干道防护林应根据公路的等级、宽度、材料等因素来确定林木的种植位置及防护带的宽度。在路基不足9 m宽时,行道树应种在边沟之外,距边沟外缘不小于0.5 m;路基有足够宽度时,行道树可以种在路肩上,距边缘内缘不小于0.5 m(图6.2)。

(2)在公路的交叉口处,为了保证行车安全,必须在路转角空出一定的距离,使司机在这段距离内能看到对面开来的车辆,并有充分的刹车和停车时间而不致发生撞车。此外,距桥梁、涵洞等构筑物5 m之内也不应种树,以保证交通安全。

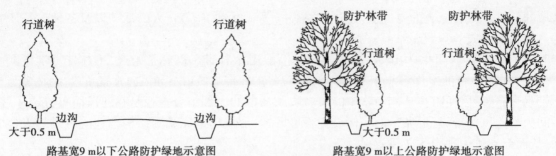

图6.2　公路干道防护绿地断面示意

（3）应充分考虑公路防护绿地的景观、生态综合效果，公路干道防护绿地的种植配置要注意乔灌草相结合，常绿树与落叶树相结合，速生树与慢长树相结合，并建议每隔 2～3 km 变换一种基调树种，这样既可充分保证公路绿化的四季景观效果，丰富冬季和早春景观，又能抵御落叶树还未发芽时发生的沙尘天气，同时有利于司机的视觉和心理状况，也可防止病虫害的蔓延。此外，如果公路两侧有较优美的林地、农田、果园、花园、水体、地形等景观时，则应充分利用这些自然立地条件，来创造具有特色的公路干道景观，并留出适宜的透视线供司机、乘客欣赏。

（4）由于城市公路干道是连接城市之间的主要交通道路，因而在公路干道通过村庄、小城镇时，应结合乡镇、村庄的绿地系统进行规划建设，注重整体性和系统性。在邻近城市时，一般应加宽防护林的宽度，并与市郊城市防护绿地相结合，如能结合园林建设，则能形成较好的城市外围景观，产生良好的生态效益和社会效益。

（5）公路干道防护绿地应尽可能与农田防护林、卫生防护林、护渠防护林以及果园等相结合，做到一林多用、少占耕地，结合生产创造效益。

2）高速公路防护绿地规划设计

在城市高速公路防护绿地规划设计中，应注意以下要点：

（1）为了防止噪声和废气等污染，在高速公路干道的两侧要留出 20～30 m 的安全防护林带，防护绿地在树种选择上要求具备枝干密、叶片多、根系深、耐瘠薄干旱、耐有毒有害气体和重金属污染、不易发生病虫灾害等特点。在充分发挥林带的生态功能的同时，应考虑到道路廊道的风景效果，尽可能保护、利用原有自然景观，适当点缀风景林群、树丛、宿根花卉群，并考虑到沿线景色变化对驾驶员心理上的作用，增强驾驶员的行车安全感。

（2）高速公路中央分隔绿带宽度应在 1.5 m 以上，宽者可达 5～10 m，分隔绿带上种植应以草皮为主，或可以低矮、修剪整齐的常绿灌木、丛花灌木的形式种植，严禁种植乔木，以免树干映入司机眼帘，产生目眩感觉，导致交通事故。

（3）高速公路防护林宜结合周围自然条件进行合理的规划设计，如田野、山丘、河流、村庄等。尽量通过防护林生态缓冲带的规划设计减少对自然环境的干扰和破坏，并通过使高速公路防护林与农田防护林相结合，形成公路、农田的区域防护林网络格局。

（4）为防止行人穿越高速公路，常见用禁入护栏作为防护绿地的外围界定，但此种做法容易被损坏且景观效果差。针对这一问题，可以采用营造高速公路禁入刺篱防护带的办法，选用有刺的植物进行绿篱栽植，形成防护绿带。一般选择 1～2 种分枝密、枝刺多且尖锐的篱墙植物作为禁入的主体林种，2～4 种常绿、有花、净化功能好的藤本植物或观叶、观花、观果的小灌木作为配景林种，配置以主体树种为基本骨干，并搭配季相树种填补时间、空间上的功能缺陷，做到主次分明、四时有景。

3）铁路防护绿地规划设计

铁路一直承担着我国交通的主要运输任务,铁路运输业在我国的交通运输体系中起着举足轻重的作用,尤其是在当前高速铁路、城际铁路的大规模建造的新形势下,铁路防护绿地作为铁路廊道的生态缓冲风景带,在铁路防护绿地规划设计中,应注意以下要点:

(1)在铁路两侧种植乔木时,应离开铁路外轨不小于10 m,种植灌木要离开外轨不小于6 m,一般采用内灌外乔的种植形式,铁路沿线两侧隔离绿化带宽度各不少于20 m。

(2)铁路通过城市建设区时,在可能条件下应留出较宽的防护林带以防止噪声、废气、垃圾等对城市的污染,一般铁路防护林带应采用不通透防护林结构,靠近路轨一侧,采用自然种植形成景观群落,宽度在50 m以上为宜。

(3)在铁路两侧如有比较优美的自然景色,如绵绵远山、壮阔水景、江南风情、塞北风雪、名胜古迹、稻田花香,则不宜种植高大树木,以免遮挡视线,在同一景色过长时再以防护林进行屏障防护。此外,长途旅行会使旅客感到行程单调,如果铁路防护林能结合每个地区的特色进行规划,在树种、种植形式上产生变化,并结合地形、水体等,既可获得生态效益,又可取得良好的社会效益。

(4)与高速公路防止行人穿越相同,铁路也存在防止行人穿越的问题,禁人篱的设置可以达到相应的禁人作用。

6.2.3　卫生隔离绿地

卫生隔离绿地主要是建设在工矿企业等城市空气污染源与城市其他区域之间的卫生防护林带。工业生产过程中经常散发煤烟粉尘、金属粉末甚至有毒有害气体,这对城市环境的污染相当严重,危害居民身心健康。卫生隔离林带对于减少这些污染,净化城市空气,保护城市环境起着至关重要的作用。

1）卫生防护林带的分级

卫生防护林可以根据污染的因素,平行营造1~4条主林带,并适当设置与主林带相垂直的副林带。我国卫计委对各种企业及公用设施同住宅街坊间的卫生防护带的条数、宽度和间距,做过具体的规定,具体如下:

(1)第一级工业企业及公用设施:包括氮及氮肥生产、硝酸的生产、用亚硫酸纸浆和硫酸纸浆造纸的生产、人造黏质纤维和玻璃纸的生产、浓缩矿物肥料的生产、石油加工企业、可燃性页岩加工企业、煤炭加工企业、氯的生产、动物死尸加工厂、骨胶厂、大粪场及大型垃圾场、废弃物的掩埋场等。上述工业企业及公用设施的卫生防护林总宽度应为1 000 m,防护林带的条数为3~4条,每条主林宽度为20~50 m,两条林带之间间距为200~400 m。

(2)第二级工业企业及公用设施:包括合成樟脑、纤维质酯类的生产,用纤维质酯类制造塑料的生产,用氧化法提炼稀有金属的生产,黑色和有色金属矿石及碎黄铁矿的烧结企业,高炉容积为500~1 500 m³的炼铁生产,用水溶液电解法提炼锌、铜、钴的生产,生产量低于15万t的硅酸盐水泥生产,1 000头以上的家禽场、屠宰场、垃圾利用场、污水灌溉场和过滤器(污水量每昼夜小于或等于5 000 m³)、中型垃圾场、火葬场等。上述工业企业及公用设施的卫生防护林总宽度应为500 m,防护林的主林带为2~3条,每条主林宽度为10~30 m,两条林带之间间距为150~300 m。

(3)第三级工业企业及公用设施:包括塑料的生产,橡皮及橡胶的再生企业,混合肥料的生产,高炉容积低于500 m³的炼铁生产,年产量低于100万t的平炉和转炉炼钢生产,金属及非金属矿石(铅、砷及锰矿除外)的露天采掘,玻璃丝及矿渣粉的生产,动物的生毛皮加工及染色或鞣制企业,甜菜制糖工厂,渔场,垃圾生物发酵室,污水处理厂,垃圾、粪便运输工具停留场,能利用的废弃物的总仓库等。上述工业企业及公用设施的卫生防护林总宽度应为 300 m,防护林的主林带为 1~2 条,每条主林宽度为 10~30 m,两条林带之间间距为 150~300 m。

(4)第四级工业企业及公用设施:包括用现成纸浆和破皮造纸的企业、假象牙和其他蛋白质塑料(氨基塑料)的生产、甘油的生产、用醋酸法或氨基酸法制造人造纤维的生产、锅炉的生产、水银仪器(水银整流器)、用电炉炼钢的生产、石棉水泥及石板的生产、一般红砖及矽盐的生产、陶制品和瓷制品的生产、大型木船造船厂、螺丝工厂、漂染工厂、毛毡的生产、人造皮革的生产、蛋粉工厂、酒精工厂、肉类联合工厂及冷藏肉制造厂、烟草工厂、基地和临时存放未加工的废弃物仓库等。上述工业企业及公用设施的卫生防护林总宽度应为 100 m,防护林的主林带为 1~2 条,每条主林宽度为 10~20 m,两条林带之间间距为 50 m。

(5)第五级工业企业及公用设施:包括肥皂的生产企业,盐场,用废纸、现成纸浆和破皮制造不漂白的纸的生产企业,天然矿物颜料的生产企业,塑料制品(机械加工)的生产企业,二氧化碳和"干冰"的生产企业,香料生产企业,火柴生产企业,蓄电池生产企业,进行热处理而不进行铸造的金属加工企业,石膏制品的生产企业,毛毯及人造毛皮生产企业,生皮革(200 张以下)的临时仓库(不加工)企业,啤酒酿造企业,麦芽酵母制造企业,罐头加工企业,糖果糕点制造工厂等。上述工业企业及公用设施的卫生防护林总宽度应为 50 m,防护林的主林带设 1 条即可,林带宽度为 10~20 m。

2)城市卫生防护绿地规划设计要点

(1)卫生防护带的树种选择应尽量选择能吸收有害物质或对有害物质抗性强或能够吸收有害物质和粉尘的乡土树种,还应注意选择杀菌能力强的树种。

(2)由于各种林带结构的防护林有其各自的防护作用和特点,应根据防护对象的具体要求加以选择。此外,在城市中很可能大气中的污染源并非单一,因而为达到最佳防护效果,可以在多条防护林区采用通风结构、疏透结构和紧密结构 3 种结构林带配合设置的形式。

(3)卫生防护带对净化空气、保护环境是很重要的措施之一,但对有些严重污染的工矿企业(如化工厂),必须采取综合措施。首先从工厂本身的技术设备上加以改进,杜绝和回收不符合排放标准的污染物的根源;另外,规划时,要考虑工业区的合理位置,尽量布局在城市居住区的下风向;加上卫生防护带的设置,互相配合,才能达到理想的效果。

(4)卫生防护林带附近在污染范围内,不宜种植粮食及油类作物、蔬菜、瓜果等农产品,以免引起食物慢性中毒,但可种植棉、麻及工业油料作物等。另外,也应尽量避免养殖业的开展。

6.2.4 安全防护林绿地

安全防护林绿地是为了防止和减少地震、火灾、水土流失、滑坡等自然灾害或高压电线、辐射等人为隐患造成的危害而设置的防护林带,它通常布置于易发生自然灾害和具有危险隐患的区域。

1)安全防护林体系

在一定的自然地理区域或一个范围内,依据地形条件、土地利用状况、主要自然灾害和人们生产活动的情况,在当地发展生产总体规划的基础上,结合田边、道路、水利设施和居民点植被,结合生产林带(用材林、经济林、薪炭林)而形成防护林的综合体,即称为安全防护林体系,如"三北"防护林工程。安全防护林体系作为一类特殊的防护绿地,根据其不同的防护功能,在规划设计中应注意的要点有:

（1）对于安全防护林体系，在配置和布局上要相互协调，在林分的形式上可以林带、片林、林网相结合，乔木、灌木、种草相结合。各个林种要相互补充与完善，并且要注意安全防护林体系内各个林种空间分布上的均匀、合理性，使防护林体系形成一个有机整体，发挥最佳的综合效益。

（2）一些环境条件较好的农区、沿海地区或具有灌溉条件的地区，安全防护林体系的树种组成和经营应向多层次、多形式、多目标发展，以便充分地利用土地等自然资源，不断提高生产力，如农作物、林带、经济作物混作、间作等立体林业防护林体系，既可发挥植物群体相互依存，克服不良条件的影响，提高其防护效益，又可充分发挥土地生产潜力。

（3）为了提高防护林体系的总体效益，在规划配置上要考虑以最小的林业占地面积发挥最大的防护效益。因此，应确定合理的防护林覆被率。一般在平原农地或草原牧场，覆被率为5%～10%为宜；在山地丘陵区，覆盖率一般不宜小于30%。

（4）对于特定的自然地理区域，因为影响当地生产、生活的主要自然灾害多是明显的，为此规划的安全防护林体系多以某一林种为主体，且其空间配置要求各异。如水土流失地区以水土保持林为主体；在泥石流多发地区，以防止山体滑坡的保护林为主体，结合其他林种，构成当地的防护林体系。水源涵养林和水土保护林宜配置成片状、带状或块状，构成完整的水土保护林体系。

（5）安全防护林宜选择生长稳定、长寿、抗性强的树种，以优良的乡土树种为宜；根据当地条件，营造乔灌木混交型、阴阳树种混交型等类型的混交林；根据防护目的和地貌类型，配置防护林带；在抚育管理方面，在防护林地区只能进行择伐，清除病腐木，并须及时更新。

2）其他安全防护绿地

（1）对于易燃易爆厂房的安全防护绿地，最好在厂房、车间周围栽植数行防火树种，绿带间应留出 6 m 以上的空地，且空地切忌铺设草坪，最好用砖铺砌或设水池相阻隔，以阻止可能发生的火灾的蔓延、扩散。防火树种的选择，要求叶片厚、叶面含水量要多，树皮粗糙，因为叶片厚，散失水分时间长，可相应延长引火时间，最好是叶片密生和树冠小的阔叶树，忌用含油脂多的易燃树种。

（2）城市高压输电线路下方的城市高压走廊防护绿地，也是为安全考虑而设置的绿带。根据有关规定，高压线走廊下安全隔离绿化带的宽度，550 kV 的高压线，应不少于 50 m；220 kV 的高压线，不少于 36 m；110 kV 的高压线，不少于 24 m。

（3）应在立法、制度建设层面充分重视避难防灾安全绿地的规划和建设，当发生战争、地震、火灾、洪灾等灾难时，庇护绿地是天然的防护屏障，能有效减轻爆炸、燃烧产生的破坏、冲击，从而成为灾民紧急避难场所，也可作为救灾物资的集散地、救灾人员的驻扎地、临时医院的所在地和救援直升机的起降地等。

案例分析

上海金桥出口加工区是 1990 年我国政府批准设立的国家级重点开发区，2010 年 11 月，金桥出口加工区通过了环保部、商务部、科技部联合组织的技术考核和现场验收，成为上海国家级开发区中首家国家生态工业示范园区。金桥生态工业园内，由于输变电的需要，存在着众多的高压线网和架空铁塔，特别是罗山路和杨高路沿线，分别占据着园区内近 700 亩的土地。长期以来，由于高压线网的建设限制，使得区域内建筑与生活垃圾堆积成山，严重影响了开发区的环境品质提升。从 2012 年初开始，金桥集团启动了高压线走廊下地块整治与生态绿化项目，通过"城市森林""高台绿化""生态停车场"等项目，建设城市生态休闲与防护绿地。

（1）城市森林项目　利用高压线下走廊和未开发用地 3 年内种植乔木 3 万株、灌木 12 万株,新增绿化水域面积 1.7 hm²,新增绿化面积 36.67 hm²,按 2011 年金桥开发区现状拥有绿化面积 150 hm² 计算,同口径提高金桥生态工业园绿化面积 24%,使散布在开发区内的近 12 块闲置土地成为工业园区的"绿色明珠链"(图 6.3)。按每年一棵树释放 1 t 氧气来计算,3 万株乔木每年可释放氧气 3 万 t,可吸收二氧化碳 4 万 t,可吸收尘埃 25 t,仅其生态价值估算就约为 50 亿美元。

(2)高台绿化项目　利用开发区西侧黑松路沿线原有垃圾堆土建成 6~8 个绿化高台,配合以主题植物的种植,如菊花台、玫瑰园、槭树园等,激发艺术家、文学家、企业家、科研人员思维,产生创造灵感,形成金桥开发区独特的生态文明示范模板,对该地块的整治方案可以作为土地整治和集约使用的模板,推广使用到其他闲置土地上。

(3)生态停车场项目　利用开发区未利用的高压线下走廊用地,秉承"绿色、生态、环保"主题,建设生态停车场,缓解园区停车困难的紧张局面,同时采用生态雨水管理系统,将雨水收集、滞留、净化、渗透等功能集为一体,经过收集处理的雨水可以用于停车场日常绿化的养护和洗车用水,达到资源循环利用、生态节能减排的可持续发展要求。

图 6.3　金桥工业园城市森林项目设计效果图及 S18D 地块建设前后实景照片

思考与练习

1. 简述防风林带的规划设计要点。
2. 简述防护绿地的分类。

实　训

1）实训目标

（1）通过调研学习国内外优秀防护绿地的规划设计实例，了解其具体的规划设计手法，并能学会灵活应用。

（2）掌握防护绿地的规划设计方法与步骤，提高规划设计水平。

2）实训任务

根据所提供的基地底图和项目要求，进行防护绿地规划。

项目位置：苏南某中型城市东南城郊处，距离市中心距离约 20 km。

项目面积：约 480 亩（1 亩 ≈ 666.67 m²）（红线范围见基地底图）。

项目概况及要求：

（1）项目定位为集生产、科普、示范、休闲等功能为一体的综合性基地。

（2）南侧、西南侧沿河道布置 50 m 以上宽度的防护绿地，作为与对岸工业用地的生态隔离带，其余用地作为生产绿地。

（3）场地内地势平坦，东侧有一处面积 50 亩左右的人工景观水面。

（4）场地内有一条"Y"形高压线，须考虑安全隔离绿化带。

（5）结合新城建设，场地内的现有村落建筑考虑全部拆除。

（6）场地内有一条贯穿南北的河道，为邻近的市级热电厂尾水排放通道，水质较差，且存在"热污染"现象，如用于灌溉水源需作相应处理。

基地底图如图 6.4 所示。

图 6.4　实训作业基地底图

3) 实训要求

（1）充分了解任务书的要求,研读相关领域的优秀案例。

（2）了解规划设计条件,确定规划设计风格。

（3）分析各种因素,做出总体构思,进行功能分区和草图设计。

（4）经推敲,确定总平面图。

（5）绘制正图。包括总平面图、分区图、局部小景效果图或总体鸟瞰图、植物种植设计、编写设计说明等。

（6）图纸要求:1 号图,手绘或电脑绘制均可。

7 广场用地规划

7 微课

> [本章导读]　广场用地是以游憩、纪念、集会和避险等功能为主的城市公共活动场地。广场用地是《城市绿地分类标准》(CJJ/T 85—2017)中新增的绿地大类，是城市绿地的重要组成部分。本章重点讲述广场用地的分类、功能及规划设计要点。

7.1　广场用地的分类和功能

7.1.1　广场用地的分类

广场用地是以游憩、纪念、集会和避险等功能为主的城市公共活动场地。根据其性质功能，可将广场用地分为休闲娱乐广场、市政广场、纪念性广场、交通广场、商业广场、宗教广场和建筑广场等类型。

休闲娱乐广场：以供人们休憩、游玩、演出及举行各种娱乐活动等为主要功能的广场，也是最使人轻松愉悦的一种广场形式。

市政广场：多分布在市政厅和城市政治中心的所在地，为城市的核心，有强烈的城市标志作用，是市民参与市政和城市管理的象征，通常还兼具游览、休闲等多种功能。

纪念性广场：为了缅怀历史事件或历史人物等而建设的主要用于纪念性活动的广场。

交通广场：指几条道路交汇围合成的广场或建筑物前主要用于交通目的的广场，是交通的连接枢纽，起到交通、集散、联系、过渡及停车作用。

商业广场：通常设置于商场、餐饮、旅馆及文化娱乐设施集中的城市商业繁华地区，集购物、休息、娱乐、观赏、饮食、社会交往于一体，是最能体现城市生活特色的广场之一。

宗教广场：多修建在教堂、寺庙前方，主要为举行宗教庆典仪式服务。

建筑广场：又称为附属广场，指为衬托重要建筑或作为建筑物组成部分布置的广场。这类广场作为建筑的有机组成部分，各具不同特色。

根据其平面空间形态，广场还可分为单一形态广场和复合形态广场。单一形态广场的平面空间形态都是由单一的规则或者不规则几何形状构成，通常又可分为正方形广场、梯形广场、长方形广场、圆形和椭圆形广场、自由形广场等；复合形态广场是指由数个基本几何图形以有序或无序的结构组合而成的广场。

根据其空间围合形态，广场又可分为四面围合的广场、三面围合的广场、两面围合的广场和一面围合的广场。

7.1.2　广场用地的功能

广场用地是居民社会交往和户外休闲的重要场所，是组织商业贸易交流等活动的场地，同时是展示城市风貌的关键性场所之一，也是提供居民灾后避险及重建的场地。

城市广场是城市居民社会生活的中心，周围分布着行政、文化、娱乐、商业及其他公共建筑。广场上布置绿地和设施，能集中体现城市空间环境面貌，是城市空间环境中具有公共性、富有艺术魅力、能反映城市文化特征的开放空间，有着城市"起居室"和"客厅"的美誉。

广场作为城市空间构成的重要组成部分，首先它可以满足城市空间构图的需要，更重要的是它在现代社会快节奏的生活里能为市民提供一个交往、娱乐、休闲和集会的场所。其次，城市广场及其代表的文化是城市文明建设的一个缩影，它作为城市的客厅，可以集中体现城市风貌、文化内涵和景观特色，并能增强城市本身的凝聚力和对外吸引力，进而可以促进城市建设，完善城市服务体系，提升城市形象。

7.2　广场用地规划设计

7.2.1　广场用地规划设计的基本要求

1)绿地率

根据《城市绿地分类标准》（CJJ/T 85—2017），广场用地中绿化占地比例宜大于或等于35%，绿化占地比例大于或等于65%的广场用地计入公园绿地。基于对市民户外活动场所环境质量水平的考量以及遮阴的要求，广场用地应具有较高的绿化覆盖率。

2)选址

广场用地的选址应符合城市规划的空间布局和城市设计的景观风貌塑造要求，符合以下规定：

(1)有利于展现城市的景观风貌和文化特色；

(2)应保证可达性，至少与一条城市道路相邻，宜结合公共交通站点布置；

(3)宜结合公共管理与公共服务用地、商业服务设施用地、交通枢纽用地布置；

(4)宜与公园绿地和绿道等游憩系统结合布置。

3)面积

根据《城市绿地规划标准》（GB/T 51346—2019），规划新建单个广场用地的面积应符合表7.1的要求。

表7.1　规划新建单个广场的面积要求

规划城区人口/万人	面积/hm²
<20	≤1
20 ~ 50	≤2
50 ~ 200	≤3
≥200	≤5

资料来源:《城市绿地规划标准》（GB/T 51346—2019）

7.2.2　广场用地规划设计的原则

广场用地的规划设计应当遵循以下原则：人性化原则、整体性原则、历史延续原则、视觉和谐原则、适应自然原则、公共参与原则。同时，广场用地主题特色的规划设计还应该符合用地的文化特征、环境和时代发展要求。

1）人性化原则

一个聚居地是否适宜，主要是指公共空间和当时的城市肌理是否与其居民的行为习惯相符，即是否与市民在行为空间和行为轨迹中的活动和形式相符。个人对"适宜"的感觉就是"好用"，即用起来得心应手、充分而适意。城市广场的使用应充分体现对"人"的关怀，古典广场一般没有绿地，以硬地或建筑为主，现代广场则出现大片绿地，并通过巧妙的设施配置和交通、竖向组织，实现广场的"可达性"和"可留性"，强化广场作为公众中心的"场所"精神。现代广场的规划设计应以"人"为主体，体现"人性化"，进一步贴近人的生活，比如广场要有足够的铺装场地供人活动，广场中需有坐凳、饮水器、公厕、小售货亭等服务设施，广场的小品、绿化等均应以"人"为中心，时时体现为"人"服务的宗旨，处处符合人体的尺度。

2）整体性原则

随着时代的发展，城市广场的功能向综合性和多样性衍生，现代城市广场综合利用城市空间和综合解决环境问题的意义日益显现。因此，城市广场规划设计不仅要有创新的理念和方法，而且还应体现出"生命至上、生态为先"的环境建设与社会、经济协调发展的思想。

3）历史延续原则

城市广场应突出其地方社会特色，即人文特性和历史特性。城市广场建设应继承城市的历史文脉，体现地方风情和民俗文化，突出地方建筑艺术特色，有利于开展地方特色的民间活动，避免千城一面、似曾相识之感，增强广场的凝聚力和城市旅游吸引力。

4）视觉和谐原则

城市广场要营造人们活动与交往的场所空间，注重与周围建筑环境的协调统一，注重与街道的协调统一，注重与周围整体环境在空间、比例上的协调统一，注重与周围环境在交通组织上的协调统一。

5）适应自然原则

城市广场应突出地方自然特色，即适应当地的地形地貌和气候特征等，如北方广场强调日照，南方广场则强调遮阴，一些专家倡导南方建设"大树广场"便是一个生动的例子。城市广场还应强化地理特征，体现地方自然山水格局特色。

6）公共参与原则

广场的空间环境应引导公众积极投入参与其中，参与性不仅表现在市民对广场各种活动的参与，也体现在广场的创作设计应吸取市民的意愿和意见，从而提高创作的水平。

7.2.3　各类广场用地的规划设计要点

1）休闲娱乐广场

休闲娱乐广场主要是供人们举行一些娱乐活动的。休闲娱乐广场景观设计比较灵活，因为主要是为了方便市民,广场应具有欢乐、轻松的气氛,并以舒适方便为目的。广场中应该布置台阶、坐凳等供人们休息,设置花坛、雕塑、喷泉、水池及城市小品供人们观赏。

休闲娱乐广场应有明确的功能和主题,在此基础上,辅以与之相配合的次要功能,这样才能主次分明,有一定的文化特色,特别是不能与其他类型的广场相混淆。有组织地进行空间设计,力求做到整体中求变化。广场的地面处理应选择合理的铺装材料和铺装图案,加强广场的图底关系,给人以尺度感,通过铺装图案将地面的行人、绿化联系起来,使广场更加有机,同时利用铺装材料限定空间,增加空间的可识别性,强化和衬托广场的主题。

2)市政广场

市政广场一般位于城市中心位置,通常也是政府、城市行政中心,是政治、文化集会、庆典、游行、检阅、礼仪、传统民间节日活动的举办场地。市政广场能增强市民的凝聚力和自豪感,起到其他因素所不能取代的作用。

市政广场景观设计一般要求面积较大,以硬质铺装为主,不宜过多布置娱乐性建筑及设施,这样便于大量人群活动。市政广场在规划设计上应考虑与城市干道有方便的联系,并对大量人流迅速集散的交通组织以及与其相适应的各类车辆停放场地进行合理布置;应突出地方特色,有利于开展具有地方特色的民间活动,以增强广场的凝聚力。

市政广场在植物选择上宜种植高大乔木,集中成片绿地面积不应小于广场总面积的 25%,并适宜规划设计成开放式,绿地植物配置宜疏朗通透。应因地制宜配置草坪、灌木、乔木等生态要素,配置植物以乡土树种为主,充分考虑城市特定的生态条件与气候特点,满足季节变化的要求,使广场在一年四季中可展示不同的自然生态景观,夏季以遮阴通风为主,冬季以向阳避风为主。

3)纪念性广场

纪念性广场的设计目的是纪念某个人物或某个重要事件,因此纪念性广场景观设计一般应在广场中心或侧面设计纪念雕塑、纪念碑、纪念物或纪念性建筑作为标志物。为了突出纪念主题的严肃性和文化内涵,纪念性广场应该尽量设计在宁静的环境气氛中,而不应该建设在喧哗的商业区和娱乐区。纪念性广场宜保持环境幽静,禁止车流在广场内穿越干扰,植物选择多用常绿草坪和松柏类常绿乔灌木。纪念历史事件的广场应体现事件的特征,并结合休闲绿地及小游园的设置,为人们提供休憩场地。

4)交通广场

广场用地中的交通广场不包括以交通集散为主的广场用地。交通广场应设有标志性建筑、雕塑、喷泉等,形成道路的对景,美化、丰富城市景观。绿地按其使用功能合理布置,一般沿周围种植高大乔木起到遮阴、降低噪声的作用,供休息用的绿地不宜设在被车流包围或主要人流穿越的地方。

5)商业广场

商业广场一般设计在商业中心区,主要是用于集市贸易和购物的广场。商业广场景观设计的方式一般是把室内商场与露天、半露天市场结合在一起。商业广场景观设计一般采用步行街的布置方式,广场中布置一些建筑小品和休闲娱乐设施,这样能使商业活动区比较集中,同时满足购物休闲娱乐的需求。

商业广场既然是为满足人们的日常生活需要而产生的,那么在广场环境景观设计上应先满足人们心理、生理的需要,然后再从审美的角度进行考虑。因此,在进行商业广场环境景观设计时应该考虑其社会性,不能只追求表面形式,追求时尚化、精英化与视觉冲击效果,过于强调艺术效果。

商业广场要有明确的界限,形成明确而完整的广场空间;要有一定范围的私密空间,以获得环境的安谧和心理上的安全感。

商业广场宜布置各种城市中独具特色的广场设施。在满足必要的绿地率的条件下,商业广场的绿地设置不要影响人流,动线苗木尽量选择枝叶稀疏,骨干清晰的树种,以减少对商业广告的遮挡。

6) 宗教广场

宗教广场布置在宗教建筑前,主要是用来举办宗教仪式等。宗教广场在规划设计上应以满足宗教活动为主,表现宗教文化氛围和宗教建筑美,通常有明显的轴线关系,景物也是对称布置,广场上应设有供宗教礼仪、祭祀、布道用的平台、台阶或敞廊,同时通过景观小品的布置等体现宗教的文化氛围。

7.2.4　广场用地的植物配置

广场的植物配置应因地制宜;利用植物配置对广场空间进行划分,形成不同功能的活动空间,满足人们的需要;利用高低不同、形态各异的绿化植物构成不同景观;利用绿化本身的内涵,既起陪衬、烘托主题的作用,又可以成为空间的主体,控制整个空间;广场位于城市道路的周边,则利用乔木、灌木或花坛起隔离和防护作用,减少噪声、交通对人们休憩的干扰,保持空间的完整性。

广场用地的植物配置应注重以下问题:一是各种植物相互之间的配置,即根据植物的不同种类选择树丛的组合、平面和立面的构图,二是广场植物与广场其他要素(如广场铺装、水景、道路等)相互间的整体设计。

案例分析

案例 1　休闲娱乐广场规划设计案例——蛇口学校广场景观设计

蛇口学校广场景观设计项目为 2019 年由深圳市自组空间设计有限公司设计完成。该项目位于深圳市蛇口学校大门外部,蛇口花果路与湾厦路的交汇处。该地处于人群密集的闹市区,实际上像这样作为高密度社区周边的街角广场是极为少见的,因为高密度意味着土地的稀缺与价值,所以每当上下学的高峰期,小小的街角广场便会出现大量等候学生放学的家长以及其随处停放的自行车或电动车等。

因为处于闹市区,空间结构较为内向封闭,略显压抑,同时学生排队区和家长等候区内部缺乏秩序,较为混乱。目前广场上的树池过高,不便形成座椅功能,还会导致人群活动的阻碍,不利于空间的交流,另宣传栏缺乏特色,不够突出,同时还存在阻挡人流的围墙,导致该空间内功能单一且消极。

蛇口学校于 1970 年成立,周边大多数居民在蛇口学校度过了自己的童年时光。当他们的角色从孩童转变为父母时,他们的孩子也在蛇口学校开始了自己的童年时光。当年的孩童变成了家长,在曾经玩耍学习的地方,等待着自己孩子上下学,这里既承载了他们回忆的青春,也承载着他们与自己孩子的共同回忆。在这个传承着一代又一代人记忆的场地里,有一棵历史悠久的大香樟,见证着场地和时间的变迁。

"十年树木,百年树人",设计改造尊重原场地的功能使用,重塑场所的空间秩序,以"光阴的故事"为主线,围绕场所置入积木座椅、童年游戏连环画、科普互动装置、体能游戏图案等,为使用者提供一处阴凉休息的等候空间、自由玩耍的游戏空间以及休闲的共享空间,让这个满是记忆的广场更有活力、更有趣。

广场占地面积虽然只有 400 平方米,但广场用地的基本功能均有涉及。广场因其座椅或设施装置,使得人群能集会、驻留于此地,实现游憩功能;设置宣传栏与儿童活动区,增加行人互动可能性,实现社交功能;设置以非机动车临时停放为主的空旷场地,承担部分交通集散功能(图7.1、图7.2)。

图7.1　"光阴的故事"蛇口学校前广场效果图(源自谷德设计网)

图7.2　蛇口学校广场景观图(源自谷德设计网)

案例2　商业广场规划设计案例——台湾河乐广场

台湾河乐广场项目为 2020 年由 MVRDV 设计完成。该项目位于台湾省台南市台南运河老码头与多条道路垂直相交所产生的矩形空间。原址是一座巨大的商业建筑,但随着城市发展以及其他诸多方面因素影响,它不再能承担自己应有的功能,逐渐失去活力,变成了台南市中心的负担。

该项目将重新建立城市与自然以及水域的连接。台南市政府城市开发局要求整体规划重新激活连接台南运河的轴线,制定新的景观策略将原本的中国城购物中心和一千米长的海安路结合在一起。最后的方案不仅营造了新的公共广场和城市水池,还减少了交通,并且使用本地植物增加绿化,改善了公共道路环境。

　　项目是循环经济的一个创新案例。商场的地下车库被改造成了一个公共下沉广场,被一圈柱廊围合,内部主要由一个城市水池和青翠的当地植物组成。经过精心的设计,水池在任何季节和时间都可以为人们提供最佳的聚集场所。炎热的日子里,喷雾装置将帮助降低温度,创造舒适的游玩环境,同时减少了空调系统的消耗(图7.3、图7.4)。

图7.3　河乐广场鸟瞰图(源自谷德设计网)

图7.4　河乐广场部分实景图(源自谷德设计网)

案例3　市政广场规划设计案例——上海人民广场

　　上海人民广场被誉为"城市绿肺",位于上海市黄浦区,是上海市的政治、经济、文化、旅游中心和交通枢纽,也是上海最重要的标志性建筑之一,成形于上海开埠以后,原来称上海跑马厅,是当时上层社会举行赛马等活动的场所。

　　上海人民广场是一个集金融行政、文化、交通、商业为一体的园林式广场,广场北侧是上海市人民政府所在地,西北侧为上海大剧院,东北侧为上海城市规划展示馆,南侧为上海博物馆,人民大道穿越其中。总面积达14万平方米,广场两侧各设17米宽的绿化带,绿化总面积达8万平方米(图7.5)。

　　上海人民广场的布局以中心广场喷水池为圆心,逐渐向外展开。中心广场位于人民大道南侧,博物馆北侧,面积3 844平方米,广场的中央是320平方米的圆形喷水池,为三层9级下沉式,是国内首创的大型音乐旱喷泉,红、黄、蓝三色玻璃台阶组成彩色光环,营造出美丽壮观,富有吸引力的新景观。

　　绿化带主要种植香樟、雪松、白玉兰及其他常绿灌木,57.14%的绿地率使人民广场成为上海最大的园林广场,每天清晨,市民纷纷来到广场绿化地带练功、舞剑、打太极拳。

图7.5　上海人民广场

案例4　交通广场规划设计案例——苏州火车站站前广场

苏州火车站站前广场位于江苏省苏州市姑苏区,火车站南广场南部有一古老环城护城河,东从人民路开始,西到广济路结束,至今已有2 500多年的历史。河水经城墙缓缓流过,把苏州的美丽、优雅、端庄完美地展现在苏州站前。

苏州火车站站前广场承载着交通集散和城市名片的重要功能。文化是影响城市景观的重要因素,景观本身就具备着文化层面的特殊含义,因此在关注城市历史景观物质层面的同时,不能忽视其精神层面。苏州火车站站前广场主要采用对称的设计手法,在中轴线范仲淹的雕塑处,辅以水景设计;在广场的四个边角处,采用自然式的布置手法,下配花池式的景观座椅;另外在广场的两侧布置假山水池,更具江南特色。在广场南边的水岸处,设置亲水平台及木栈道,并配以树阵广场,为人们提供休憩场所。布局为"一轴""两带""三点""四区","一轴"即广场中心轴线,"两带"即广场景观带、滨水景观带,"三点"即假山水景、雕塑水景、滨水景观三个主要的景观节点,"四区"即入口景观区、中心广场区、休闲娱乐区、滨水景观区等四大功能分区(图7.6)。

图7.6　苏州火车站站前广场

案例 5   纪念性广场规划设计案例——青岛五四广场

五四广场,位于山东省青岛市东海西路,与青岛市人民政府办公大楼相对,南临浮山湾,始建于 1996 年,是一处集草坪、喷泉、雕塑于一体的现代化风格广场。以东海路为界分为南北两区:北区以绿茵广场、林荫大道和龙柏草坪为主体,交叉处建有中央喷泉;南区为主题广场,以"五月的风"大型雕塑为主景,前为中轴线下沉式广场中心舞台,旱地点阵式喷泉位于中心舞台旁,共设 90 个喷头;中轴线以南,距岸 160 米建有海上喷泉(图 7.7)。

五四广场为纪念"五四运动"而建,收回青岛主权这个重要事实作为五四运动的重要成果,不仅在中国近代史上具有重要地位,在世界近代史上也具有重要地位。广场标志性雕塑"五月的风",以螺旋上升的造型和火红的色彩,充分体现了"五四运动"反帝、反封建的爱国主义精神和民族力量。海中有可喷高百米的水中喷泉,展现出庄重、坚实、蓬勃向上的壮丽景色,在大面积风景林的衬托下更加生机勃勃,充满现代气息,也成为了新世纪青岛的标志性景观之一。

图 7.7   青岛五四广场

思考与练习

1. 广场用地的类型有哪些?
2. 广场用地规划设计应遵循哪些原则?

8 居住区绿地规划

8 微课

[本章导读] 本章首先介绍了居住区规划的基本知识,在此基础上,介绍了居住区绿地的组成、功能及规划原则、各类居住区绿地的规划设计要点,最后介绍了居住区绿地植物的选择。

居住区绿地是城市绿地系统的重要组成部分。一般城市居住用地占城市总用地面积的25%～40%,其中居住区绿地占居住区用地的30%以上。居住区绿地广泛分布在城市建成区中,是城市绿地系统面上绿化的主要组成部分。

8.1 居住区规划的基本知识

城市中住宅建筑相对集中布局的地区,简称居住区。

居住区规划是指对居住区的布局结构、住宅群体、道路交通、配套设施、各种绿地和游憩场地、市政公用设施和市政管网等各个系统进行综合、具体的安排,是城市详细规划的组成部分。

8.1.1 居住区的分级

根据《城市居住区规划设计标准》(GB 50180—2018),居住区分为十五分钟生活圈居住区、十分钟生活圈居住区、五分钟生活圈居住区、居住街坊四级,具体见表8.1。

1) 十五分钟生活圈居住区

以居民步行15分钟可满足其基本物质与生活文化需求为原则划分的居住区范围,一般由城市干路或用地边界线所围合,配套设施完善。

2) 十分钟生活圈居住区

以居民步行10分钟可满足其基本物质与生活文化需求为原则划分的居住区范围,一般由城市干路、支路或用地边界线所围合,配套设施齐全。

3) 五分钟生活圈居住区

以居民步行5分钟可满足其基本生活需求为原则划分的居住区范围,一般由支路及以上级城市道路或用地边界线所围合,配建社区服务设施。

4) 居住街坊

由支路等城市道路或用地边界线围合的住宅用地,是住宅建筑组合形成的居住基本单元,配建便民服务设施。

表 8.1 居住区分级控制规模

内容	十五分钟生活圈居住区	十分钟生活圈居住区	五分钟生活圈居住区	居住街坊
步行距离/米	800 ~ 1 000	500	300	
居住人口/人	50 000 ~ 100 000	15 000 ~ 25 000	5 000 ~ 12 000	1 000 ~ 3 000
住宅数量/套	17 000 ~ 32 000	5 000 ~ 8 000	1 500 ~ 4 000	300 ~ 1 000

资料来源:《城市居住区规划设计标准》(GB 50180—2018)

8.1.2 居住区用地的组成

居住区用地由住宅用地、配套设施用地、公共绿地、城市道路用地四部分组成。不同生活圈居住区用地控制指标应分别符合表 8.2—表 8.5 的规定。

表 8.2 十五分钟生活圈居住区用地控制指标

建筑气候区划	住宅建筑平均层数类别	人均居住区用地面积/(m²·人⁻¹)	居住区用地容积率	居住区用地组成/%				
				住宅用地	配套设施用地	公共绿地	城市道路用地	合计
Ⅰ,Ⅶ	多层Ⅰ类(4~6层)	40 ~ 54	0.8 ~ 1.0	58 ~ 61	12 ~ 16	7 ~ 11	15 ~ 20	100
Ⅱ,Ⅵ		38 ~ 51	0.8 ~ 1.0					
Ⅲ,Ⅳ,Ⅴ		37 ~ 48	0.9 ~ 1.1					
Ⅰ,Ⅶ	多层Ⅱ类(6~9层)	35 ~ 42	1.0 ~ 1.1	52 ~ 58	13 ~ 20	9 ~ 13	15 ~ 20	100
Ⅱ,Ⅵ		33 ~ 41	1.0 ~ 1.2					
Ⅲ,Ⅳ,Ⅴ		31 ~ 39	1.1 ~ 1.3					
Ⅰ,Ⅶ	高层Ⅰ类(10~18层)	28 ~ 38	1.1 ~ 1.4	48 ~ 52	16 ~ 23	11 ~ 16	15 ~ 20	100
Ⅱ,Ⅵ		27 ~ 36	1.2 ~ 1.4					
Ⅲ,Ⅳ,Ⅴ		26 ~ 34	1.2 ~ 1.5					

资料来源:《城市居住区规划设计标准》(GB 50180—2018)

表 8.3 十分钟生活圈居住区用地控制指标

建筑气候区划	住宅建筑平均层数类别	人均居住区用地面积/(m²·人⁻¹)	居住区用地容积率	居住区用地组成/%				
				住宅用地	配套设施用地	公共绿地	城市道路用地	合计
Ⅰ,Ⅶ	低层(1~3层)	49 ~ 51	0.8 ~ 0.9	71 ~ 73	5 ~ 8	4 ~ 5	15 ~ 20	100
Ⅱ,Ⅵ		45 ~ 51	0.8 ~ 0.9					
Ⅲ,Ⅳ,Ⅴ		42 ~ 51	0.8 ~ 0.9					

续表

建筑气候区划	住宅建筑平均层数类别	人均居住区用地面积/（m²·人⁻¹）	居住区用地容积率	居住区用地组成/%				
				住宅用地	配套设施用地	公共绿地	城市道路用地	合计
Ⅰ，Ⅶ	多层Ⅰ类（4~6层）	35~47	0.8~1.1	68~70	8~9	4~6	15~20	100
Ⅱ，Ⅵ		33~44	0.9~1.1					
Ⅲ，Ⅳ，Ⅴ		32~41	0.9~1.2					
Ⅰ，Ⅶ	多层Ⅱ类（7~9层）	30~35	1.1~1.2	64~67	9~12	6~8	15~20	100
Ⅱ，Ⅵ		28~33	1.2~1.3					
Ⅲ，Ⅳ，Ⅴ		26~32	1.2~1.4					
Ⅰ，Ⅶ	高层Ⅰ类（10~18层）	23~31	1.2~1.6	60~64	12~14	7~10	15~20	100
Ⅱ，Ⅵ		22~28	1.3~1.7					
Ⅲ，Ⅳ，Ⅴ		21~27	1.4~1.8					

资料来源：《城市居住区规划设计标准》（GB 50180—2018）

表8.4 五分钟生活圈居住区用地控制指标

建筑气候区划	住宅建筑平均层数类别	人均居住区用地面积/（m²·人⁻¹）	居住区用地容积率	居住区用地组成/%				
				住宅用地	配套设施用地	公共绿地	城市道路用地	合计
Ⅰ，Ⅶ	低层（1~3层）	46~47	0.7~0.8	76~77	3~4	2~3	15~20	100
Ⅱ，Ⅵ		43~47	0.8~0.9					
Ⅲ，Ⅳ，Ⅴ		39~47	0.8~0.9					
Ⅰ，Ⅶ	多层Ⅰ类（4~6层）	32~43	0.8~1.1	74~76	4~5	2~3	15~20	100
Ⅱ，Ⅵ		31~40	0.9~1.2					
Ⅲ，Ⅳ，Ⅴ		29~37	1.0~1.2					
Ⅰ，Ⅶ	多层Ⅱ类（7~9层）	28~31	1.2~1.3	72~74	5~6	3~4	15~20	100
Ⅱ，Ⅵ		25~39	1.2~1.4					
Ⅲ，Ⅳ，Ⅴ		23~28	1.4~1.6					
Ⅰ，Ⅶ	高层Ⅰ类（10~18层）	20~27	1.4~1.8	69~72	6~8	4~5	15~20	100
Ⅱ，Ⅵ		19~25	1.5~1.9					
Ⅲ，Ⅳ，Ⅴ		18~23	1.6~2.0					

资料来源：《城市居住区规划设计标准》（GB 50180—2018）

表 8.5　居住街坊建筑与用地控制指标

建筑气候区划	住宅建筑平均层数类别	住宅用地容积率	建筑密度最大值/%	绿地率最小值/%	住宅建筑高度控制最大值/m	人均住宅用地面积最大值/(m²·人⁻¹)
I，Ⅶ	低层(1~3层)	1.0	35	30	18	36
	多层Ⅰ类(4~6层)	1.1~1.4	28	30	27	32
	多层Ⅱ类(7~9层)	1.5~1.7	25	30	36	22
	高层Ⅰ类(10~18层)	1.8~2.4	20	35	54	19
	高层Ⅱ类(19~26层)	2.5~2.8	20	35	80	13
Ⅱ，Ⅵ	低层(1~3层)	1.0~1.1	40	28	18	36
	多层Ⅰ类(4~6层)	1.2~1.5	30	30	27	30
	多层Ⅱ类(7~9层)	1.6~1.9	28	30	36	21
	高层Ⅰ类(10~18层)	2.0~2.6	20	35	54	17
	高层Ⅱ类(19~26层)	2.7~2.9	20	35	80	13
Ⅲ，Ⅳ，Ⅴ	低层(1~3层)	1.0~1.2	43	25	18	36
	多层Ⅰ类(4~6层)	1.3~1.6	32	30	27	27
	多层Ⅱ类(7~9层)	1.7~2.1	30	30	36	20
	高层Ⅰ类(10~18层)	2.2~2.8	22	35	54	16
	高层Ⅱ类(19~26层)	2.9~3.1	22	35	80	12

资料来源：《城市居住区规划设计标准》(GB 50180—2018)

8.1.3　居住区的布局形式

（1）片块式布局　住宅建筑在尺度、形态、朝向等方面具有较多相同的因素，并以日照间距为主要依据建立起来的紧密联系所构成的群体，它们不强调主次等级、成片成块、成组成团地布置，如图 8.1 所示。

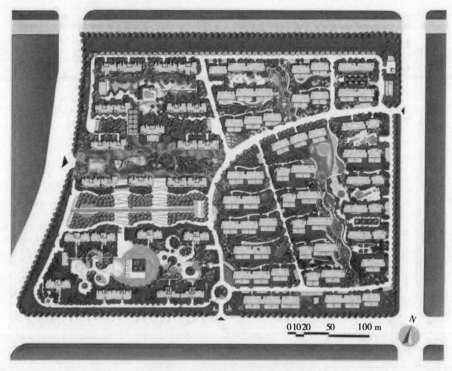

图8.1　苏州都市花园平面图

（2）轴线式布局　空间轴线或可见或不可见，可见者常为线性的道路、绿带、水体等构成，但不论轴线的虚实，都具有强烈的聚集性和导向性。一定的空间要素沿轴布置，或对称或均衡，形成具有节奏的空间，起着支配全局的作用，如图8.2所示。

（3）向心式布局　将一定空间要素围绕占主导地位的要素组合排列，表现出强烈的向心性，易于形成中心，如图8.3所示。

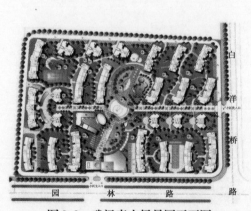

图8.2　武汉青山绿景园平面图

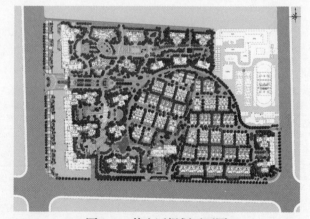

图8.3　某小区规划平面图

（4）围合式布局　住宅沿基地周边布置，形成一定数量的次要空间，并共同围绕一个主导空间，构成后的空间无方向性，中央主导空间一般尺度较大，统率次要空间，也可以其形态的特异突出其主导地位，如图8.4(a)、(b)所示。

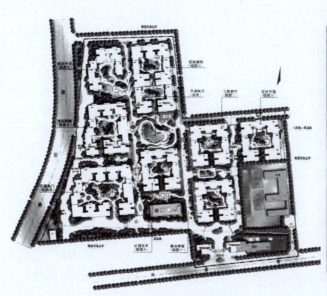

（a）广州岭南花园平面图　　　　　　　（b）成都蜀风花园城兰苑平面图

图8.4　建筑围合式布局

（5）集约式布局　将住宅和公共配套设施集中紧凑布置，并开发地下空间，依靠科技进步，使地上地下空间垂直贯通，室内室外空间渗透延伸，形成居住生活功能完善，水平、垂直空间流通的集约式整体空间。

（6）自由式布局　该布局方式无明显的组合痕迹，空间要素自由排放，构成多变的空间形态。空间无大小之分，并无方向性，且相互渗透，如图8.5所示。

8.1.4　居住区规划设计的基本要求

居住区规划设计应坚持以人为本的基本原则，遵循适用、经济、绿色、美观的建筑方针，并应符合下列规定：

（1）应符合城市总体规划及控制性详细规划；

（2）应符合所在地气候特点与环境条件、经济社会发展水平和文化习俗；

（3）应遵循统一规划、合理布局，节约土地、因地制宜，配套建设、综合开发的原则；

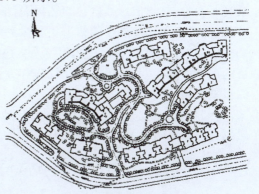

图8.5　建筑自由式布局

（4）应为老年人、儿童、残疾人的生活和社会活动提供便利的条件和场所；

（5）应延续城市的历史文脉，保护历史文化遗产并与传统风貌相协调；

（6）应采用低影响开发的建设方式，并应采取有效措施促进雨水的自然积存、自然渗透与自然净化；

（7）应符合城市设计对公共空间建筑群体、园林景观、市政等环境设施的有关控制要求。

8.2　居住区绿地规划设计

居住区绿地规划设计是居住区规划设计的重要组成部分,它指结合居住区范围内的功能布局、建筑环境和用地条件,在居住区绿地中进行以绿化为主的环境设计过程。

8.2.1　居住区绿地的组成

居住区绿地与居住用地附属绿地含义不同。居住区绿地通常包括公共绿地、集中绿地、宅旁绿地、配套公建绿地、小区道路绿地。公共绿地对应公园绿地(主要指社区公园、游园)或与居民生活密切相关的小广场用地,其用地规划属性为绿地与广场用地。居住用地附属绿地是分布在居住用地内的附属绿地,包括集中绿地、宅旁绿地、配套设施绿地、小区道路绿地,其用地规划属性为居住用地。

8.2.2　居住区绿地的功能

居住区绿地是城市绿地系统中重要的组成部分,是改善城市生态环境中的重要环节,同时也是城市居民使用最多的室外活动空间,更是衡量居住环境质量的一项重要指标。居住区绿地的功能主要表现为以下几个方面:

(1)生态功能　居住区绿地以植物为主体,在净化空气、减少尘埃、吸收噪声等方面起着重要作用。绿地能有效地改善居住区建筑环境的小气候,包括遮阳降温、防止西晒、调节气温、降低风速,在炎夏静风状态下,绿化还能促进由辐射温差产生的微风环流的形成。

(2)景观功能　居住区绿地应当具有创造优美的景观形象,愉悦人的视觉感受,振奋精神的美化功能。由于居住区内建筑物占据了相当大的比例,因此居住区绿地设计应以富于生机的园林植物作为居住区绿地的主要构成材料,加以水体、地形等软质景观元素、铺装、雕塑等硬质景观元素为辅,形成居住区建筑通风、日照、采光、防护隔离、视觉景观空间等的环境基础,绿化美化居住区环境,使居住建筑群更显生动活泼、和谐统一,将自然美、人工美完美统一起来。

(3)使用功能　亲近自然和与人交往是居民最基本的需求,居住区绿地具有为居民提供丰富的户外活动空间、优美的绿化环境和方便舒适的休息游嬉设施、交往场所、满足户外活动需要的多种使用功能。

(4)防震减灾　居住区公共绿地在地震、火灾等非常时候,有疏散人流、防止火势蔓延、为居民提供紧急避难和救灾场所的作用。

8.2.3　居住区绿地的定额指标及计算方法

1)定额指标

居住区绿地的定额指标,指国家有关条文规范中规定的在居住区规划布局和建设中必须达到的绿地面积的最低标准,通常有居住区绿地率、绿化覆盖率、人均公共绿地等。目前,我国居住区绿地定额指标主要有两项:居住区绿地率和居住区人均公共绿地面积。

(1)居住区绿地率　居住区用地范围内各类绿地的总和占居住区用地面积的百分比。计算公式为:

$$居住区绿地率 = 居住区各类绿地面积 / 居住区总用地面积$$

(2)居住区人均公共绿地　居住区公共绿地,是指为居住区配套建设、可供居民游憩及开展体育活动的公园绿地。居住区人均公共绿地面积是指居住区公共绿地面积与居住区居民人数的比值(单位:平方米/人)。计算公式为:

$$居住区人均公共绿地 = 居住区公共绿地面积 / 居住区居民人数$$

居住区公共绿地及人均公共绿地面积应符合表8.6的规定,并同时注意以下几点:

①当旧区改建确实无法满足表8.6的规定时,可采取多点分布以及立体绿化等方式改善居住环境,但人均公共绿地面积不应低于相应控制指标的70%。

②居住街坊内的绿地应结合住宅建筑布局设置集中绿地和宅旁绿地。

③居住街坊内集中绿地的规划建设,应符合下列规定:

a. 新区建设不应低于0.50 m^2/人,旧区改建不应低于0.35 m^2/人;

b. 宽度不应小于8 m;

c. 在标准的建筑日照阴影线范围之外的绿地面积不应少于1/3,其中应设置老年人、儿童活动场地。

表8.6 居住区公共绿地控制指标

类别	人均公共绿地面积/($m^2 \cdot 人^{-1}$)	居住区公园		备注
		最小规模/hm^2	最小宽度/m	
十五分钟生活圈居住区	2.0	5.0	80	不含十分钟生活圈以下级居住区的公共绿地指标
十分钟生活圈居住区	1.0	1.0	50	不含五分钟生活圈以下级居住区的公共绿地指标
五分钟生活圈居住区	1.0	0.4	30	不含居住街坊的公共绿地指标

注:居住区公园中应设置10% ~15%的体育活动场地。

资料来源:《城市居住区规划设计标准》(GB 50180—2018)

《城市居住区规划设计规范》(GB 50180—1993)(2016年版)规定新建居住区绿地率不应低于30%,旧区改建的不宜低于25%。《城市居住区规划设计标准》(GB 50180—2018)中对居住街坊的绿地率做了详细规定(表8.5)。

2)居住用地附属绿地的计算

(1)居住街坊内集中绿地面积的计算方法应符合下列规定:①当集中绿地与城市道路临接时,应算至道路红线;当与居住街坊附属道路临接时,应算至距路面边缘1.0 m处;当与建筑物临接时,应算至距房屋墙脚1.5 m处。②集中绿地中园林硬质景观设施(亭廊、构架、小品、铺装、园路、假山、人工景观水体等)占地面积可以计入绿地面积,但不应超过该居住街坊内绿地总面积的30%,超出部分不计入绿地面积。

(2)居住街坊内绿地面积的计算应符合下列规定:当绿地边界与城市道路临接时,应算至道路红线;当与居住街坊附属道路临接时,应算至路面边缘;当与建筑物临接时,应算至距房屋墙脚1.0 m处;当与围墙、院墙临接时,应算至墙脚。

(3)道路、林荫广场绿地面积计算应符合下列规定:①道路绿地面积计算,以道路红线内规划建设的绿地面积为准计算。②硬质铺装上孤植乔木的树池大小不小于1.2 m×1.2 m的按实计算,小于 1.2 m×1.2 m 不予计算。

(4)景观水体宜采用生态方式进行建设,水体面积计算应符合下列规定:①绿地围合的景观水体可计入绿地面积,但计入绿地率计算的水体面积不得超过居住区绿地总面积的 20%;②以水景为特色、因地制宜利用自然水体的居住区,计入绿地率计算的水体面积不得超过居住区绿地总面积的 40%;③绿地围合的游泳池、消防水池、大型喷泉等水体不计入绿地面积。

道路绿地、景观水体等的计算方法仅供参考,具体应符合所在城市绿地管理的有关规定。

8.2.4 居住区绿地规划设计的基本要求

(1)居住用地的绿地率控制指标应符合现行国家标准《城市居住区规划设计标准》(GB 50180—2018)的有关规定。

(2)居住区绿地应具有改善环境、防护隔离、休闲活动、景观文化等功能。

(3)居住区绿地设计应与居住区规划设计同步进行,并应保持建筑群体、道路交通与绿地有合理的空间关系。

(4)新建居住绿地内的绿色植物种植面积占陆地总面积的比例不应低于 70%;改建提升的居住绿地内的绿色植物种植面积占陆地总面积的比例不应低于原指标。

(5)居住区绿地水体面积所占比例不宜大于 35%。

(6)居住区绿地内的各类建(构)筑物占地面积之和不得大于陆地总面积的 2%。

(7)居住区绿地设计应以植物造景为主,宜利用场地原有的植被和地形地貌景观进行设计,并宜利用太阳能、风能以及雨水等绿色资源。

(8)居住区绿地设计应兼顾老人、青少年、儿童等不同人群的需要,合理设置健身娱乐及文化游憩设施。

(9)居住区绿地宜结合实际情况,利用住宅建筑的屋顶、阳台、车棚、地下设施出入口及通风口、围墙等进行立体绿化。

(10)居住区绿地应进行无障碍设计,并应符合现行国家标准《无障碍设计规范》(GB 50763)的有关规定。

8.2.5 居住区绿地规划设计的原则

(1)统一规划、合理组织、分级布置,形成绿地系统网络 居住区绿地规划应与居住区总体规划统一考虑,合理组织各种类型的绿地,并与居住区的空间布局结构相对应形成居住区级、小区级、组团级等不同级别、层次的绿地体系。整个居住区绿地应以宅旁绿地为基础,以小区公共绿地为核心,以道路绿化为骨架,自成绿地系统,并与城市绿地系统相协调。

(2)充分利用现状条件,强化生态环境功能 生态环境功能是居住区绿地最重要的功能。因此,在绿地规划设计和园林植物群落的营建中,应充分利用现状条件,如地形、地貌、水体、原有构筑物等,尽量利用劣地、坡地、洼地及水面作为绿化用地,对古树名木加以保护。通过绿化进一步协调建筑与居住区周围自然环境的关系,形成居住区环境景观和绿化的特色,丰富居住区开放空间的景观,提高绿化的生态环境功能。

(3)充分考虑居民的使用要求,突出家园特色 居住区绿地规划必须为居民服务,要形成有利于邻里交往、居民休息娱乐的园林环境,要考虑老年人及少年儿童活动的需要,按照他们各自的活动规律配备设施,采用无障碍设计,以适应残疾人、老年人、幼儿的生理体能特点。特别是在居住区公共绿地规划设计中应注重实用性,在充分了解居民生活行为规律及心理特征的基础上,为人们日常生活及休闲活动提供绿化空间,满足不同年龄层次居民的使用,突出"家园"的环境特色。

(4)以植物造景为主,彰显地域特色 居住区绿地应以植物造景为主,利用植物组织空间,改善居住区生态环境;植物配置应突出环境识别性,创造具有不同特色的居住区景观;按照适地适树的原则进行植物规划,强调植物分布的地域性和地方特色。

(5)落实海绵城市的建设要求 居住区绿地应结合海绵城市建设的"渗、滞、蓄、净、用、排"等低影响开发措施进行设计、建造或改造。居住区规划、建设应充分结合现状条件,对区内雨水的收集与排放进行统筹设计,如充分利用场地原有的坑塘、沟渠、水面,设计为适宜居住区使用的景观水体;采用下凹式绿地、浅草沟、渗透塘、湿塘等绿化方式。

8.2.6 居住区绿地规划设计前的基础调查工作

通过对居住区的规划设计及现状图文资料的收集、现场踏勘和与业主的交流等,全面深入地把握居住区及其绿地的基本情况,了解居住区周围的城市环境和社会文化特点,取得绿地规划设计必需的平面图纸和其他基础资料,是居住区绿地规划设计必需的前期基础工作。具体内容包括以下几个方面:

(1)居住区总体规划及具体规划设计过程、部分工程图文资料 居住区绿地规划设计必须全面把握居住区布局形式和开放空间系统的格局,了解居住区要求的景观风貌特色,具体如住宅建筑的类型、组成及其布局,居住区公共建筑的布局,居住区所有建筑的造型、色彩和风格,居住区道路系统布局等。

要求收集居住区总体规划的文本、图纸和部分有关的土建和现状情况的图文资料,并进行实地调查。在居住区绿地的详细规划和施工设计时,要依据居住区总平面图(包括高程地形设计)、工程管线综合图、给排水总平面布置等图纸,还包括部分建筑物底层(有时包括2~3层)的平面图,以便根据绿地中管线、构筑物具体位置,路灯布置、建筑物门厅、窗、排风孔等的具体位置,结合有关规范进行具体的种植设计,协调好绿化(特别是乔木定植点)与建筑物、地下管线、构筑物、路灯等的位置关系。

(2)居住区绿地的立地条件和绿化地段现状基础 居住区绿地的立地条件具体指:由周围建筑物所围合的绿地空间的朝向及建筑物与绿地间的空间尺度关系、绿地现状地形高差、土壤类型与理化性状及其在居住区施工中受建筑垃圾污染的情况、地下水位以及在北方寒冷地区冬季冻土层情况等。绿化设计中,既要根据立地条件选择适应性强,而观赏价值和景观效果一般的园林植物,也应适当改良立地条件,配置对环境条件要求较高,观赏价值较高的园林植物。要确保绿化布置的生态合理性,在达到全面绿化的基础上,做到重点和一般相结合,取得较好的景观与生态效益。

对于保留的自然地形地貌和绿化基础,在取得现状地形图、水文土壤地质资料的基础上,必须经过实地踏勘;尤其要对现有绿化基础进行深入调查,在现有图纸上标明可保留利用的树木或植被群落,以便在规划设计时统筹考虑。

(3)居住区周围的环境 居住区周围的绿地必须与居住区的建筑布局和开放空间系统密切配合,共同处理居住区与周围环境的关系,降低和隔离居住区周围不利环境的影响,充分利用居住区周围有利的环境景观生态因素。

对居住区有不利影响的城市环境包括城市主干道、铁路、工厂、航运河道和高架高压线等,调查时应予充分考虑,并通过设置绿化隔离带等形式减少其对居住区环境的影响。

居住区周围可利用的景观生态因素包括:与城市居住区相毗邻的城市公共绿地或风景林地;在建成区边缘居住区附近的近郊水体、山林、农田和近郊风景名胜区等。在居住区规划和居住区绿地设计中,应使居住区内开放空间系统和周围这些有利的景观生态因素有机联系,更有效地改善居住区内的景观生态环境,形成居住区景观风貌特色。

8.2.7 居住区各类绿地的规划设计

1)公共绿地

居住区公共绿地是为居住区配套建设、可供居民游憩或开展体育活动的公园绿地,是居民日常休息、观赏、锻炼和社交的户外活动场所,规划布局必须以满足这些功能为依据。居住区内的公共绿地应根据居住区的规划布局形式,设置相应的中心绿地以及成年人、儿童活动场地和其他的块状、带状公共绿地等。

居住区公共绿地规划设计一般应达到以下几方面的要求:

(1)充分利用原有条件,保护好资源 居住区公共绿地在选址与用地范围确定上,应充分利用地形、水体、植物及园林建筑,营造园林景观,创造园林意境。

(2)满足功能要求,划分不同功能区域 居住区公共绿地规划设计要求在重视功能分区的同时,注意动与静、开敞与私密空间的分隔,使居民的各种日常活动都能找到适宜的场所。

(3)满足园林审美和游览要求,以景取胜 根据居民各种活动的要求布置休息、文化娱乐、体育锻炼、儿童游戏及人际交往等活动场地和设施。园林空间的组织与园路的布局应结合园林景观和活动场地的布局,兼顾游览交通和展示园景两方面的功能。除以绿化为主外,应规划一定的游览服务建筑,以小型园林水体、地形地貌的变化来构成较丰富的园林空间和景观,同时布置适量的活动场地并配套相应的活动设施,点缀景观建筑和园林小品。居民的游园时间比较集中,多在一早一晚,特别是夏季的晚上是游园高峰,所以应该加强晨练场所和夜间照明的设计以及夜香植物的布置,突出社区公园的特色。

(4)形成优美自然的绿化景观和优良的生态环境 居住区公共绿地应保持合理的绿化用地比例,发挥园林植物群落在形成公园景观和良好生态环境中的主导作用。绿化设计上,重要景观节点如出入口、中心广场周围等,以观赏价值高的乔木或灌木为主景。开敞活动区应选用夏季遮阴效果好的落叶大乔木,配以色彩丰富的花灌木或少量花卉,结合铺装、石凳、桌椅及儿童活动设施等,布置成疏林草地形式。公园边缘成行种植大乔木,以减弱喧闹声对周围住户的影响。植物配置要注意乔木与灌木、常绿植物与落叶植物的关系,强化景观的层次感和空间感,如可以用树形优美的落叶大乔木界定上层空间,以常绿乔灌木结合观花、观叶、观果及芳香植物形成景观感受的中层界面,下层配以耐阴的低矮花灌木、地被或草坪。

2)集中绿地

居住区集中绿地是指居住街坊中集中设置的绿地。集中绿地应与居住建筑结合布置,为居住街坊内居民的室外活动、邻里交往、儿童游戏、老人聚集等提供良好的室外条件(图8.6)。

(1)集中绿地面积较小,不能进行功能划分,规划设计上应针对邻里居民交往和户外活动的需要,灵活布置幼儿游戏场和老年人休息场地,绿地内要有足够的铺装地面,以方便居民活动。一般采用植物、小品、地面高差及地面铺装质地的变化等手法来界定空间。设置集中绿地出入口时,注意要把道路的布置与绿地周围的道路系统及人流方向结合起来考虑。

(2)集中绿地属于半公共空间,绿化设计要利用植物围合空间;避免靠近住宅种树过密,造成底层房间阴暗和通风不良。

（3）集中绿地的布局、内容及植物配置要各有特色，或渗透文化内涵，或形成景观序列；要注重空间领域感的塑造，增强可识别性，使居住在其中的居民有归属感和认同感。

3）宅旁绿地

宅旁绿地是指居住用地内紧邻住宅建筑周边的绿地。宅旁绿地是住宅内空间的延续和补充，是居住区绿化的基础，占居住区总绿地面积的 50% 左右。虽不像公共绿地一样具有较强的生态、游赏功能，却与居民日常生活联系最为紧密，绿地空间的主要功能是为住宅建筑提供满足日照、采光、通风、安静、卫生和私密性等基本环境要求所必需的室外空间。

宅旁绿地一般不作为居民的游憩绿地，在绿地中不布置硬质园林景观，而完全以园林植物进行布置，当宅间绿地较宽时（20 m 以上），可布置一些简单的园林设施，如园路、座凳、小铺地等，作为居民方便的安静休息用地（图 8.7）。

图 8.6　南京某居住区集中绿地　　　　图 8.7　徐州某小区宅旁绿地实景图

（1）宅旁绿地规划设计要点

①应结合住宅的类型和平面特点、建筑组合形式、宅前道路等进行布置，形成公共、半公共、私密空间的有效过渡。

②绿化布局要求风格协调，形式基本统一但各有特点。

③设计中应考虑居民日常生活、休闲活动及邻里交往等的需求，创造宜人的空间。由于老人和儿童对宅旁绿地的使用频率最高，应适当增加老人和儿童休闲活动设施。

④应考虑绿地内植物与近旁建筑、管线和建筑物之间的关系，具体应按有关规范进行设计。

⑤住宅周围常因建筑物的遮挡形成面积不一的庇荫区，因此要重视耐阴树木、地被的选择和配置，形成和保持整体良好的绿化效果。宅旁绿地的绿化设计可根据当地的土壤气候条件、居民爱好选用乡土树种，让居民产生认同感及归属感。

在宅旁绿地的绿化设计中，还应注意与建筑物关系密切部位的细部处理。如建筑物入口处两侧绿地，一般以对植灌木球或绿篱的形式来强调入口，不要栽种有尖刺的园林植物，如凤尾兰、丝兰、枸骨球等，以免刺伤行人；墙基、角隅绿化，墙基可铺植树冠低矮紧凑的常绿灌木，墙角栽植常绿大灌木丛，这样可以改变建筑物生硬的轮廓，调和建筑物与绿地在景观质地色彩上的差异，使两者自然过渡。防止西晒也是绿化的目的，可采取两种方法：一是对东西山墙进行垂直绿化，可以有效地降低墙体温度和室内气温，也美化装饰了墙面；还可在西墙外侧栽植高大乔木。此外，对景观不雅，有碍卫生安全的构筑物，如垃圾收集站、室外配电站、变压器等，要用常绿灌木围护，在南方采用珊瑚树、竹林、火棘等，北方采用侧柏、桧柏等。

（2）宅旁绿地的主要类型　按不同住宅建筑布局类型划分,宅旁绿地可概括为四大类型。

①独立式别墅住宅区的宅旁绿地:独立式别墅庭院住宅区中,住宅建筑以独立式别墅（2～3 层）为主,每户均安排有围绕别墅建筑的庭院。这类独立庭院的绿化,要求在一定别墅组群或区域内有相对统一的外貌,与住宅区的道路绿化、公共绿地的景观布置相协调。内部可根据户主的不同要求,在不影响各别墅庭园的绿化外部景观协调的前提下,灵活布置,形成各具情趣的庭园绿化（图 8.8）。

②低层联排式住宅的宅旁绿地:这类宅旁绿地以建筑为界,宅前的宅旁绿地一般以开敞或半开敞的草坪、花坛及乔木等植物造景,并可在住宅入口处扩大道路形成场地,供居民交往,形成开敞或半开敞的绿化空间,住宅后的绿地布置则较为封闭,可形成私密性生活空间,部分可设计成供底层用户独自使用的后院或供该幢住宅居民共同使用的半公共性的观赏绿地。

③多层住宅的宅旁绿地:多层住宅的宅旁绿地是最普遍的一种形式。住宅南面阳光充足,植物配置应以落叶乔木为主,以利于底层住户夏季和冬季的采光。住宅建筑北侧与宅间道路间的宅旁绿地一般较窄,被住宅北面的单元入口分段,光照条件较差,绿地中有各种管线和雨水井、检查井等构筑物较多,绿化不应影响建筑物北窗、门的通风采光。绿化材料常采用浅根性、较耐阴的常绿灌木和地被植物（北方要选耐寒植物）,布置较为简洁。住宅东西两侧宜种植一些落叶大乔木,或者设置绿色荫棚,种植攀缘植物,将朝东（西）的窗户进行遮挡,可有效减少夏季东西日晒,在靠近房基处种植一些低矮的花灌木,高大乔木要离建筑5～7 m 以外种植,以免影响室内采光通风。两栋住宅间可布置休息座椅、儿童游戏等设施。尤其需注意的是由于多层住宅旁绿化是区别不同行列、不同住宅单元的识别标志,在植物配置形式上宜尽量创造特色,既要注意植物种类、色彩、形式的相对统一,又要突出各幢楼之间的个性塑造（图 8.9）。

图 8.8　北京香山别墅独立式住宅别墅宅旁绿地

图 8.9　南京某小区多层住宅的宅旁绿地

④高层住宅周围的宅旁绿地:高层住宅建筑层数高,住户密度大,宅旁绿地面积也相应较大。绿化设计应考虑鸟瞰效果,以草坪为主,在草坪边缘散植树形优美的乔木或灌木、草花。考虑到高层住户高视点赏景的特点,可用常绿或开花植物组成绿篱,围合院落或构成各种图案,加强绿地的俯视效果。在树种选择上,要考虑植物的耐阴和喜光特性,还应注意在挡风面及风口必须选择深根性的树种,以改善宅间气流力度及方向。

4）配套设施绿地

居住区内配套设施绿地使用频率虽不如公共绿地和宅旁绿地多,却同样具有改善居住区小气候,美化环境,丰富居民生活的作用,是居住区绿地系统中不可缺少的组成部分。在设计中除了按所属建筑、设施的功能要求和环境特点进行绿化布置外,还应与居住区整体环境的绿化相联系,通过绿化来协调居住区中不同功能的建筑、区域之间的景观及空间关系。

①在主入口和中心地带等开放空间系统的重要部位如景观集散广场、商场建筑周围和社区中心的绿地等要发挥绿化在组织开放空间环境方面的作用,以体现现代居住区的环境风貌。布置宜简洁明快,植物材料以草坪、常绿灌木带和树形端庄的乔木为主。

②医疗卫生类,如医院门诊要有良好隔离条件,防止噪声和空气污染,形成阳光充足的半开敞空间与自然环境(植物、地形、水面)相结合,适宜病员在安静、和谐的环境下休息,消除恐惧和紧张感。设计时以树木、花草、草坪为主体,要有条椅及无障碍设施,道路宜采用缓坡道,树种宜选用树冠大、遮阴效果好、病虫害少的乔木、中草药及具有杀菌作用的植物。

③文化体育类,如电影院、文化馆、运动场、青少年之家,这些建筑设施与绿地直接相连,周边要形成开敞空间,以使绿地成为大量人流集散的中心,设计时应用绿化来强调公共建筑的个性,形成亲切、热烈的场所氛围,绿化应有利于组织人流和车流,同时要避免遭受破坏。绿地中要设有照明设施、果皮箱、广告牌、座凳。路面要平滑,以坡道代替台阶。设置公用电话、公共厕所。树种宜以生长迅速、健壮、挺拔、树冠整齐的乔木为主。

④商业服务类,如百货商店、副食菜店、饭店、书店等。这类建筑群周边是居民经常交往的公共开敞空间,其商业气氛浓重,各空间功能不一,但不同空间构成的环境是连续的。为了避免互相干扰,防止恶劣气候、噪声及废气排放对环境的影响,绿地设计既要有统一的规划,又要区别对待进行绿化配置,从各种设施中可以分辨出自己所处的位置和要去的方向,点缀有特征标记设施的树木、花坛、条凳、果皮箱、广告牌等。

⑤教育类,如小学、中学等。这类由主体建筑构成大小不同的公用空间,设计时应做到建筑物与绿地庭院相结合,创造由闹至静的过渡环境;开辟室外绿色空间,形成轻松、活泼、幽雅、宁静的气氛,有利于学习、休息及文娱活动,绿地中要设计游戏场及游戏设备、操场、沙坑,有条件的可设置菜园、果园、小动物饲养地、生物实验园等。

⑥行政管理类,如物业管理部门。这类建筑要形成安静、卫生、优美的环境,具有良好小气候条件,有利于提高工作效率。设计中常以乔灌木将各孤立的建筑有机地结合起来,构成连续围合的绿色前庭。绿地中可设有简单的文体设施和宣传画廊、报栏,以活跃居民业余文化生活。

⑦其他如垃圾站、锅炉房、车库等。这类建筑周边可利用乔灌木、绿篱围成院落构成封闭的围合空间,以阻止粉尘向外扩散,并利用植物作屏障,阻隔外部的视线,消除噪声、灰尘、废气排放对周围环境的影响;能迅速排除地面水,具有封闭感,且不影响院外的景观;绿化可选用抗性强、枝叶茂密、叶面多毛、管理粗放、生长快、能吸收有害物质的乔灌木。

5)道路绿地

居住区道路绿地是居住区"点、线、面"绿化系统中的"线",既有利于通风、改善小气候、降低交通噪声、美化街景等作用,又可以增加居住区的绿化覆盖面积,将居住区公共绿地、宅旁绿地等各类绿地自然连接,形成整体绿化效果。其绿化设计应密切结合各级道路的功能和特点进行。

(1)主干道路绿化 居住区主干道是联系居住区内外的主要道路,除人行外,车流量相对较大。

行人交通是居住区主干道的主要功能,特别在道路交叉口及转弯处应根据安全视距进行绿化布置。设计时首先考虑行车安全的需要,注意在道路交叉口及转弯处的行车视距,行道树的布置尤其要注意遮阴和不影响交通安全,分枝高度应不影响车辆行驶。其次应体现居住区特色,如选择体现居住区景观设计立意的行道树,或选择开花繁密、季相变化明显的植物。路边植物结合道路两侧的建筑物、各种设施进行配置。种植设计要灵活自然,富有变化,宜采用高大的乔木和低矮的灌木、草花植被,特别要注意纵向的立体轮廓线和空间变换,形成疏密相间、高低错落、富有节奏的道路景观(图8.10)。

图8.10　南京某小区主干道路绿化

(2)次要道路绿化　次要道路是联系居住区各组成部分的道路,以人行交通为主,车流量较少,路幅和道路空间尺度较小,一般不设专用道路绿化带。道路绿化结合道路两侧的立地条件进行。

为了增强居住区景观的识别性,每条路可选择不同的主要树种,以树名为路名,如樱花路、银杏路等具有特色主题的景观道路。也可以不同断面的种植形式以示区分。居住区次要道路的绿化布置应注意疏密有致、视线通透,可运用借景、透景等手法实现移步换景的效果,使居住小区道路与居民生活紧密联系起来。另外,布局上也可以活泼一点,适当拉大行道树的株间距,中间穿插种植花灌木,适宜的地方设置些座椅、小品,增加道路景观的丰富性和互动性。树种选择上可以多用小乔木及花灌木,特别是一些开花繁密、叶色变化的树种,如柿子树、樱花、红枫等。

(3)宅间小路绿化　宅间小路两侧的树木可以适当靠后种植,步行道的交叉口结合绿化适当放宽,以备必要时救护、搬家等车辆驶近住宅。这级道路一般不用行道树,绿化可根据具体情况灵活栽植遮阴的乔木。绿化布置时要注意,从树种选择到配置方式应尽量多元化,形成不同的景观,便于居民识别家门(图8.11)。

图8.11　深圳某小区宅间小路绿地实景图

(4)停车场绿化　居住区停车场主要有三种布置方式,其绿化布置和效果也相应不同。

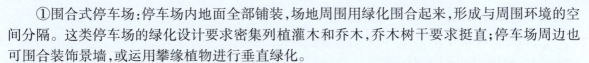

①围合式停车场:停车场内地面全部铺装,场地周围用绿化围合起来,形成与周围环境的空间分隔。这类停车场的绿化设计要求密集列植灌木和乔木,乔木树干要求挺直;停车场周边也可围合装饰景墙,或运用攀缘植物进行垂直绿化。

②树阵式停车场:停车场地内种植成行、成列的乔木,车辆停置于树阵之中。其优点是带状绿化种植能产生行列式韵律感,多树荫,避免阳光直射车辆,夏季场内气温比道路上低,适宜人车的停留。缺点是面积较大,形式较单调。这类停车场的绿化设计要求种植深根性、分枝点高、冠大荫浓的庇荫乔木。由于受车辆尾气排放影响,车位间绿化带不宜种植花卉。为满足车辆垂直停放和植物保水要求,绿化带一般宽1.5~2 m,乔木沿绿带间距应不小于2.5 m,以保证车辆停放。

③沿建筑线型排列式停车场:这类停车场的优点是靠近建筑物,使用方便,缺点是车辆噪声和反光对周围建筑有较大影响,景观上也显得杂乱;汽车清洗和排气时会污染环境,而且场地一般较小,车辆停放少。这类停车场主要是地面铺装和植草砖的结合。植草砖宜应用耐碾压的草种,周边绿化主要运用建筑物旁的基础绿化、前庭绿化及部分行道树进行布置。

8.3　居住区绿地的种植设计

居住区绿地的种植设计应以居住区总体设计的要求为依据,宜保留和保护原有大乔木,适宜绿化的用地均应进行绿化,并可采用立体绿化的方式丰富景观层次、增加环境绿量。

8.3.1　居住区绿地的植物种类选择

居住区绿地的植物种类选择应符合下列规定:
(1)应优先选择观赏性强的乡土植物;
(2)应综合考虑植物习性及生境,做到适地适树;
(3)宜多采用保健类及芳香类植物,不应选择有毒有刺、散发异味及容易引起过敏的植物;
(4)应避免选择入侵性强的植物。

8.3.2　居住区绿地的植物配置

居住区绿地植物配置应符合下列规定:
(1)应以总体设计的植物景观效果为依据;
(2)应注重植物的生态多样性,形成稳定的生态系统;
(3)应满足建筑通风、采光及日照的要求;
(4)应注重植物乔灌草搭配、季相色彩搭配、速生慢生搭配,营造丰富的植物景观和空间;
(5)应保持合理的常绿与落叶植物比例,在常绿大乔木较少的区域可适当增加常绿小乔木及常绿灌木的数量。

案例分析

苏北某城市居住区绿地规划

1)项目概况

该小区位于苏北某城市中心区,占地面积32 776.67 m²,建筑面积97 547.5 m²,容积率2.98。建筑由2栋多层、5栋高层、1栋公寓楼组成,总户数843户。建筑风格为现代时尚的简欧风格。

2）规划设计目标及理念

（1）规划设计目标　生态、养生、人文并重的花园小区。

（2）规划设计理念

①采用中轴对称的布局方式，从空间上体现尊贵感。

②充分考虑居民需求，突出养生、健身空间的营造。

③注重景观与建筑风格的协调统一。

④植物选择以本土化、健康养生、四季有景为原则，创造健康、愉悦、多彩的植物空间。

⑤注重新技术、新材料的应用，降低建设和维护成本，体现低碳特色。

3）规划方案

规划将小区分为"一轴、三园、五节点"（图8.12—图8.17）。

（1）一轴　主入口景观轴，由入口广场、景亭、景观廊架等组成。

（2）三园

①清泉丽景园：由中心广场、涌泉、阳光草坪、特色种植池、弧形艺术景墙、儿童活动区等组成，让居民在清丽的环境中放松身心，享受家庭的怡乐。

②苍穹翠谷园：高大的乔木为骨干树种，营造大树参天的森林般感觉，林下设置老年人活动区，铺设木栈道、小广场，成为老年人休憩、其他居民休闲养身的场所。

③浅翠浮影园：乔、灌、草自然式的配置营造轻松的氛围，富氧植物的栽植，让居民在天然氧吧中做个深呼吸，享受健身的乐趣。

（3）五节点　入口区、老年人活动区、儿童活动区、中心广场、静电释放区。

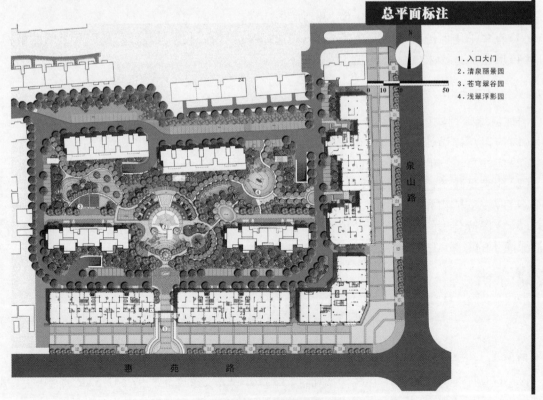

总平面标注

1．入口大门
2．清泉丽景园
3．苍穹翠谷园
4．浅翠浮影园

图8.12　总平面图

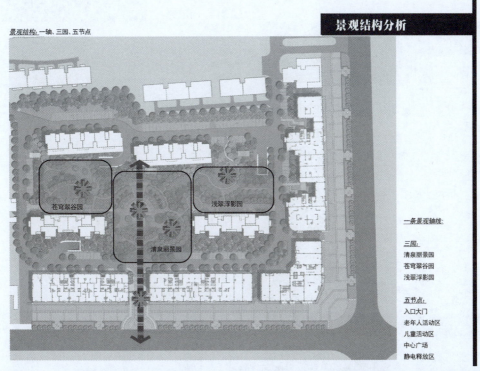

图 8.13 景观结构分析图

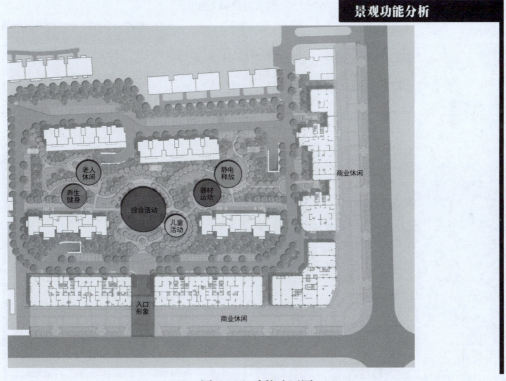

图 8.14 功能分区图

1. 特色种植池
2. 圆形树池
3. 景观亭
4. 弧形坐凳
5. 阳光草坪
6. 沙坑
7. 弧形艺术景墙
8. 儿童活动器械-
9. 人行出入口
10. 圆形树池
11. 中心活动广场
12. 嵌草铺装
13. 景观廊架
14. 人行出入口

清泉丽景园

索引图

图8.15　清泉丽景园平面图

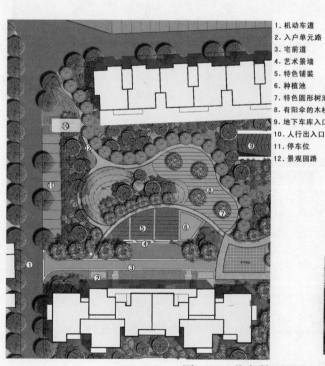

1. 机动车道
2. 入户单元路
3. 宅前道
4. 艺术景墙
5. 特色铺装
6. 种植池
7. 特色圆形树池
8. 有阳伞的木栈板
9. 地下车库入口
10. 人行出入口
11. 停车位
12. 景观园路

苍穹翠谷园

索引图

图8.16　苍穹翠谷园平面图

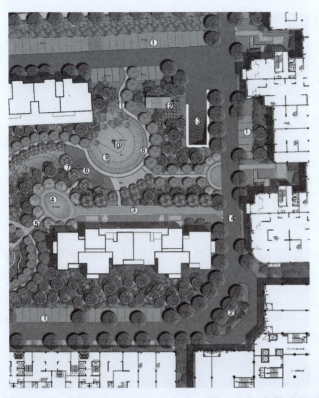

浅翠浮影园

1. 停车位
2. 植物绿岛
3. 宅前道
4. 嵌草铺装（回车区）
5. 园路
6. 健身器械区
7. 可坐人组合树池
8. 景观灯柱
9. 放置景观小品的草坪
10. 景观雕塑
11. 景观园路
12. 植物组景
13. 地下车库入口
14. 车行道

索引图

图8.17　浅翠浮影园平面图

思考与练习

1. 居住区用地分哪几类？
2. 居住区环境构成要素有哪些？
3. 居住区规划布局的主要形式有哪些？
4. 试述居住区绿地的功能。
5. 居住区绿地由哪些组成？各自的规划设计要点是什么？
6. 居住区绿地规划中，如何体现海绵城市建设理念？
7. 选择某一居住区，对其绿地景观规划进行调查分析，并对其提高完善，提出自己的意见和建议，在此基础上完成调查报告，要求字数不少于3 000字，图文并茂。

实　训

1）实训目标

（1）通过调研学习国内外优秀居住绿地的规划设计实例，了解其具体的规划设计手法，并能学会灵活应用。

（2）熟悉和掌握居住区绿地规划设计的基本程序、方法和内容；进一步提高居住区绿地规划设计实践操作技能和方案表现能力。

2）实训任务

根据所提供的基地底图和项目要求，进行居住区绿地规划。

项目概况：

该小区位于南京主城区，占地面积3.8 hm²，主要建筑类别为9～11层小高层，建筑密度为19.5%，容积率为1.654，绿地率为35.1%。景观格局为"两线多面""两线"，即贯穿东西出入口及北面次入口的中央景观大道，"多面"为多个组团绿地及宅间绿地（图8.18）。

项目要求：完成所给居住区的绿地景观规划方案。

3）实训要求

（1）充分了解任务书的要求，研读相关领域的优秀案例。

（2）了解规划设计条件，确定规划设计风格。

（3）分析各种因素，做出总体构思，进行分区和草图设计。

（4）经讨论思考，确定总平面图。

（5）绘制正图。包括总平面图、分区图、剖面图、局部小景效果图或总体鸟瞰图、植物种植设计图、编写设计说明等。

（6）图纸要求

①小区整体景观设计：总平面图（1∶1 000）、景观分析图（1∶1 000）、重点区域平面图（1∶500）、种植设计图（1∶500）、2～3处主要景观平、立、剖、效果图（1/100）。

②设计说明：附于图纸上。

③图纸：2号图纸3～4张，0号图纸1张。

（7）规划设计说明要求：包括概况、规划设计依据和原则、总体构思与布局、分区规划内容、竖向规划、植物种植设计、主要景点设计构思等。

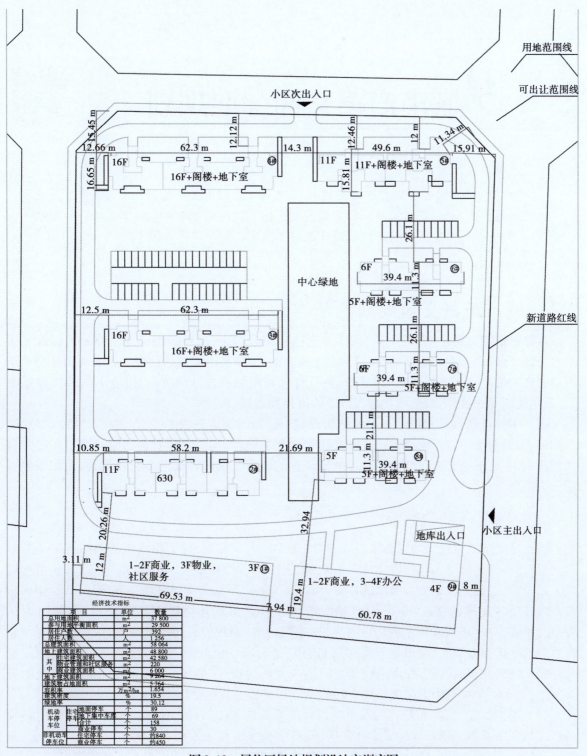

用地范围线
可出让范围线
新道路红线

小区次出入口
小区主出入口
地库出入口

16F
16F+阁楼+地下室
11F
11F+阁楼+地下室
中心绿地
6F
5F+阁楼+地下室
16F
16F+阁楼+地下室
5F+阁楼+地下室
5F
5F+阁楼+地下室
11F
630
1-2F商业，3F物业，社区服务
3F
1-2F商业，3-4F办公
4F

15.45 m 12.66 m 62.3 m 12.12 m 14.3 m 12.46 m 49.6 m 12 m 11.34 m 15.91 m
16.65 m 15.81 m 26.1 m 11.3 m 39.4 m
12.5 m 62.3 m 26.1 m 11.3 m 39.4 m
10.85 m 58.2 m 21.69 m 21.1 m 11.3 m 39.4 m
20.26 m 32.94 19.4 m 8 m
3.11 m 12 m 69.53 m 7.94 m 60.78 m

经济技术指标

项目	单位	数量
总用地面积	m²	37 800
参与用地平衡面积	m²	29 500
居住户数	户	392
居住人数	人	1 256
总建筑面积	m²	58 064
地上建筑面积	m²	48 800
其中 住宅建筑面积	m²	42 580
物业管理和社区服务	m²	220
商业建筑面积	m²	6 000
地下建筑面积	m²	9 264
建筑物占地面积	m²	5 764
容积率	万m²/ha	1.654
建筑密度	%	19.5
绿地率	%	30.12
机动车停车车位 住宅地面停车	个	89
地下集中车库	个	69
合计	个	158
商业停车	个	30
非机动车停车位 住宅停车	个	约840
商业停车	个	约450

图 8.18 居住区绿地规划设计实训底图

9 城市道路交通绿地规划

[本章导读] 本章阐述了城市道路交通绿地规划设计的有关内容,介绍了城市道路交通规划的基本知识、基本术语和相关规定,重点阐述了一般城市道路交通绿地的规划设计要点,并就对外交通绿地规划设计进行了简述。

9.1 城市道路交通规划的基本知识

道路是伴随交通而产生的。《尔雅》中论述:"道者蹈也,路者露也。"即道路是人们踩光了路上的野草,露出了土面而形成的,路是人走出来的,道路是由人们的社会生产活动和社会生活活动而产生的。一般可以这样理解:修建在市区、路两侧有连续建筑物、用地下沟管排除地面水、采用连续照明、横断面上布置有人行道的道路称为城市道路。

凯文·林奇在《城市意象》一书中把构成城市意象的要素分为五类,即道路、边界、区域、结点和标志,并指出道路作为第一构成要素往往具有主导性,其他环境要素都要沿着它布置并与其相联系,可见道路交通在城市中有着举足轻重的地位。做好城市道路交通规划,是城市发展的先决条件。

9.1.1 城市道路的功能

城市道路是城市建设的主要项目之一,社会生产力越发展,社会物质生活和精神生活越丰富,城市道路就越发展。从物质构成关系来说,道路被看作城市的"骨架"和"血管",从精神构成关系来说,道路是决定城市形象的首要因素,作为城市环境的重要表现环节,道路又是构成和谐人居环境的支撑网络,也是人们感受城市风貌及其景观环境最重要的窗口,正如美国学者简·雅各布在《美国大城市的消亡与生长》中写到的"当我们想起一个城市时,首先出现在脑海里的就是街道有生气,城市也就有生气;街道沉闷,城市也就沉闷"。因此,城市道路不仅仅是连接两地的通道,在很大程度上也是人们公共生活的舞台,是城市人文精神和区域文化的灵魂要素,也是一个城市历史文化延续变迁的载体和见证。其主要功能有:

(1)交通功能 城市道路作为城市交通运输工具的载体,为各类交通工具及行人提供行驶的通道与网络系统。随着现代城市社会生产、科学技术的迅速发展和市民生活模式的转变,城市交通的负荷日益加重,交通需求呈多元化趋势,城市道路的交通功能也在不断发展和更新。

(2)构造功能 城市主次干路具有框定城市土地的使用性质,为城市商务区、居住区及工业区等不同性质规划区域的形成起分隔与支撑作用,同时由主干路、次干路、环路、放射路所组成的交通网络,构建了城市的骨架体系和筋脉网络,有助于城市形成功能各异的有机整体。

（3）设施承载功能　城市道路为城市公共设施的配置提供了必要的空间,主要指在道路用地内安装或埋设电力、通信、热力、燃气、自来水、下水道等电缆及管道设施,并使这些设施的服务水平能够保证提供良好的服务功能。此外,在特大城市与大城市中,地面高架路系统、地下铁道等也大都建设在道路用地范围之内,有时还要在地下建设综合管道、走廊、地下商场等。

（4）防火避灾功能　合理的城市道路体系能为城市的防火避灾提供有效的开放空间与安全通道。在房屋密集的城市,道路能起到防火、隔火的作用,是消防救援活动的通道和地震灾害的避难场所。

（5）景观美化功能　城市道路是城市交通运输的动脉,也是展现城市街道景观的廊道,因此城市道路规划应结合道路周边环境,提高城市环境整体水平,给人以安适、舒心和美的享受,并为城市创造美好的空间环境。

9.1.2　城市道路的组成

城市道路红线之间的空间范围为城市道路用地,该用地由以下不同功能的部分组成:

①供各种车辆行驶的车行道。其中包括供汽车、无轨电车、摩托车行驶的机动车道;供有轨电车行驶的有轨电车道;供自行车、三轮车等行驶的非机动车道。

②专供行人步行交通用的人行道。

③起卫生、防护与美化作用的绿化带。

④用于排除地面水的排水系统,如街沟或边沟、雨水口、窨井、雨水管等。

⑤为组织交通、保证交通安全的辅助性交通设施,如交通信号灯、交通标志、交通岛、护栏等。

⑥交叉口和交通广场。

⑦停车场和公共汽车停靠站台。

⑧沿街的地上设施,如照明灯柱、架空电线杆、给水栓、邮筒、清洁箱、接线柜等。

⑨地下的各种管线,如电缆、煤气管、给水管、污水管等。

⑩在交通高度发达的现代城市,还建有架空高速道路、人行过街天桥、地下道路、地下人行道、地下铁道等。

9.1.3　城市道路的类型

根据《城市道路绿化规划与设计规范》(CJJ 75—97),城市道路分为以下6类:

（1）高速干道　高速交通干道在特大城市、大城市设置,为城市各大区之间远距离高速交通服务,联系距离20~60 km,其行车速度在80~120 km/h。行车全程均为立体交叉,其他车辆与行人不准使用。最少有四车道(双向),中间有2~6 m分车带,外侧有停车道。

（2）快速干道　快速交通干道也是在特大城市、大城市设置,为城市各分区间较远距离交通道路联系服务,距离10~40 km,其行车速度在70 km/h以上。行车全程为部分立体交叉,最少有四车道,外侧有停车道,自行车、人行道在外侧。

（3）交通干道　交通干道是大、中城市道路系统的骨架,是城市各用地分区之间的常规中速交通道路。其设计行车速度为40~60 km/h,行车全程基本为平交,最少有四车道,道路两侧不宜有较密的出入口。

（4）区干道　区干道在工业区、仓库码头区、居住区、风景区以及市中心地区等分区内均存在。共同特点是作为分区内部生活服务性道路,行车速度较低,横断面形式和宽度布置因区制宜。其行车速度为 25 ~ 40 km/h,行车全程为平交,按工业、生活等不同地区,具体布置最少两车道。

(5)支路　支路是小区街坊内道路,是工业小区、仓库码头区、居住小区、街坊内部直接连接工厂、住宅群、公共建筑的道路,路宽与断面变化较多。其行车速度为 15 ~ 25 km/h,行车全程为平交,可不划分车道。

(6)专用道路　专用道路是城市交通规划考虑特殊要求的专用公共汽车道、专用自行车道,城市绿地系统中和商业集中地区的步行林荫路等。

根据城市街道的景观特征又可把城市道路划分为城市交通性街道、城市生活性街道(包括巷道和胡同等)、城市步行商业街道和城市其他步行空间。

9.2　城市道路绿化基本知识

9.2.1　城市道路绿化的历史与发展

1)国外城市道路绿化的历史

据记载世界上最古老的行道树种植于公元前 10 世纪,建于喜马拉雅山山麓,在连接印度加尔各答和阿富汗的干道中央与左右,种植了三行树木,称作大树路(Grand Trunk)。

大约公元前 8 世纪后半期在美索布达米亚(Mesopotamia)由人工整地而成的丘陵上兴建宫殿,并以对称的规划布局配置松树与意大利丝柏(Italian crypress)。

希腊时代(公元前 5 世纪)在斯巴达的户外体育场,其两侧列植法国梧桐作为绿荫树。

罗马时代(公元前 7 世纪—公元 4 世纪),在神殿前广场(Forum)与运动竞技场(Stadium)前的散步道路旁种植法国梧桐,据载当时罗马城之主要街道种植意大利丝柏。

中世纪(公元 5—14 世纪)时期的欧洲,各国于巡礼的街道上种植当地的乡土树种,即大都用意大利丝柏。在多数的城堡内,用于街道栽树的空间几乎没有。在农用地的边界线上常以很多树列作为标志。

文艺复兴时期以后,欧洲一些国家街道绿化有了较大的发展。法国亨利(Henri)二世依据 1552 年颁布的法律,命令国人在境内主要道路栽植行道树,因而有在国道上种植欧洲榆的记载。同一时期,奥匈帝国有计划地在国内各干道栽植法国梧桐之类的行道树,其目的是为了战时补给军用木材。

1625 年英国于伦敦市的摩尔菲尔斯地区,格林公园西,圣詹姆士公园(St. James Park)以北,设置了公用的散步道(Public walk),兼作车道,长约 1 km,种植 4 ~ 6 排法国梧桐,这条林荫路是女王陪同国宾乘坐马车巡视所通行的街景优雅的迎宾道,开创了都市性散步道栽植的新概念,即所谓林荫步道(The Mall),后来成为闻名于世的美国华盛顿市的林荫步道(具有四排美国榆树的园林大道)之原型,是美国各大都市设计林荫道的典范,也是日本的购物街(Shopping Mall)的起源。

1647 年在柏林曾以特尔卡登为起点设计菩提树大道,在道路东侧配置了 4 ~ 6 列树木的林荫大道。这条美丽的林荫大道对日后法国巴黎辟建的园林大道(Boulevard)有极大影响。

18 世纪后半期,奥匈帝国国王约瑟夫二世在 1770 年颁布法令:在国道上种植苹果、樱桃、西洋梨、波斯胡桃等果树当行道树。因此,至今匈牙利、德国和捷克等国仍延续这种传统。

18 世纪末至 19 世纪初,法国政府正式制定了有关道路须栽植行道树的法令,这些法令对于栽植位置、树种选择、树苗检查、树权、砍伐与修剪的手续等事宜均加以规范。这是法国自 16

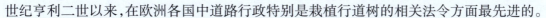

世纪亨利二世以来,在欧洲各国中道路行政特别是栽植行道树的相关法令方面最先进的。

工业革命之后,人口向都市集中,市区急速扩张,都市规划发展,辟建干线,行道树栽植日渐盛行。

19世纪后半叶,欧洲各国拆除了中世纪的古城墙,填平壤沟,建成环状街道或辟局部为园林大道,以修饰景观为主要功能,有宽阔的散步路,使城市面貌更加生动活泼。

1858年,由当时的塞纳县知事奥斯曼主持,在巴黎修建了香榭丽舍大道,成为近代园林大道之经典,对欧美各国产生了极大影响。

18世纪末,由法国陆军技师郎方(Pierre Charles L. Enfant)完成的华盛顿市规划,多处配置了法国式的林荫大道。在1872年曾对30个树种进行试验,最后限定10~12种为最适合栽植的行道树树种。

十月革命后,苏联在街道绿化方面取得了较大成就。例如,在城市绿化方面规定了林荫道的最低规模和一般应具备的功能,特别是在莫斯科等几个大城市中建立了街头游园和绿化广场,它们不仅与周围的环境协调,在比例、尺度上恰当,而且其内部的布局、配置层次都是完整的,这方面对我国也产生了一定的影响。

随着资本主义的发展,城市建设日新月异,工商业城市不断涌现。为了满足交通运输的需要,特别是汽车的日益增多,城市必须建立宽阔的道路和方便的交通网。作为城市建设组成部分的行道树种植更加普遍,行道树的布置形式和结构也发生了很大变化。特别是近几十年来由于工业的高速发展,城市环境日益恶劣,很多城市进行了重新规划。在新的规划中普遍要求增加绿地,以改善和保护环境。国外城市规划理论中曾出现"花园城市""城市林带"和"绿色走廊"等设想,并得到实践。

2)我国城市道路绿化的发展历程

我国城市道路绿化的历史比较悠久。在2 000多年前的周秦时代就已沿道路种植行道树。据《周礼》记载,公元前5世纪周朝由首都至洛阳的街道种有许多列树,来往的旅客可以在树荫下休息。

《汉书》记载"秦为驰道于天下,东穷燕齐,南极吴楚,江湖之上滨海之观毕至。道广五十步,三丈而树,原筑其外,隐以金椎,树以青松"。即公元前3世纪秦始皇为发展工商业,以都城咸阳为中心修建公路,"路宽五卡步,两旁每隔三丈栽一青松"。修驰道是秦代的功绩之一,在2 000多年前这样大规模地沿路种青松,在世界上也是少见的。

西汉长安"路街平整,可并列车轨,十二门三涂洞辟,隐以金椎,周以树木"。长安城有南北并列的14条大街,东西平行11条大街,用这些街道将全城划分为108个街坊。中轴线上的朱雀大街宽150 m,安上门大街134 m,通往春光门和金光门的东西大街宽120 m。街道都是土路面,为了排水两侧有宽深各2 m的水沟,街道两侧种有成行的槐树,称"槐街"。

西晋洛阳(今洛阳以东)宫门以及城中央大道皆分为三,中央御道两边筑土墙,高四尺余……夹道种植榆槐树,此三道四通五达也。

南北朝建康(今南京)是宋、齐、梁、陈各朝的首都。它的布局是曲折而不规则的,但中央御道砥直,御道两侧是御沟,沟旁种柳,所以有"飞在夹驰道,垂柳荫御沟"的记载。

隋朝东都在周王城故址,正对宫城正门的大街(天津街)宽一百步,道旁植樱桃和石榴两行。

唐玄宗(8世纪中叶)定有路树制度。首都长安南北11街,东西14街,布局严谨,城内街道

主要树种是槐树、垂柳、桃、李、榆。唐宋时代中国南方的行道树多用木棉。

北宋东京(今开封)是在后周都城基础上建成的,其宫阙布局系模仿洛阳旧制。在宫城正门南的御街,用水沟把路分成三道,并用桃、李、梨、杏等列于沟边,沟外又设木栅以限行人。沟内植以芙蓉莲花,春夏繁花似锦,夏末荷花飘香,秋季果实累累。可以说宋朝的街道景观已极为丰富了。

清中期以后,欧美经商和入侵中国,沿海城市迅速兴起,一些新建街道引种刺槐、法国梧桐、意大利黑杨等树种作为行道树。

以后城市建设有了很大发展,每个朝代都兴建或改建了不少规模宏大的城市,这些城市的道路宽阔、平坦,道路两侧广植树木,有松、榆、槐、柳、樱桃、石榴、桃、李等。

可见,我国古代对道路绿化十分重视,树种丰富,形式多样,其中有些是可以借鉴,值得我们学习和发扬的。

3)现代城市道路景观发展趋势

近十几年来,都市化进程加速,交通事业蓬勃发展,城市道路交通类型越来越丰富,向着立体化、高速化、多元化、网络化发展,人们对道路景观有了多视点、多空间、多角度、连续性的观察,即使是同一景观也会由于视点的不同而给人带来不同的感受。现代城市中不同的交通工具带来了不同速度的运动,使人们的视点和视野都处于一种连续的流动之中,给人带来了与车马时代完全不同的景观感受。

现代城市生活与功能的改变也使城市道路景观有了发展与变化。城市生活由过去慢节奏的闲适生活方式变为快节奏、高效率的现代生活方式,物质生活水平的提高使人们更加注重精神生活的品质,注重人与人之间的交流与沟通,这就需要城市道路能够为人们提供美好的视觉感受、开放的道路空间、便利的街道设施等以满足人们日益提升的生活与精神需求。

过去那种"一条路两行树"的简单绿化模式已不能适应客观形势的变化,分车绿带、路侧绿带、交通岛和立交桥绿地、广场绿地、停车场绿地等绿化模式相继出现在城市道路绿化中,植物配置也一改以往单一的行道树和色带的模式而朝着群落式配置方向发展。

9.2.2 城市道路交通绿地设计的相关术语

(1)道路红线　城市道路路幅的边界线。

(2)道路分级　道路分级的主要依据是道路的位置、作用和性质,是决定道路宽度和线型设计的主要指标。目前我国城市道路大都按四级划分为快速路、主干路、次干路和支路四类。

(3)道路总宽度　也叫路幅宽度,即道路红线之间的宽度,是道路用地范围,包括横断面各组成部分用地的总称。

(4)道路绿地　道路用地范围内可进行绿化的用地,分为道路绿带、交通岛绿地、广场绿地和停车场绿地(图9.1)。

(5)道路绿带　道路红线范围内的带状绿地。道路绿带分为分车绿带、行道树绿带和路侧绿带。

(6)分车绿带　车行道之间可以绿化的分隔带。位于上下行机动车道之间的为中间分车绿带;位于机动车道与非机动车道之间或同方向机动车道之间的为两侧分车绿带。

(7)行道树绿带　布设在人行道与车行道之间,以种植行道树为主的绿带。

(8)路侧绿带　在道路侧方,布设在人行道边缘至道路红线之间的绿带。

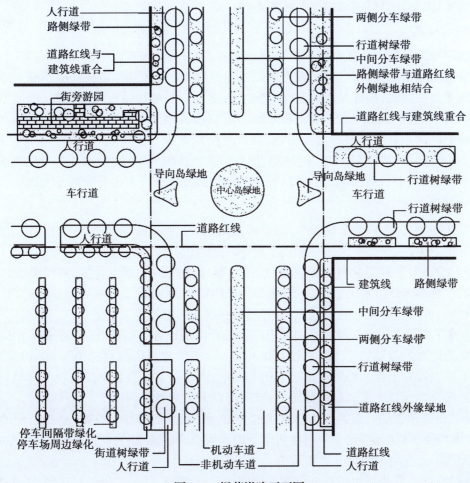

图9.1 规范道路平面图

（9）交通岛绿地　可绿化的交通岛用地。交通岛绿地分为中心岛绿地、导向岛绿地和立体交叉绿岛。

（10）中心岛绿地　位于交叉路口上可绿化的中心岛用地。

（11）导向岛绿地　位于交叉路口上可绿化的导向岛用地。

（12）立体交叉绿岛　互通式立体交叉干道与匝道围合的绿化用地。

（13）广场、停车场绿地　广场、停车场用地范围内的绿化用地。

（14）道路绿地率　道路红线范围内绿地面积占道路用地面积的比例。

（15）园林景观路　在城市重点路段，强调沿线绿化景观，体现城市风貌、绿化特色的道路。

（16）装饰绿地　以装点、美化街景为主，不让行人进入的绿地。

（17）开放式绿地　绿地中铺设游步道，设置座凳等，供行人进入游览休息的绿地。

（18）通透式配置　绿地上配置的树木，在距相邻机动车道路面高度在 0.9~3.0 m 的范围内，其树冠不遮挡驾驶员视线的配置方式。

9.2.3　城市道路交通绿地的功能

城市道路交通绿地是城市园林绿地系统的组成要素，它们以网状和线状形式将整个城市绿

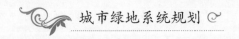

地连成一个整体,形成良好的城市生态环境系统。

1)组成城市绿地系统

城市道路绿地是城市绿地系统中重要的组成部分,主要体现在以下两个方面:其一,随着社会经济的发展及城市化进程的加快,城市道路及道路绿地的建设得以发展,道路绿地率和绿化覆盖率不断提高。因此,搞好城市道路绿地的规划建设对于增加城市绿地面积,提高城市绿地率和绿化覆盖率,改善城市生态环境等都起着不可替代的作用。其二,城市道路绿地在构成城市完整的绿地网络系统中扮演着重要角色,城市道路绿地像绿色的纽带一样,以"线"的形式,联系着城市中分散着的"点"和"面"的绿地,把分布在市区内外的绿地组织在一起,联系和沟通不同空间界面、不同生态系统、不同等级和不同类型的绿地,形成完整的绿地系统网。

2)保护城市环境

随着工业高速发展,机动车辆增多,城市污染现象日趋严重。增加道路绿化比重,是改善和保护城市环境卫生,减少有害气体、烟尘、噪声等污染的积极措施之一。

(1)净化空气 道路绿化可以净化空气,减少城市空气中的烟尘含量,同时吸收二氧化碳和二氧化硫等有毒气体。相关数据显示:在绿化的道路上距地面1.5 m处,灌木绿带作为较理想的防尘材料,可以将道路上的粉尘、铅尘等截留在绿化带附近不再扩散。

(2)降低环境噪声 道路是城市中噪声污染最严重的地方。据调查:环境噪声70%~80%来自地面交通运输。若道路上噪声达到100 dB时,临街的建筑内部可达70~80 dB,给人们的工作和休息带来很大干扰。而噪声超过770 dB,就会产生许多不良症状而有损身体健康。在道路与建筑物间合理配置一定宽度的绿化种植带,可以大大减低噪声。

(3)降低道路辐射热 道路绿化可以通过吸收、散射、反射等作用,减少到达地面的太阳辐射,降低路面温度。据测定,夏季中午在树荫下的水泥路面的温度,比阳光下低11 ℃左右,树荫下裸土地面比阳光直射时要低6.5 ℃左右。

(4)保护路面 夏季城市的路面温度往往比气温高10 ℃以上。当气温达到31.2 ℃时,路面温度可达43 ℃,许多路面尤其是沥青路面常因受日光的强烈照射而受损,影响交通。而绿地通过吸热、降温,可起到保护路面的作用。

(5)形成生态廊道,维持生态系统平衡 城市道路是城市人工生态系统与其外围自然生态系统间物质及能量流动的主要通道。道路绿地的建设有利于形成绿色的生态廊道,保证这种物质循环及能量流动的正常进行。道路绿地还可为各种动物的迁移提供通道,达到保护生物多样性,维持生态平衡的目的。

3)组织城市交通

城市交通与道路绿化有着非常重要的关系,绿化以创造良好环境,保证提高车速和行车安全为主。在道路中间设置绿化分隔带,可以减少车流之间的互相干扰,使车流单向行驶,保证行车安全。机动车与非机动车之间设绿化分隔带,则有利于缓和快慢车混行的矛盾,使不同车速的车辆在不同的车道上行驶。在交叉路口上布置绿化良好的交通岛、安全岛等,可以起到组织交通、保证行车速度和交通安全的作用。

4)美化城市环境

道路绿化可以点缀城市,美化街景,烘托城市建筑艺术,同时遮挡不雅的地段。一个完善的城市道路绿化,可利用植物本身的色彩和季相变化,把城市装饰得美丽、活泼,形成宽松、平和的气氛。例如,北京挺拔的毛白杨、油松、槐树,使这座古城更加庄严雄伟;南京市冠大浓荫的悬铃木、端庄的雪松,衬托着这座城市的古朴大气,道路绿化代表着一个城市、一个国家的精神面貌。搞好道路绿化,对于美化城市环境具有重要意义。

5)提高城市抗灾能力

城市道路绿地在城市中形成了纵横交错的一道道绿色防线,可以减低风速、防止火灾的蔓延;地震时,道路绿地还可以作为临时避震的场所,对防止震后建筑倒塌造成的交通堵塞具有无可替代的作用。

6)其他功能

许多植物不仅姿态美观,花色动人,而且具有很高的经济价值,如银杏、核桃、柿子、七叶树、白兰花、连翘等。在满足道路绿化各种功能要求的前提下,选择既具有地方特色又有经济效益的树木花草,既可营造具有地域风格的城市风情,又可收到一定的经济效益。如广西南宁道路上种植四季常青的木菠萝、人面果,兰州的滨河路种植梨树等都取得了一举两得的效果。

9.3　城市道路绿地规划设计的指标和原则

9.3.1　城市道路绿地规划设计相关指标的规定

1)道路绿地率的规定

《城市道路绿化设计标准》(CJJ T75—2023)规定:道路红线宽度大于 45 m 的道路绿地率一般应大于 25%,最小值为 15%;红线宽度在 30~45 m 的道路绿地率一般应大于 20%,最小值为 10%;红线宽度在 15~30 m 的道路绿地率一般应大于 15%,最小值为 10%;人行道与非机动车道的道路绿化覆盖率不应小于 80%。

《城市综合交通体系规划标准》(GB/T 51328—2018)主要对道路绿化覆盖率做了规定:红线宽度大于 45 m 的道路绿化覆盖率不得小于 20%;红线宽度在 30~45 m 的道路绿化覆盖率不得小于 15%;红线宽度 15~30 m 的道路绿化覆盖率不得小于 10%;红线宽度小于 15 m 的道路可酌情设置绿地。

2)行车视线和行车净空的要求

(1)行车视线要求　安全视距,也就是行车司机发觉对方来车,立即刹车恰好能停车的视距。

安全视距计算公式:

$$D = a + tu + b$$

式中　D——最小视距,m;

a——汽车停车后与危险带之间的安全距离,一般采用 4 m;

t——驾驶员发现必须刹车的时间,一般采用 1.5 s;

u——规定行车速度,m/s;

b——刹车距离,m。

交叉口视距:为保证行车安全,车辆在进入交叉口前一段距离内,必须能看清相交道路上车辆的行驶情况,以便能顺利驶过交叉口或及时减速停车,避免相撞,这一段距离必须大于或等于停车视距(图 9.2)。

停车视距:指车辆在同一车道上,突然遇到前方障碍物,而必须及时刹车时所需的安全停车距离(表 9.1)。

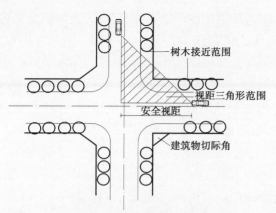

表9.1　停车视距建议表

道路类别	停车视距/m
主要交通干道	75～100
次要(一般)交通干道	50～75
一般道路(居住区道路)	25～50
居住小区、街坊道路(小路)	25～30

图9.2　交叉口视距三角形

为保证行车的安全视距,在道路交叉口视距三角形范围内和弯道内侧的规定范围内种植的树木不应影响驾驶员的视线通透。

在道路弯道外侧沿边缘整齐、连续栽植树木能起到预告道路线形变化,引导驾驶员行车视线的功能。一般规定在视距三角形内布置植物时,其高度不得超过0.70 m,宜选低矮灌木、丛生花草种植。

(2)行车净空要求　道路设计规定在道路中一定宽度和高度范围内为车辆运行的空间,在此三角形区域内不能有建筑物、构建物、广告牌以及树木等遮挡司机视线的地面物。具体范围应根据道路交通设计部门提供的数据确定(表9.2)。

表9.2　行车最小净空高度

行驶车辆种类	机动车、无轨电车 5.0			非机动车	
	各种汽车	无轨电车	有轨电车	自行车、行人	其他非机动车
最小净高/m	4.5	5.0	5.5	2.5	3.5

9.3.2　城市道路交通绿地规划设计的原则

(1)统一规划,同步建设　道路绿地规划建设与城市道路规划建设同步进行是保障城市道路绿地得以实施的前提和基础,只有这样才能保证留出足够的用地进行道路绿地建设,使道路绿地达到预期的效果和景观。

(2)统筹兼顾,安全第一　道路绿地规划应符合行车视线和行车净空要求,满足交通安全的需要;绿化树木与市政公用设施的相互位置应合理兼顾,保证树木有需要的立地条件与生长空间;道路绿地的坡向、坡度应符合排水要求并与城市排水系统结合,防止绿地内积水和水土流失。

(3)适地适树,种类丰富　道路绿化应符合适地适树和生物多样性的原则,以乔木为主,乔木、灌木、地被植物相结合,形成植物群落结构,不得有裸露土壤。在道路绿地的配置模式及树种选择上应突破单一行道树或乔木+草坪的模式,大力推广乔木+灌木+地被的复式种植模式;在树种选择上,也应多种多样,除了选择一些抗性强,适应性好的乡土树种外,还可适当引进一些适宜的外来树种。

（4）体现城市文化历史及地方特色　道路绿地的建设应与城市的文化及历史气氛相适应，承担起文化载体的功能。修建道路时，宜保留有价值的原有树木，对古树名木应予以保护。

（5）体现道路景观特色　同一道路的绿化应有统一的景观风格，不同路段的绿化形式可有所变化；同一路段上的各类绿带，在植物配置上应相互配合并应协调空间层次、树形组合、色彩搭配和季相变化的关系；园林景观路应与街景结合，配置观赏价值高，有地方特色的植物；主干路应体现城市风貌；毗邻山、河、湖、海的道路，其绿化应结合自然环境突出自然景观特色。

9.4　一般城市道路绿地规划设计

9.4.1　道路绿地断面布置形式

道路绿地的断面形式与道路的红线宽度、道路的等级及道路横断面的形式等密切相关，我国现有城市道路多采用一块板、两块板和三块板等基本形式。因此，相应的道路绿地断面常用的有一板二带式、二板三带式、三板四带式、四板五带式及其他形式。

（1）一板二带式　一板二带式是较为常见的绿化形式，中间是行车道，在行车道两侧的人行道上种植行道树（图9.3、图9.4）。

人行道　　行道树绿带　　　　双向车行道　　　　行道树绿带　　人行道

图9.3　一板二带式道路绿地断面图

这种形式的优点是简单整齐，用地经济，管理方便；但当车行道过宽时行道树的遮阴效果较差，不利于解决机动车及非机动车混合行驶的矛盾，交通管理困难。两侧单一的行道树布置也较单调，而且绿量不大，不利于道路绿地生态效益的发挥。

（2）二板三带式　二板三带式是在分隔单向行驶的两条车行道中间绿化，并在道路两侧布置行道树绿带。这种形式适于较宽阔的道路，优点是中间有绿带，以减少车流之间相互干扰，从而保证了行车安全（图9.5、图9.6）。

图9.4　一板二带式道路绿地实景图

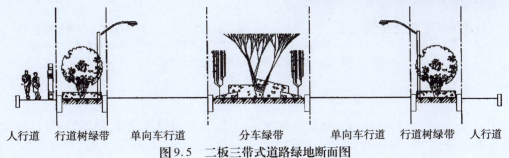

人行道　行道树绿带　　单向车行道　　　分车绿带　　　单向车行道　行道树绿带　人行道

图9.5　二板三带式道路绿地断面图

图9.6 二板三带式道路绿地实景图

（3）三板四带式 三板四带式利用两条绿化分隔带把车行道分成三块，中间为机动车道，两侧为非机动车道，连同车道两侧的行道树共为四条绿带。虽然占地面积大，却是城市道路绿地较理想的形式。这种形式的优点是绿量大，夏季庇荫效果好，生态效益显著，景观层次丰富，同时可以解决机动车和非机动车混合行驶相互干扰的问题，组织交通方便，安全可靠（图9.7、图9.8）。

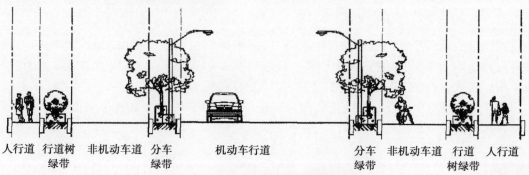

人行道　行道树　非机动车道　分车　　机动车行道　　　　分车　非机动车道　行道　人行道
　　　　绿带　　　　　　　绿带　　　　　　　　　　　绿带　　　　　　树绿带

图9.7 三板四带式道路绿地断面图

（4）四板五带式 四板五带式利用三条绿化分隔带将车道分为四块，共有五条绿化带。这种形式常用于道路红线宽、车流大的区域，即在三板四带的机动车道中再布置一条分隔绿带，将机动车道分为单向行驶，以便各种车辆上、下行互不干扰，利于限定车速和交通安全。这一形式集二板三带式及三板四带式的优点，但其占地较大，一般城市不宜多设计（图9.9、图9.10）。

图9.8 三板四带式道路绿地实景图

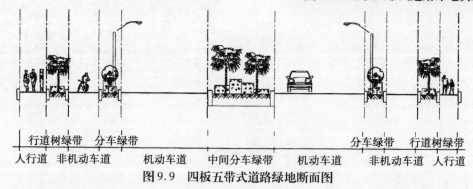

　　　　行道树绿带　分车绿带　　　　　　　　　　　　　　分车绿带　行道树绿带
人行道　非机动车道　　机动车道　中间分车绿带　机动车道　非机动车道　人行道

图9.9 四板五带式道路绿地断面图

9.4.2 道路绿地设计要点

城市道路绿地设计的具体内容包括分车绿带设计、人行道绿带设计、路侧绿带设计、交通岛绿地设计等部分。

1)分车绿带设计

分车带的宽度,依行车道的性质和街道的宽度而定,常见的分车带宽度为 2.5~8 m,大于 8 m 的可作为林荫路设计,最低宽度不能低于 1.5 m。为了便于行人过街,分车带应进行适当分段,一般以 75~100 m 为宜。分车带还应尽可能处理好与人行横道、停车站、大型商场以及人流集中的公共建筑出入口的关系,在这些重要设施前设置缺口,方便行人通行;在被人行横道或道路出入口截断的分车绿带,其端部应采取通透式栽植;而在靠近汽车停靠站附近的处理也要从便捷安全等方面考虑,充分体现出人性化景观设计的原则。

图 9.10　四板五带式道路绿地实景图

分车带绿地起到分隔组织交通与保障安全的作用,机动车道的中央分隔带要进行防眩种植。机动车道两侧分隔带应考虑防尘、防噪声的需要。

分车带的种植有以落叶乔木为主的,有以常绿乔木为主的,有的搭配灌木、草地、花卉等,也有的分车带中只种低矮灌木配以草地、花卉等方式,这些都需要根据交通与景观来综合考虑。对分车带的种植,要针对不同用路者(快车道、慢车道、人行道)的视觉要求来考虑树种与种植方式。同时分车带中的高大种植对视线的影响会产生道路空间的分隔,而对街景产生很大的影响。因此,种植方式要和景观的要求统一协调(图 9.11、图 9.12)。

图 9.11　中央分隔绿带

图 9.12　两侧车道绿带

分车绿带的种植方式可分封闭式种植和开敞式种植两种。

封闭式种植:营造成以植物封闭道路的氛围,在分车带上种植单行或双行的丛生灌木或慢生常绿树,当株距小于 5 倍冠幅时,可起到绿色隔墙的作用。在较宽的隔离带上,种植高低不同的乔木、灌木和绿篱,形成多种树冠搭配的绿色隔离带,层次和韵律较为丰富(图 9.13)。

开敞式种植:在分车带上种植草皮、低矮灌木或较大株行距的大乔木,以达到开敞、通透的效果。大乔木的树干应该裸露(图 9.14)。

2)行道树绿带设计

行道树绿带的主要功能是为行人及非机动车庇荫,因此,应种植浓荫乔木作为行道树为主。由于其形式简单,占地面积有限,因此选择合适的种植方式和树种显得尤其重要。

(1)行道树绿带规划设计原则

①行道树绿带的宽度应根据立地条件、道路性质及类别、对绿地的功能要求等综合考虑而决定。当宽度较宽时可采用乔木、灌木、地被植物相结合的配置方式,提高防护功能,加强绿化

景观效果；当宽度较窄时则应避免选用根系较发达的大乔木，以免影响路人正常的步行。

图9.13　封闭式分车绿带　　　　　　　　　图9.14　开敞式分车绿带

②行道树绿化带上种植乔木和灌木的行数由绿带宽度决定。在地上、地下管线影响不大时，宽度在2.5 m以上的绿化带，种植一行乔木和一行灌木，宽度大于6 m时，可考虑种植两行乔木，或将大、小乔木和灌木以复层方式种植。宽度在10 m以上的绿化带，其株行数可多些，树种也可多样，甚至可以布置成花园景观路。

③为了保证车辆在车行道上行驶时车中人的视线不被绿带遮挡，能够看到人行道上的行人和建筑，便于消防、急救、抢险等车辆在必要时穿行，在人行道绿化带上种植树木必须保持一定的株距，其株距应为树冠冠幅的4～5倍，最小种植株距应为4 m。

④在弯道或道路交叉口，行道树绿带应采用通透式配置。在距相邻机动车道路面高度0.3～0.9 m，树冠不得进入视距三角形范围内，以免遮挡驾驶员视线，造成交通隐患，影响交通。

⑤在同一街道宜采用同一树种，并注意道路两侧行道树株距的对称，既能更好地起到遮阴、滤尘、减噪等防护作用，又能够在道路横断面上形成雄伟统一的整体视觉效果。

（2）行道树绿带的布置形式

①规则式布置：当道路横断面中心线两侧绿带宽度相同时采用的形式。其中树种选择、株距等均相同。这种布置形式是城市建设中常用的一种模式，能够形成一种规整有序、风格统一的景观效果（图9.15）。

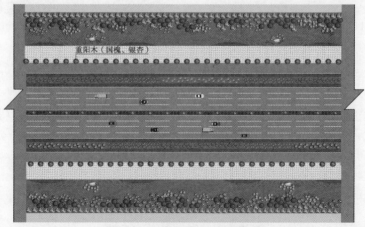

图9.15　规则式人行道绿化带

②自然式布置：当道路横断面为不规则形状时，或道路两侧行道树绿带宽度不等时采用的形式。如山地城市或老城区路幅较窄，可采用道路一侧种植行道树，而另一侧布置照明和其他

地下管线。有时为了营造活泼生动的街景效果也可设计成以自然式为主的行道树绿化带。

（3）行道树种植方式　行道树种植设计方式有多种,常用的有树池式、树带式两种（图9.16、图9.17）。

图9.16　树池式

图9.17　树带式

①树池式:当行人较多,道路较窄、交通流量较大的情况下可采用这一种形式。树池形状可方可圆,其边长或直径不得小于1.5 m,长方形树池短边不得小于1.2 m,长短边之比不超过1∶2,栽植位置应位于树池的几何中心,从树干到靠近车行道一侧的树池边缘不小于0.5 m,距车行道路缘石不小于1 m,行道树种植株距不小于4 m。为了行人行走方便及考虑雨水能流入树池等因素,最好在上面加有透空的池盖,低于路面或与路面同高,这样可增加人行道的宽度,又避免践踏,同时还可使雨水渗入池内(图9.18)。

图9.18　行道树池盖

②树带式:在人行道和车行道之间留出一条不加铺装的种植带,一般宽不小于1.5 m,栽植以大乔木为主体,辅以灌木、地被、草坪等,这种形式整齐壮观,生态效果良好。

（4）行道树的选择　行道树的生长环境十分恶劣。空气干燥,缺水,土壤贫瘠,汽车尾气中的各种有害烟尘、气体及种种人为、机械的损伤和上下管网线路的限制,均不利于植物生长。因此,为保证道路绿地的质量及景观效果,必须选择适合的行道树种。选择时应注意以下几点:

①选择能适应城市道路各种环境因素,对病虫害有较强抵抗力,成活率高,树龄适中的树种。

②选择树干通直、树冠较大可遮阴、树姿端正、叶色富于季相变化的树种。

③选择花果无臭味、无飞絮及飞粉,不招惹蚊蝇等害虫、落花落果不污染衣服和路面的树种。

④选择耐强度修剪、愈合能力强的树种。

⑤不选择带刺的树种以及萌发力强、根系发达隆起的树种。

⑥第一分枝点高度不得小于3.5 m,快长树胸径不得小于5 cm,慢长树胸径不宜小于8 cm。

3) 路侧绿带设计

路侧绿带是道路景观的重要组成部分,对道路景观的整体面貌有显著的影响。由于路侧绿带与沿路的用地性质或建筑物关系密切,有些建筑要求绿化衬托,有些要求绿化防护,有些需要在绿化带中留出入口。因此,路侧绿带应根据相邻用地性质、建筑类型等,结合周边立地条件和景观环境等诸多要求进行设计,并应注意保持整体道路绿带空间上连续完整、和谐统一(图9.19)。在保证功能的前提下,尽可能设计成下沉式绿地,以削减地面径流,补充地下水,使雨水得以下渗、滞蓄、净化和回用,缓解城市内涝压力,提高雨水回用率(图9.20)。

图9.19　北京某道路路侧绿带　　　　　图9.20　道路两侧下沉式绿地

下面介绍不同类型路侧绿带的设计。

(1)道路红线与建筑线重合　这时的路侧绿带由于面积受到限制而主要起着美化装饰、过渡隔离等作用,一般行人不得入内。在设计时首先要注重散水坡的合理布局;在绿化设计时要实地观察周边建筑物的形式、颜色和墙面的质地等,采用与之相协调的设计风格,此外还应注意植被不能影响建筑物的通风和采光(图9.21)。

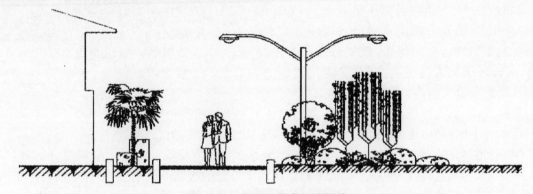

图9.21　路侧绿带毗邻建筑线

(2)建筑退让红线后留出人行道,路侧绿带位于两条人行道之间　种植设计应参照绿带宽度和沿街建筑物的服务性质而定,可种植隔离遮阴效果好的高大乔木或乔灌木组合等,也可在适当区域,设计成可观赏到临街建筑的视野通透式的绿化种植模式,如花坛群、花境小路,种植开花灌木、绿篱、草坪等(图9.22)。

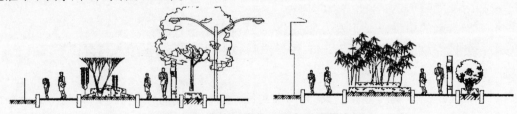

图9.22　路侧绿带位于两条人行道之间

（3）路侧绿带与道路红线外侧绿地结合　在绿带宽度允许的条件下，可设计成街旁的游园、带状休闲广场等（图9.23）。在设计这类路侧绿带时应充分结合行道树绿带、分车绿带的种植模式和树种选择，考虑道路统一的景观效果，协调整体道路环境。特别是当路侧绿带宽度在8 m以上时，如果内部铺设游步道后，仍能留有一定宽度的绿化用地，可以设计成开放式绿地，方便行人进入游览休息，以提高绿地的游憩功能。

图9.23　路侧绿带与道路红线外侧绿地结合

4）城市道路绿化节点规划设计

（1）交通岛绿地规划设计　交通岛是指控制车流行驶路线和保护行人安全而布设在道路交叉口范围内，车行驶轨道通过的路面上的岛屿状构造物，起到引导行车方向，组织交通的作用。按其功能及布置位置可分为导向岛、分车岛、安全岛和中心岛。

通过在交通岛周边的合理种植，强化交通岛外缘的线形，有利于诱导驾驶员的行车视线，特别是在雪天、雾天、雨天，可弥补交通标识的不足。通过绿化与周围建筑群相互配合，使其空间色彩的对比与变化互相烘托，形成优美景观；通过绿化吸收机动车的尾气和道路上的粉尘，改善道路的环境卫生状况（图9.24）。

①交通岛绿地规划设计的原则：

a. 交通岛周边的植物配置宜增强导向作用，布置成装饰绿地。

b. 中心岛绿地应保持各路口之间的行车视线通透，在行车视距范围内应采用通透式配置。

c. 立体交叉绿岛应以种植草坪等地被植物为主，桥下宜种植耐阴地被植物，墙面可进行垂直绿化。草坪上可点缀树丛、孤植树和花灌木，以形成疏朗开阔的绿化效果。

d. 导向岛绿地应配置地被植物。

②各类交通岛规划设计：

a. 中心岛绿地。中心岛设置在交叉口中

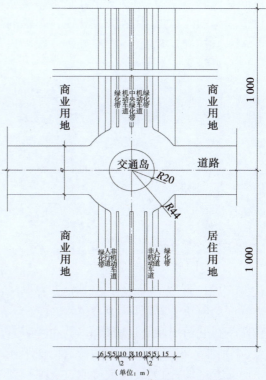

图9.24　城市道路交通节点示意图

央，俗称中心转盘，主要功能为组织环形交通，使交叉口的车辆一律绕岛做逆时针单向行驶。中心岛的形状主要取决于相交道路中心线的角度、交通量大小和等级等具体条件，一般多用圆形，也有椭圆形、卵形、圆角方形和菱形等。常规中心岛直径在25 m以上，我国大、中型城市多采用40～80 m（图9.25、图9.26）。

图 9.25　中心岛绿化

图 9.26　秦皇岛某路中心岛绿地景观

　　中心岛绿地要保持各路口之间的行车视线通透，不宜栽植过密乔木，而应布置成装饰绿地，应以草坪、花卉为主，或选用几种不同质感、不同颜色的低矮的常绿树、花灌木和草坪组成模纹花坛。图案应简洁，曲线优美，色彩明快，不要过于繁复、华丽，以免分散驾驶员的注意力及行人驻足欣赏而影响交通，不利安全。也可布置些修剪成形的小灌木丛，在中心种植一株或一丛观赏价值较高的乔木加以强调，方便绕行车辆的驾驶员准确快速识别各路口。原则上只具备观赏功能，不具备游憩功能。中心岛外侧一般汇集多处路口，若交叉口外有高层建筑时，图案设计还要考虑俯视效果。

图 9.27　导向岛绿化

　　位于主干道交叉口的中心岛因位置适中，人流、车流量大，是城市的主要景点，可在其中建柱式雕塑、市标、组合灯柱、立体花坛、花台等成为构图中心，但其体量、高度等不能遮挡驾驶员视线。

　　若中心岛面积很大，布置成街旁游园时，必须修建过街通道与道路连接，保证行车和游人安全。

　　b. 导向岛绿地规划设计。导向岛设置在环形交叉口进出口道路中间，并延伸到道路中间隔离带，用以指引行车方向，约束车道，使车辆减速转弯，保证行车安全（图 9.27）。

　　导向岛绿化常以草坪、地被植物、花坛为主，不可遮挡驾驶员视线。为了保证驾驶员能及时看到车辆行驶情况和交通管制信号，在视距三角形内不能设置任何阻挡视线的东西，但在交叉口处，个别伸入视距三角形内的行道树株距在 6 m 以上，树干高在 2 m 以上，树干直径在 40 cm以下时是允许的，因为驾驶员可通过空隙看到交叉口附近的车辆行驶情况。

　　（2）立体交叉绿地规划设计　　立体交叉是指两条道路在不同水平面上的交叉。立体交叉主要分为两大类，即简单立体交叉和复杂立体交叉。简单立体交叉又称分立式立体交叉，纵横两条道路在交叉点相互不通，这种立体交叉一般不能形成专门的绿化地段，只作行道树的延续而已。复杂立体交叉又称互通式立体交叉，两个不同平面的车流可以通过车道连通。

　　复杂的立体交叉一般由主、次干道和匝道组成，车道供车辆左、右转弯，把车流导向主、次干道上。为了保证车辆安全和保持规定的转弯半径，车道和主次干道之间往往形成几块面积较大的空地。

在国外,有利用这些空地作为停车场的,国内一般多作为绿化用地,称为绿岛。此外,以立体交叉的外围到建筑红线的整个地段,除根据城镇规划安排市政设施外,都应该充分绿化起来,这些绿地可称为外围绿地。绿岛和外围绿地构成美丽而壮观的景象(图9.28、图9.29)。

图9.28　立交桥绿化实景图一

图9.29　立交桥绿化实景图二

立体交叉绿地包括绿岛和立体交叉外围绿地,其绿化设计首先要服从立体交叉的交通功能,使行车视线通畅,在这一段不宜种植遮挡视线的树木。如种植绿篱和灌木时,其高度不能超过司机视高,以使其能通视前方的车辆。在弯道外侧,最好种植成行的乔木,突出绿地内交通标志,引导行车,保证行车安全。其次,其绿化设计应服从于整个道路的总体规划要求,要和整个道路的绿地相协调。要根据各立体交叉的特点进行,通过绿化装饰、美化增添立体交叉处的景色,形成地区的标志,并能起到道路分界的作用;第三,其绿地布置力求简洁明快,适应驾驶员和乘客的瞬间观景的视觉要求。

绿岛,是立体交叉中面积比较大的绿化地段,一般应种植开阔的草坪,草坪上点缀具较高观赏价值的常绿树和花灌木,也可以种植一些宿根花卉,构成舒朗而壮观的图景。切忌种植过高的绿篱和大量的乔木,以免阴暗郁闭。如果绿岛面积较大,在不影响交通安全的前提下,可按街心花园的形式进行布置,设置园路、亭、水池、雕塑、花坛、座椅等。立交桥的绿岛处在不同高度的主、次干道之间,往往有较大的坡度,绿岛坡降一般以不超过5%为宜,陡坡位置须另做防护措施。此外,绿岛内还需装设喷灌设施,以便及时浇水、洗尘和降温。

立体交叉外围绿化树种的选择和种植方式,要和道路伸展方向绿化及建筑物的不同性质相结合。

5)步行街道绿地设计

步行街是指城市道路系统中确定为专供步行者使用,禁止或限制车辆通行的街道。如沈阳的太原街、大连的天津街等;另外也有一些街道只允许部分公共汽车短时间或定时通过,形成过渡性步行街和不完全步行街,如北京的王府井大街、前门大街,上海的南京路,沈阳的中街等。确定为步行街的街道一般在市、区中心商业、服务设施集中的地区,亦称商业步行街(图9.30、图9.31)。

步行街两侧均集中商业和服务性行业建筑,不仅是人们购物的活动场所,也是人们交往、娱乐的空间。其设计过程就是创造一个以人为本,一切为"人"服务的城市空间过程。步行街的设计在空间尺度和环境气氛上要亲切、和谐,人们在这里可感受到自我,完全放松。可通过控制街道的宽度和两侧建筑物高度,以及将空间划分为几部分、建筑物逐层后退等形式,改变空间尺度,创造亲切宜人的街道环境空间。

图9.30　上海南京路步行街

图9.31　北京前门大街步行街

（1）步行街道绿地的功能及特点　随着城市的发展,车流和人流增加,过去人们在街道上悠然自得的逛街情趣早已消失。步行街是一个融旅游、商贸、展示、文化等多功能为一体、充满园林气息的公共休闲空间,它寓购物于玩赏,置商店于优美的环境之中,通过为行人提供舒适的步行、购物、休闲、社交、娱乐等场所,达到提升城市中心区环境质量,保护传统街道特色,使城市更加亲切近人,改善城市人文环境的目的。

（2）步行街绿化设计　步行街道绿地要精心规划设计,与环境、建筑协调一致,使功能性和艺术性达到平衡。为创造舒适的环境供行人休息活动,步行街可铺设装饰性花纹地面,增加街景的趣味性。还可布置装饰性小品和供群众休息用的座椅、凉亭、电话间等。植物种植要特别注意植物形态、色彩,要和街道环境相结合,树形要整齐,乔木要冠大荫浓、挺拔雄伟,花灌木无刺、无异味、花艳、花期长。特别需考虑遮阳与日照的要求,在休息空间应采用高大的落叶乔木,夏季茂盛的树冠可遮阳,冬季树叶脱落,又有充足的光照,为顾客提供不同季节舒适的环境。地区不同,绿化布置上也有所区别,如在夏季时间长,气温较高的地区,绿化布置时可多用冷色调植物;而在北方则可多用暖色调植物布置,以改善人们的心理感受。此外,在街心可适当布置花坛、雕塑,增添步行街的识别性和景观特色。

9.5　对外交通绿地规划设计

对外交通绿地是指分布在城市对外联系的铁路、公路、管道运输设施、港口、机场及其附属设施等对外交通用地中的绿地。

当今,我国城市对外交通事业迅猛发展。公路的建设对于国民经济和社会的发展无疑起到了积极的带动作用,但同时也在一定程度上影响了周围环境,如植被的破坏、地表裸露和水土流失等。

按照《国务院关于进一步推进全国绿色通道建设的通知》要求,绿色通道建设,要和公路、铁路、水利设施建设统筹规划并与工程建设同步设计、同步施工、同步验收。到2005年,全国的高速公路、60%的现有铁路、国道、省道、河渠、堤坝要实现绿化。到2010年,力争全国所有可绿化的公路、铁路、河渠、堤坝全面绿化,形成带、网、片、点相结合,层次多样、结构合理、功能完备的绿色长廊。

9.5.1　公路绿地规划设计

公路主要是指市郊、县、乡公路。公路是联系城镇乡村及风景区、旅游胜地等的纽带。随着城市对外交通网络的迅速发展,公路绿化与城市绿化有间接联系,具有引导的作用。公路绿化与街道绿化有着共同之处,也有自己的特点,公路距居民区较远,常常穿过农田、山林,一般不具有城市内复杂的地上、地下管网和建筑物的影响,人为损伤也较少,便于绿化与管理。

随着我国交通业的迅猛发展,公路线路里程与行车质量得到很快提高,在公路上出行的人越来越多,出行人在享受安全舒适乘车的同时,还希望能欣赏到赏心悦目的沿途景观。因此,公路绿化不仅要缓解因修建公路给原先环境带来的各种影响,还应尽可能结合防护工程进行绿化设计,防止沙化和水土流失对道路的破坏,保护自然景观环境,改善生态环境条件。具体规划设计时应遵循以下原则:

生态稳定性原则:设计合理的植物群落演替方案,使其较快地达到稳定,并能够长期保持生态系统的平衡。

景观协调性原则:合理规划,使公路人文景观与自然景观相互协调。

经济可行性原则:要在有限的资金条件下,优化设计,结合自然恢复和人工种植等多种方法,实施生态工程。

功能多样性原则:既能保证公路安全行车的交通功能,又能加强水土保持、视线诱导、标志、指示、防眩、遮蔽等功能。

公路类型根据公路的性质和作用分为三类,国道、省道和县、乡道,但最近几年,高速公路已逐渐成为连接大、中、小城市的主要交通通道,因此公路绿地类型主要可分为一般公路绿地规划设计和高速公路绿地规划设计两类。

1)一般公路绿地规划设计

一般公路在此主要是指市郊、县、乡公路,是联系城镇乡村及风景区、旅游胜地等的交通干道。一般公路绿化包括中央分隔带、边坡绿化、公路两侧绿化。

(1)中央分隔带　中央分隔带的主要作用是按不同的行驶方向分隔车道,防止车灯眩光干扰,减轻对开车辆接近时司机心理上的危险感,或因行车而引起的精神疲劳,另外还有引导视线和改善景观的作用。

中央分隔带的设计一般以常绿灌木的规则式整形设计为主,有时配合落叶花灌木的自由式设计,地表一般用矮草覆盖,植物种类不宜过多,以当地乡土植物为主。在增强交通功能并能够持久稳定方面,主要通过常绿灌木实现,选择时应重点考虑耐尾气污染、生长健壮、慢生、耐修剪的灌木。在距离相邻机动车道路面高度 $0.6 \sim 1.5 \text{ m}$ 的范围内种植灌木、绿篱等常绿树能有效地阻挡夜间

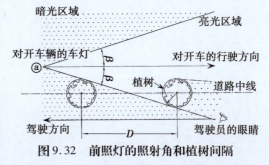

图9.32　前照灯的照射角和植树间隔

相向行驶车辆前照灯的眩光,大大提高行车途中的安全,所以理想的分车绿带还应尽可能进行防眩种植(图9.32)。

$$D = 2r/\sin \alpha$$

式中　D—植树间隔;r—树冠半径;α—照射角 $\alpha = 12°$;$\sin \alpha = 0.207$。

(2)边坡绿化　边坡绿化除应达到景观美化效果外,还应与工程防护相结合,起到护坡、防止水土流失的作用。对于较矮的土质边坡,可结合路基栽植低矮的花灌木、种植草坪或栽植匍匐类植物,经一段时间演替和多次更新后,灌木和矮生树种应占有相当比例,只有这样才能达到长期巩固边坡稳定性的目的(图9.33、图9.34)。

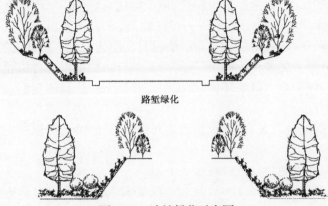

路堑绿化

图9.33　边坡绿化示意图　　　　　　　　　　图9.34　路堑绿化

选择边坡绿化植物的基本条件是：

①适应当地气候，最好是当地自然植被群落的建群种和伴生种；

②抗逆性强、耐贫瘠、耐粗放管理、持久性好；

③对草本植物而言，要求生长快、根系深、侵占能力强；而对灌木和矮生树种，则要求根系深、生长缓慢、水源涵养能力强；

④所选植物种类对家畜而言，要适应性差，以防家畜啃噬践踏；

⑤播种材料来源广，经济实用。

在边坡较陡的地段，用人工播种的绿化方式很难成功，因此目前通用的方法是采用液压喷播，将种子、保水剂、肥料、木纤维等与水按一定比例均匀混合后，喷到待播的坡面上，用这种方法喷播，劳动强度低，还可保证种子出苗迅速而整齐，绿化成功率高。

（3）公路两侧绿化　在公路用地范围内栽植花灌木，在树木光影不影响行车的情况下，可采用乔灌结合，形成垂直方向上郁闭的植物景观。

绿化带宽度及树木种植位置应根据公路等级、路面宽度来决定。路基面宽在9 m以下（包括9 m）时，公路植物不宜在路肩上，要种在边沟以外，距外缘0.5 m处。路基面宽在9 m以上时，可种在路肩上，在距沟内缘不小于0.5 m处，以免树木生长的地下部分破坏路基（图9.35）。

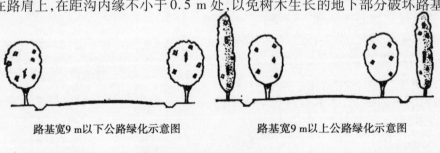

路基宽9 m以下公路绿化示意图　　　　　　路基宽9 m以上公路绿化示意图

路堤绿化断面示意图　　　　　　　　　路堑绿化断面示意图

图9.35　公路绿化断面示意图

具体的工程项目,应根据沿线的环境特点进行设计,如路两侧有自然的山林景观、田园景观、湿地景观、水体景观等,可在适当的路段栽植低矮的灌木,视线相对通透,使司乘人员能够领略上述自然风光。

2)高速公路绿地规划设计

高速公路是有中央分隔带和4个以上车道立体交叉、完备的安全防护设施,专供快速行驶的现代公路(图9.36)。其车速为80~120 km/h,它的几何线形设计要求较高,采用高级路面,工程比较复杂。高速公路绿地规划设计的目的在于通过绿化缓解因高速公路施工、运营给沿线地区带来的各种影响,保护自然环境,改善生活环境,并通过绿化提高交通安全和舒适性。高速公路设计必须适应地区特征、自然环境,合理确定绿化地点、范围和树种,高速公路绿地规划设计内容为高速公路沿线、互通式立交区、服务区等公路范围内的绿化。

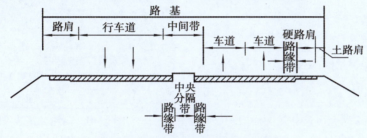

图9.36　高速公路绿化断面示意图

(1)高速公路绿地规划与设计的基本原则

①高速公路绿化以"安全驾驶、美化、环境保护"为宗旨,管理方便为原则,据此确定绿化栽植的形式与规模。

②高速公路景观应将高速公路沿线、桥梁、隧道、互通式立交、沿线设施等人工构筑物同高速公路通过地带的自然景观与人文景观相互融合构成景观。

③高速公路景观设计尽可能做到点、线、面兼顾,整体统一,使高速公路与沿线景观相协调。道路绿化与沿线的防护林、天然林相结合,注意绿化的整体性和节奏感。

④根据高速公路沿线区域环境特征或行政区划,将高速公路分为若干景观设计路段。绿化应充分结合各路段的工程和自然景观,形成特有的风格。

⑤高速公路绿化应满足交通要求,保证行车安全,使司机视线畅通,通过绿化栽植改善视觉环境,增进行车安全。

⑥高速公路绿化应乔、灌、草结合,注意植物的合理配置,力求全部绿地以绿色植被覆盖。

(2)高速公路沿线绿地规划设计

①分车带绿化:分车带宽度为4.5 m以上,其内可种植花灌木、草皮、绿篱和矮的整形常绿树,并通过不同标准段的树种替换,消除司机的视觉疲劳及旅客心理的单调感;较宽的隔离带还可以种植一些自然树丛,但不宜种成行乔木,以免影响高速行进中司机的视线(图9.37—图9.39)。

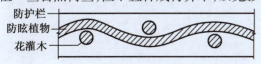

图9.37　高速公路图案式中央分车带示意图

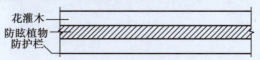

图9.38　高速公路树篱式中央分车带示意图

为了保证安全,高速公路一般不许行人穿过,分车带内必须装设喷灌或滴灌设施,采用自动或遥控装置。

②边坡绿化:高速公路要求有3.5 m以上的路肩,以供出故障的车停放。路肩不宜栽种树木,可在其外侧边坡上和安全地带上种植树木、花卉和绿篱,大的乔木距路面要有足够的距离,不使树影投射到车道上。

高速公路边坡较陡,绿化以固土护坡、防止雨水冲刷为主要目的。在护坡上种植草坪或耐干旱瘠薄、生长旺盛的灌木,如紫穗槐、胡枝子等植物以固土护坡(图9.40)。

图9.39　高速公路整形式中央分隔带绿化

图9.40　高速公路边坡绿化

③防护带绿化:为了防止高速公路在穿越市区、学校、医院、疗养院、住宅区附近时的噪声和废气等污染,在高速公路两侧要留出20～30 m的安全防护地带,有条件的可宽些,种植防污染林带。高速公路在通过风大的道路沿线或多雪地带时,最好在道路两侧栽植防风护林带。林带种植草坪和宿根花卉,然后种植灌木和乔木,其林型由高到低,既起防护作用,又不妨碍行车视线(图9.41)。

④挖、填方区绿化设计:挖方区为道路横切丘陵及山脚,道路对原来地貌及植被破坏较大,有些地方由于施工需要,还形成了大面积的岩石及砂土裸露区,所以挖方区迅速恢复植被是绿化的重点。

岩石裸露区可在石面上预设一些草绳铁丝网,然后在边坡下种植一些攀缘植物如络石、山葡萄、地锦等沿坡向上爬去,用垂直绿化来起到固土护坡作用。砂土、石挖方区可用碎石、混凝土在坡上砌出有种植穴的护坡,在种植穴内清除石块后换土,种植草坪并点缀一些花卉。如护坡坡度缓,土质好,可种草或成片种植低矮花灌木,如紫穗槐、胡枝子、沙棘等固土护坡(图9.42、图9.43)。

图9.41　高速公路一侧的防护林带

图9.42　路堑边坡绿化

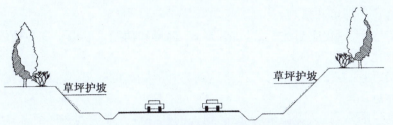

图 9.43　高速公路挖方标准段绿化示意图

　　条件允许时,在边坡下的平地内,可适当成行或三五成群种植一些花灌木及乔木以丰富景观。

　　填方区所经地段多为农田、沼泽草原、丘陵及河湖溪流区,是平地上起路基、筑路面、挖边沟形成的高速公路。路基两侧的边坡可采取一般绿化处理,有杂草的可保留自然杂草,无杂草的可种草坪及花灌木,如胡枝子、沙棘、软枣子、百里香等固土护坡。

　　边沟外侧 15 m 红线内的绿地,可保留原有的自然杂草及乔灌木,如绿地内只有一些杂草,而无大树及灌木,可成行或自由式种植一些乔灌木。为防止病虫害蔓延,每隔 3~4 km 可适当变换树种(图 9.44、图 9.45)。

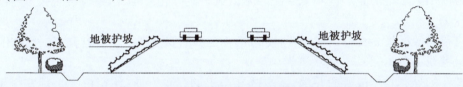

图 9.44　高速公路填方标准段绿化断面示意图

　　⑤特殊路段的绿化设计:高速公路的平面线形有一定要求,一般直线距离不应大于 24 km;当直线路段较长,沿线景观、地形缺少变化,难以判断所经地点时,应栽植有别于沿途植被的树木,形成明显标志和绿化特色,减少僵直、呆板和单调之感,提醒及警示司机,预告设施位置。

　　在小半径竖曲线顶部且平面线形左转弯的曲线路段上,应在平曲线外侧以行道树的方式栽植乔木或灌木,形成诱导栽植。长而缓的曲线线

图 9.45　高速公路填方标准段绿化实景图

形能改变行车方向,自然地诱导视线,给人以舒适的感觉,所以,应有目的地在弯道外侧种植高大的行道树,以树木为诱导体,使前方路段给人以神秘莫测、通幽之感,弯道内侧绿化应以低矮花灌木为主,以保证司机视线通畅。

　　设计较好的竖向起伏路段,线形从心理和视觉上应给人以平顺连续,无高低凹凸中断之感,两侧绿化最好是同一树种,同一间距,以保证绿化景观平缓连续。

　　在隧道洞口外两端光线明暗急剧变化段栽植高大乔木,起到平缓过渡的作用。

　　⑥服务管理区绿地规划设计:服务区绿化包括收费站、餐饮及住宿区、加油站、修理厂和办公区等的绿化。服务区的绿化规划设计要点:

　　a.根据服务区的规划结构形式,充分利用自然地形和现状条件,合理组织,统一规划,节省资金,早日形成绿化面貌。

　　b.以植物造园为主进行布局,适地适树,结合服务区的特点,利用植物的形状、色彩、质感、

神韵创造各具特色的环境和景观。

c.在空间结构上,绿化应与建筑的风格、形式、色彩和功能等取得景观和功能上的协调。注重植物的季节变化和空间的层次性,形成立体景观。

d.功能明确,使用方便。利用树木花草达到与外界隔离的效果,以减少干扰和不良影响,创造安静优美的休息环境。

e.既要有统一的格调,又要在布局形式、树种的选择等方面做到多样而各具特色。

⑦互通式立交区绿地规划设计:互通式立交区是高速公路上的重要节点,地理位置十分重要。其绿化应与当地城市绿化风格协调一致,在互通区大环的中心地段,可结合地形、地区特点,在满足交通安全对绿化要求的前提下,利用并结合周边水系以恢复生态环境,设计稳定的生态群落结构;可常绿树与落叶树相结合,乔木与灌木相搭配,既增加绿量,又形成良好的自然群落景观(图9.46—图9.48)。

互通式立交区绿地的规划设计要点为:

a.建成与立交桥和谐,相互增辉,具有民族风格的高品位园林景点。

b.立交桥绿化是高速公路绿化的重点和核心地段,绿化要达到画龙点睛、锦上添花的效果。如中心绿地可用大手笔的整形树和低矮花灌木做成一定绿化图案,图案应美观大方,简洁有序,使人印象深刻。

c.绿化布局应满足立交桥功能需要,使司机有足够的安全视线,在顺行交叉处留出视距,栽种低于司机视线的树木、绿篱、草坪和草本花卉。

d.在转弯的外侧栽植成行的乔木,以便诱导司机的行车方向,使司机有一种安全感。弯道内侧绿化应保证视线通畅,不宜种植遮挡视线的乔灌木。

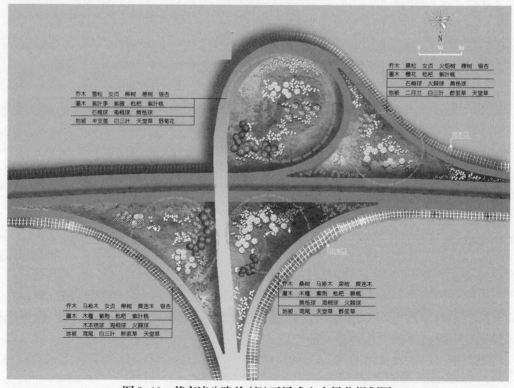

图9.46　某高速公路单喇叭互通式立交绿化规划图

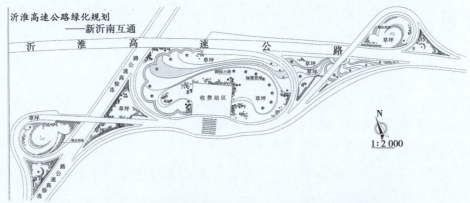

图9.47　沂淮高速公路互通式立交绿化规划图

图9.48　宁杭高速公路某互通式立交绿化实景图

e. 在出入口配置不同的骨干树种,作为特征标志,便于汽车加减速及驶入驶出。

f. 小块绿地以疏林草地的形式群植一些常绿树和秋色叶树,以丰富季相变化,反映地方特色。

9.5.2　铁路绿地规划设计

在保证火车行驶安全的前提下,在铁路两侧进行合理的绿化,可以保护铁路免受风、沙、水的侵袭,且可起保护路基的作用。

（1）铁路对绿化的要求

①在铁路两侧种植乔木时,要距铁路外轨不少于10 m;种植灌木时,要距铁路轨道6 m。

②在铁路的边坡上不能种乔木,可采用草本或矮灌木护坡,防止水土冲刷,以保证行车安全。

③铁路通过市区或居住区时,在可能条件下应留出较宽的地带种植乔灌木防护带,在50 m以上为宜,以减少噪声对居民的干扰。

④公路与铁路平交时,应留出50 m的安全视距。距公路中心40 m以内,不可种植遮挡视线的乔灌木。

⑤铁路转弯处内径在150 m以内,不得种乔木,可种草坪和矮小灌木。

⑥在机车信号灯处1 200 m之内,不得种乔木,可种小灌木及草本花卉。

图9.49　某火车站站前广场景观规划图

（2）火车站及候车室的绿化　火车站是进入城市的门户,站台及广场景观应体现一个城市的特点。在不妨碍交通、运输、人流集散的情况下,可以考虑布置花坛、水池和遮阴树,以供旅客暂时休息之用(图9.49)。

案例分析

苏北某城市道路绿地规划

1) 项目概况

该道路位于苏北某城市,是市区主干道,道路红线宽度为 80 m,断面形式为三板四带式。

2) 规划设计总体构想——城市的动脉,伸展的藤蔓,流动的绿色

道路流线型的"身材"像一株藤蔓的主茎缓缓延伸,节点绿地像一片片绿叶沿主茎绽放,给这座城市带来缕缕绿意(图 9.50)。

演变

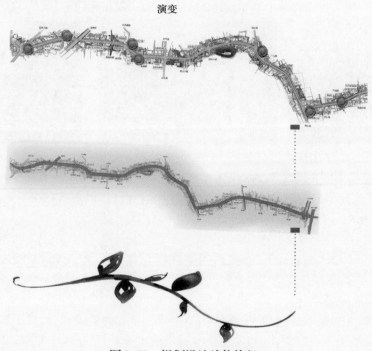

图 9.50 规划设计总体构想

规划设计中,延续道路的流动感,以时尚、丰富、多变为特色,打造一条流动的生态绿色廊道。分车带及行道树绿带以规则式为主,简洁、明快、富有韵律感;节点绿地以自然式为主,突出景观效果;路侧绿地充分考虑周边环境及市民需求,景观与功能结合;树种以乡土树种为主,突出地方特色。

3) 具体规划内容

(1) 分车带、行道树绿带(图 9.51)

①模式一:

• 分车带:乔木为国槐,株距 15 m;花灌木为樱花、垂丝海棠三株一组交替栽植;模纹为红叶石楠、金森女贞等。

• 行道树:栾树,树池式栽植。

②模式二:

• 分车带:乔木为大叶女贞,株距 15 m;灌木为独杆红叶石楠或紫薇、石楠球三株(个)一组

交替栽植;模纹为金边黄杨、海桐、金森女贞等。

● 行道树:银杏,树池式栽植。

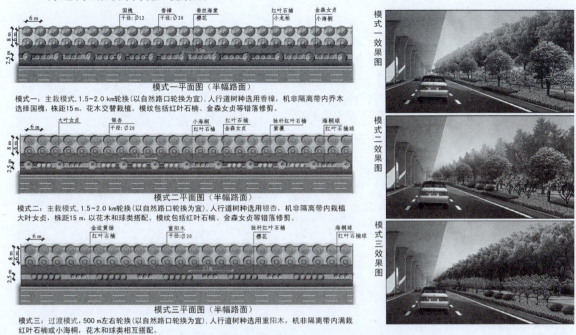

模式一平面图（半幅路面）

模式一:主栽模式,1.5～2.0 km轮换(以自然路口轮换为宜),人行道树种选用香樟,机非隔离带内乔木选择国槐,株距15 m。花木交替栽植。模纹包括红叶石楠、金森女贞等错落修剪。

模式二平面图（半幅路面）

模式二:主栽模式,1.5～2.0 km轮换(以自然路口轮换为宜),人行道树种选用银杏,机非隔离带内栽植大叶女贞,株距15 m,以花木和球类搭配。模纹包括红叶石楠、金森女贞等错落修剪。

模式三平面图（半幅路面）

模式三:过渡模式,500 m左右轮换(以自然路口轮换为宜),人行道树种选用重阳木,机非隔离带内满栽红叶石楠或小海桐,花木和球类相互搭配。

图9.51　分车带、行道树绿带规划设计

③模式三:

● 分车带:花灌木为独杆红叶石楠或樱花、海桐球或红叶石楠球五株一组交替栽植;模纹为大叶黄杨、金森女贞、红叶石楠等。

● 行道树:重阳木,树池式栽植。

（2）节点绿地(图9.52—图9.54)

1.飞虹亭　　3.组团绿地　　5.特色铺装　　　　　1.特色铺装　　3.堆坡及植物造景
2.人行道　　4.北入口　　　　　　　　　　　　2.特色树阵　　4.商业景观

图9.52　节点绿地一规划设计

1. 人行道
2. 特色铺装
3. 组团绿地
4. 座凳
5. 入口花坛
6. 花坛绿地
7. 树阵
8. 交易市场
9. 汽配城

图 9.53　节点绿地二规划设计（见书前 20 页彩图）

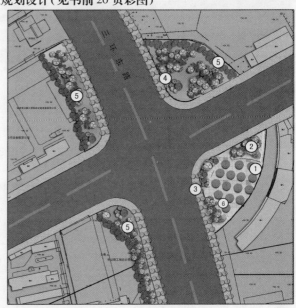

1. 树阵铺装
2. 花灌木色带
3. 人行步道
4. 景石
5. 背景林带
6. 特色标志

图 9.54　节点绿地三规划设计

（3）两侧绿带

①商业居住区模式：道路红线外侧为商业居住区。

● 模式一：用花坛将人行道与商业空间分隔，并设置休闲座椅（图 9.55）。

● 模式二：用树阵、绿地、花坛将人行道与商业空间分隔，并设置树池座凳和休闲座椅（图 9.56）。

②工厂区绿化模式：道路红线外侧为工业厂房。

● 模式一：基本采用封闭式绿化模式，树种选择根据工厂生产特点来进行，配置模式为自然式、乔灌草结合，疏密错落有致（图 9.57）。

项目分述   道路两侧绿化带设计——商业居住区绿化模式

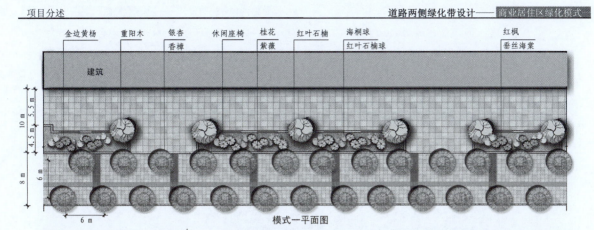

模式一平面图

模式一：适用于范围线外侧为商业门面的地段，用花坛将人行道和商业活动空间分割，并设置休闲座椅。

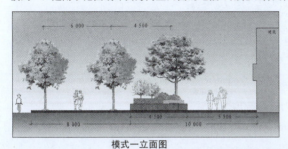

模式一立面图

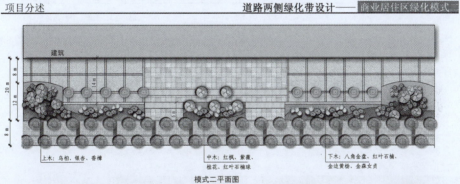

模式一效果图

图9.55 商业居住区绿化模式一

项目分述   道路两侧绿化带设计——商业居住区绿化模式二

模式二平面图

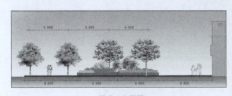

模式二立面图
（本模式人行道——商业建筑立面空间距离20 m）

模式二效果图

模式二：适用于范围线外侧的为商业门面的地段，用花坛将人行道与商业空间分割，树阵带有休闲功能。

图9.56 商业居住区绿化模式二

项目分述　　　　　　　　　　　　　　道路两侧绿化带设计——工厂区绿化模式一

背景林：雪松、刚竹　下木：红叶石楠、金森女贞、　上木：乌桕、榉树、香樟、白玉兰、　中木：樱花、垂丝海棠、红枫、
　　　　　　　　　金边黄杨、八角金盘等　栾树、大枇杷等　　　　　　　紫薇、红叶石楠球、海桐球等

模式一平面图

模式一效果图

模式一：本模式适用于范围线外侧为工业厂房的地段，采用封闭式的绿化设计方案，本模式人行道——工业厂房围墙空间距离约10 m。

图9.57　工厂区绿化模式一

- 模式二：完全采用封闭式绿化模式，树种选择根据工厂生产特点来进行，配置模式为自然式、乔灌草结合，绿量大于模式一（图9.58）。

项目分述　　　　　　　　　　　　　　道路两侧绿化带设计——工厂区绿化模式二

背景林：雪松、刚竹　中木：樱花、垂丝海棠、红枫、　下木：红叶石楠、金森女贞、　上木：乌桕、榉树、榔榆、朴树、
丛生女贞　　　　紫薇、红叶石楠球、海桐球等　金边黄杨、八角金盘等　　　白玉兰、栾树、大枇杷等

模式二平面图

模式二效果图

模式二：本模式适用于范围线外侧为工业厂房的地段，采用封闭式的绿化设计方案，本模式人行道——工业厂房围墙空间距离约20 m。

图9.58　工厂区绿化模式二

思考与练习

1. 什么叫道路绿地率？道路绿地率有哪些规定？
2. 道路绿地的断面布置形式有哪些？
3. 行道树的选择应注意哪些问题？
4. 交通岛绿地有哪些类型？各自的规划设计要点是什么？
5. 公路绿地由哪些部分组成？绿化设计应注意哪些问题？
6. 高速公路绿地由哪些部分组成？各自规划设计要点是什么？

实 训

1）实训目标

（1）通过调研学习国内外优秀道路绿地的规划设计实例，了解其具体的规划设计手法，并能灵活应用。

（2）掌握道路绿地的规划设计方法与步骤，提高规划设计水平。

2）实训任务

图9.59为位于所在学校门前的一条城市主干路，道路总长度为1 000 m，道路红线宽度为45 m，断面形式为四板五带式。中央分车带宽度为5 m，两侧分车带宽度为2.5 m，人行道绿带宽度为3 m。本实训任务为对该道路的分车带、人行道绿地进行规划设计。为给甲方提供一定的选择余地，要求各规划3个模式。

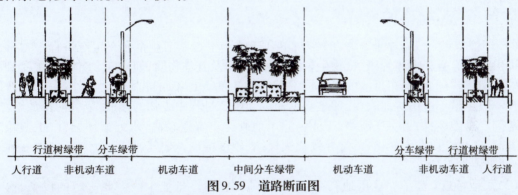

行道树绿带　分车绿带　　　　　　　　　　　　　　　　　　　　分车绿带　行道树绿带

人行道　　非机动车道　　　机动车道　　　中间分车绿带　　　机动车道　　非机动车道　人行道

图9.59　道路断面图

3）实训要求

（1）充分了解任务书的要求，研读相关领域的优秀案例。

（2）了解规划设计条件，确定规划设计风格。

（3）分析各种因素，做出总体构思，进行草图设计。

（4）经推敲，确定模式图。

（5）绘制正图。包括断面图、不同模式平面图、效果图、编写设计说明等。

（6）图纸要求：2号图，手绘或电脑绘图均可。

10 工业绿地规划

10 微课

[本章导读]本章介绍了工业绿地的特点、功能、规划原则,在此基础上,介绍了各类工业绿地:厂前区绿地、生产区绿地、休憩性绿地、道路绿地、仓储绿地的规划设计要点,最后介绍了工业绿地植物选择的相关知识。

工业企业用地是城市用地的重要组成部分,一般占城市用地面积的15%~30%,有些工业城市可达40%以上。工业是城市的污染源,它直接影响着城市环境质量。加强工业绿地建设,不仅对于改善城市生态环境,建设精神文明具有重要意义,而且是改善企业职工工作环境、提高生产效率、加强企业文化建设、塑造企业良好形象的一条行之有效的途径。

10.1 工业绿地的特点和功能

10.1.1 工业绿地的特点

(1)环境特点 工业企业环境条件差,不利于植物生长。工业企业在生产过程中常常会排放或逸出各种有害于人体健康、植物生长的气体、粉尘及其他物质,使空气、水体、土壤受到不同程度的污染,这样的状况在目前的科学技术和管理条件下还不可能杜绝。另外,由于工业用地的选择一般尽量不占用耕地农田,加之基本建设和生产过程中废物的堆放、废气的排放,使土壤结构遭到严重破坏;由于生产需要,工业企业用地硬化率普遍较高,水分循环异常,土壤缺乏雨水的滋润,理化性质发生变化,常常导致土壤板结、硬度增加,水、气、热配合不佳,植物立地条件差,不利于植物生长。

(2)用地特点 工业企业用地紧凑,绿化用地面积少。工业生产需要一定的设备、输入大量的原料和燃料,又有大量的产品储存和外运,所以工业企业中需要大量建筑,建筑密度普遍较高,管线遍布,人口密集,这样能提供用于绿化的面积就非常有限,绿地率偏低,而且一般都是利用了边边角角,绿地较为零碎,不利于绿地景观的营造。

(3)服务对象 工业绿地是企业内部职工的休息场所,服务对象主要为内部职工。同一企业内,职工的职业性质比较接近,人员相对固定,绿地使用时间短且相对集中,但绿地对职工的影响和作用不可忽视。不同性质、不同类型的工业企业,企业内不同的区域或车间因为分工和工艺的差异,其员工都有不同的使用要求和特点,因此决定了不同企业和不同区域绿地的特点。

10.1.2 工厂绿地的功能

1)生态功能

工业是城市环境的主要污染源之一,如钢铁工业、化学工业、造纸工业、建材工业、机械工业等,在生产过程中产生大量有害物质,污染了空气,毒化了水质,产生不同程度的噪声,严重破坏了环境,影响了人们的身体健康和工作效率。如何在保证工业生产的前提下更好地保护环境,主要通过三个途径:一是合理的工业布局。二是大力提倡"清洁生产",利用新技术、新工艺流程,在生产中消除污染源。它是以预防为主,但在生产中不可能绝对消除污染。三是利用绿色植物吸收有害气体、阻滞尘埃、减消噪声等对环境的净化作用,通过营造绿地增大生态系统的降解能力。据杭州地区对工厂的调查,绿化在夏季可降温 $1.5 \sim 3$ ℃,使空气相对湿度增加 1.5%;据上海石化总厂测定:防护林区飘尘比厂区少 38%,乙烯浓度低 18%,氮氧化物浓度低 67%。据南京钢铁厂、南京林业大学测定:林缘内 100 m 处二氧化硫浓度下降 66%。

2) 使用功能

(1) 提供游憩活动场所　工业时代,生产效率提高,生活节奏加快,人们在紧张的工作、生活之余,希望有一定的开敞空间怡养身心,放松心情。对于工厂职工而言,他们同样希望在紧张的工作之余,能有一定的户外活动空间锻炼身体、消除疲劳、恢复精力,而工厂绿地正可以满足职工的这一需求。职工在这里聚集、接触、交流,能有效缓解工作紧张、生活单调带来的精神压力,同时职工的聚集还可促进户外集体文化活动的产生,引导职工继承与发展具有特色的企业文化,形成健康向上的企业精神。

(2) 缓解工人疲劳　植物的绿色对人的心理有镇静作用。绿地中一些特有的色彩、光影、芳香和声响,对人的视觉、嗅觉和听觉起着良好作用,使人的中枢神经系统轻松,并通过中枢神经系统对全身起良好的调节作用。据科学测定,人在绿地里皮肤温度可降低 $1 \sim 2$ ℃,脉搏每分钟减少 $4 \sim 8$ 次,呼吸慢而匀,血流减慢,嗅觉、听觉和思维灵敏度增强。据国外资料介绍,工人在车间劳动 4 h 后,到有树木花草的环境中休息 15 min,就能恢复体力;环境美可以提高生产效率 $15\% \sim 20\%$,减少工伤事故 $40\% \sim 50\%$。

(3) 提供防火避灾的场所　当工业企业遭到如地震、火灾等灾害时,工业企业的绿地空间,可以为职工提供紧急疏散、防火避灾的场所。许多园林绿化树木枝叶不易燃烧,例如,珊瑚树即使枝叶全部烤焦也不会发生火焰,由这类树种组成的绿带,可以有效地阻隔火灾蔓延,隔离火花飞散。此外,还有些树木,如海桐、毛白杨、大叶黄杨、夹竹桃、臭椿、柳树、泡桐、悬铃木等,都是很好的防火树种。利用阻燃树种进行工矿企业防火,是一举两得的好方法,而且大量绿地还能有效减小建筑密度,降低灾害的破坏程度,并能对火灾等起到一定的隔离作用。

3) 文化功能

工业绿地景观可以赋予企业很多深层次的人文内涵和个性化特色,使企业更加人性化、亲情化、个性化。人们在工业绿地中休息、游玩的同时,还能获取知识、陶冶情操、提高艺术修养。工业绿地中可设各种小品、标志物等,也可设置一些宣传教育设施传达科学和文化信息,使人们在休憩游览的同时增长文化知识,接受艺术熏陶,感受企业文化底蕴,达到寓教于乐的目的。事实上,蕴含了文化内涵的景观是一本无言的书,职工和游客通过它可以阅读企业历史和文化,作为企业的主人,广大职工会油然产生自豪感、荣誉感,从而增强企业的凝聚力,促进企业的兴旺和发展。对于客户和游客来说,还可通过游览参观认识,了解企业文化。

4) 经济功能

对工业绿地经济价值的认识和理解是逐步深化的,从以往注重植物材料本身所产生的价值,进而认识到其间接经济价值(或者称之为特殊经济价值)要比直接经济价值更高更大。

工业绿地可根据工厂的地形、土质和气候条件,因地制宜,结合生产种植一些经济作物、果树、油料树及药用植物。如核桃既是良好的庭荫树、行道树,又是优良的果树和油料树种;牡丹、芍药、连翘既有美丽的花朵给人们观赏,又是贵重药材,也可以与经济林木挂钩,取得经济方面的效益。此外,工业绿地通过改善生态环境方面的作用所产生的间接经济价值也是不可估量的。利用好工业绿地内的园林植物,可以大大减少水电的消耗,为企业节省资金;良好的绿地景观,还可使职工身体健康,精神振奋,干劲倍增,发病率降低,出勤率和工作效率提高;富有独特企业文化特色的工业绿地还可提升企业形象,提高企业知名度,吸引投资,促进销售,为企业带来更好的效益(图10.1)。

图 10.1　山西杏花村汾酒集团绿化全景

10.2　工业绿地规划的原则

10.2.1　满足生产和环境保护的要求

　　工业绿地最主要的功能是改善生产环境,有利于生态环境的维护,因此规划设计时,应充分考虑企业的性质、规模、产品特征、生产工艺和使用特点,满足生产工艺流程、防火、防爆、隔噪、通风、采光、减尘防尘、吸收有害气体、改善生态环境的要求。在设计中不能因强调绿地的景观效果而延长生产流程或交通运输线路,影响生产的合理性,增加投资和生产成本;建筑物或构筑物周围的绿化植物必须注意与建筑朝向、门窗位置、风向等的关系,充分保证建筑对通风和采光的要求;道路两旁的绿地要服从交通功能的需要,服从行车视距的要求,以保证行车安全;绿地无法避开管线的区域,必须考虑各类植物与管线的最小净距离,保证管线的安全,满足管线的使用和检修。不同类型的生产厂区,应配置不同的植物,如精密仪器、电子产品生产车间,不能选用有飞絮、绒毛的植物。

10.2.2　合理布局,并与建筑相协调

　　工业绿地应纳入工厂总体布局中,全面合理规划,要有利于整体的统一安排和布局,减少布局中的矛盾和冲突。绿地要考虑各区域不同的使用功能和要求,合理分区,点、线、面相结合,形成系统的空间布局。具体规划设计时,应以工业建筑为主体,与主体建筑的功能、风格、色彩相协调,与建筑融于一体,对建筑起到烘托的作用。

10.2.3　符合职工的使用要求和特点

　　工业绿地的主要使用对象是企业内部职工,规划时要充分调查不同工种、不同群体职工的使用时间、使用特点和使用习惯,因人而异、因地而异设置不同类型和功能的绿地,满足不同的使用要求,增强职工的主人翁精神,使职工保持良好的精神状态和工作热情。

10.2.4   有自己的特色,能反映企业精神和文化

工业企业因其生产工艺流程以及防火、防爆、通风、采光等要求,往往形成特有的建筑物和构筑物的外形及色彩,如热电厂造型优美的双曲线冷却塔,炼油厂纵横交错、色彩丰富的管道等,绿地规划时,应结合这些建筑特点,形成有特色的景观风貌。

此外,绿地规划设计时还可通过雕塑、小品等艺术形式,体现企业所追求的企业精神、积淀的历史文化和经营理念,使来访者处处感受到企业文化的辐射和影响,从而产生对企业产品的深深信任和对企业精神的仰慕。

10.3   工业绿地规划的主要指标

《城市绿地规划标准》(GB/T 51346—2019)中规定,工业用地的绿地率不宜大于20%;产生有害气体及污染的工业用地,可适当提高绿地率。

不同的企业由于生产性质不同,在用地要求和用地分配等方面也不同,绿地面积和绿地率也会有较大差异。生产环节多、各生产环节复杂的工业企业建筑多而分散,道路长,绿地率相对要低;生产环节简单的企业建筑少而集中,道路短,绿地率相对要高,如食品企业、针织企业等。室外操作多,产品体积大,运输量大的工厂绿地率较低,如木材厂、电缆厂、建材厂等;相反,生产操作以室内为主、产品体积小、储量小的工厂,绿地率较高,如工艺品厂、仪表厂、电子厂、服装厂等。污染较重或者对环境质量要求较高的工厂需要较多的绿地和较高的绿地率,而污染轻又无特殊要求的工厂绿地面积可以相对较少,绿地率可以相对较低。

因此,在进行工业绿地规划时,必须从实际情况出发,在对各方面因素进行全面分析的基础上,根据城市绿地系统规划的要求和相关的法规规范规定,确定不同的绿地率。

10.4   各类工业绿地规划要点

工业绿地主要分为厂前区绿地、生产区绿地、休憩性绿地、道路绿地、仓储绿地、防护绿地等。

10.4.1   厂前区绿地

厂前区包括主要出入口、厂前建筑群和厂前广场,它既是企业的门面所在,也是反映企业精神面貌所在,在一定程度上代表着工厂形象,同时也是工厂文明生产的象征;厂前区常与城市道路相邻,其环境好坏还直接影响到市容市貌,因此规划时应突出景观效果,整体风格应清洁、美观、开阔,并能体现企业文化内涵(图10.2)。

厂前区的绿化布置应考虑到建筑的平面布局,主体建筑的体量、色彩、风格,与城市道路的关系等,多数采用规则式和混合式的布局。

出入口的绿化可沿城市道路绿化过渡到大门入口,引导人流通往厂区;从厂门到办公楼间的道路两侧、广场需做重点处理,加强植物造景,绿地

图10.2   五粮液集团厂前景观

中可布置花坛、喷泉以及体现企业生产性质、企业文化和地域特点的雕塑、小品设施等。在工厂用地紧张时,为方便职工休息,厂前区绿地布置还可采用小游园的设计手法,供职工在其中进行短时间游憩。为满足职工的散步、聊天、娱乐的需要,可设置水池、假山、园林建筑、座椅、园灯等以形成恬静、清洁、舒适、优美的环境。厂前区应考虑设有相应的停车场地,供外单位来厂洽谈业务时使用。

10.4.2　生产区绿地

生产区的特点是占地面积大,建筑体量和形体高大,立地条件较差,用地紧张,污染严重,职工集中,因此其绿地的规划设计是整个工业企业绿地的重点和难点。规划设计时应考虑以下要求:

①生产的性质和特点及对绿地景观的要求;
②满足生产运输、安全、维修等方面的要求;
③注意车间对采光、通风的要求;
④考虑车间职工对园林绿化布局形式及观赏植物的喜好;
⑤注意树种选择,特别是有污染或严重污染的车间附近;
⑥车间出入口作为重点美化地段;
⑦处理好植物与各种管线之间的关系。

具体设计可以根据生产车间的污染情况和对环境的要求,将车间周围的绿地分为三类:产生污染的生产车间绿地、普通的生产车间绿地和对环境有特殊要求的生产车间绿地,对这三类不同的生产车间绿地进行设计时应采用不同的方法。

(1)环境有污染的车间绿地　对环境有污染的车间指生产过程中产生有害气体、粉尘、烟尘、噪声等污染物或有放射性物质、重金属、对环境造成一定污染的车间,要求绿化能起到净化、防烟、滞尘、隔声等功能。规划设计时,首先要了解污染物的成分和污染程度,有针对性合理地选择抗性强、生长快的树种;在产生强烈噪声的车间周围,如锻压锤钉、鼓风等车间应该选择枝叶茂密、树冠矮、分枝点低的乔灌木,多层密植形成隔音带,以减轻噪声对周围环境的影响;在多粉尘的车间,如水泥生产车间,应该密植滞尘、抗尘能力强的树种。

(2)普通的车间绿地　普通的生产车间指本身对环境不产生有害污染物质,在卫生防护方面对周围环境也无特殊要求的车间。普通的生产车间绿地较为自由,除注意考虑通风、采光、防风、隔热、滞尘、阻噪等一般性要求,不要妨碍上下管道外,其余限制性不大。在生产车间的南向应种植落叶大乔木,以利炎夏遮阳,冬季又有温暖的阳光;东西向应种植冠大荫浓的落叶乔木,以防止夏季东西日晒;北向宜种植常绿、落叶乔木和灌木混交林,可以遮挡冬季的寒风和尘土。在车间周围的空地上,应以草坪和地被覆盖,减少扬尘和风沙,也使环境清新明快,衬托出建筑和花卉、乔灌木,提高绿地的视觉艺术效果。

(3)对环境有特殊要求的车间周围的绿地　要求洁净程度较高的车间,如食品、精密仪器、光学仪器等的生产车间,周围空气质量直接影响产品质量和设备的寿命,其环境设计要求清洁、防尘、降温、美观,有良好的通风和采光。在绿化布置时应栽植茂密的乔木、灌木,阻挡灰尘的侵入,地面用草皮、地被或藤本植物覆盖,使黄土不裸露,其茎叶既有吸附空气中灰尘的作用,又可固定地表尘土、不随风飞扬。植物应选择无飞絮、无花粉、无飞毛、不易生病虫害、不落叶或落叶整齐、枝叶茂密、叶面粗糙、生长健壮、滞尘能力强的树种;在车间周围设置密闭的防护林或在周围种植低矮乔木和灌木,以较大距离种植高大常绿乔木,辅以花草,并在墙面采用垂直绿化以满足防晒降温、缓解职工疲劳的要求(图10.3、图10.4)。

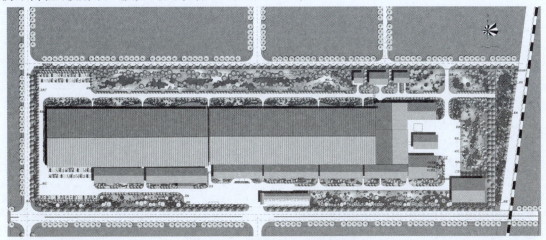

图10.3　某工厂生产区绿地规划

图10.4　五粮液集团生产区绿化

要求环境优美的车间,如刺绣、工艺美术等车间,由于要求设计、制作、生产具有优美图案的产品,因此特别要注意观赏植物、水池、假山、小品等的布置,形成优美的花园环境,职工置身其中,可陶冶性情、活跃思维,精神愉快,有助于创作出精良优美的产品。

10.4.3　休憩性绿地

休憩性绿地主要指为职工提供一定的户外生活空间,有利于职工业余休息、交谈、观赏、消除疲劳,开展业余文化娱乐活动的相对集中成片的绿地。

休憩性绿地应选择在职工休息易于到达的场地,如有自然地形可以利用则更好,以便于创造优美自然的园林艺术空间,通过对各种观赏植物、园林建筑及小品、道路、铺装、水池、休闲设施等的合理组织与安排,形成优美自然的园林环境(图10.5—图10.7)。

厂区内的休憩性绿地面积一般都不大,布局形式可根据所处环境、用地条件、使用性质灵活采用规则式、自由式、混合式。园路及相关设

图10.5　江苏洋河集团南京分厂环境景观设计平面图

施的设计应充分考虑职工的使用要求,满足使用及造景需要。

休憩性绿地在厂区内设置的位置有下列几种:

图10.6　江苏洋河集团南京分厂环境景观设计鸟瞰图

图10.7　五粮液集团休憩绿地景观

(1)结合厂前区布置　厂前区是职工上下班集散的场所,是外来宾客首到之处,同时邻近城市街道,小游园结合厂前区布置,既方便职工的游憩,也丰富美化了厂前区,节约了用地和投资。

(2)结合厂内自然地形布置　厂区内如有天然的水塘、河道、山丘、坡地等自然地形,可充分加以利用,这样既可有效利用土地,改善厂区环境质量,同时丰富的自然地形还有利于园林景观的营造。

(3)休憩性绿地与工会俱乐部、阅览室、食堂等公共福利设施相结合　此种布局可将各种室内、室外活动有机结合起来,更好地方便职工活动,满足职工的多方面需求。

(4)在车间附近布置　在车间附近设置休憩性绿地可使职工休息时便捷地到达,供职工紧张的工作之余短时间休息、放松心情。

10.4.4 道路绿地

工业企业道路是人们体验和观察整个厂区景观的通道,也是贯穿各景观空间的脉络和各景观要素的组织手段。人们对企业景观的印象很多是从沿厂区道路的活动获得的,其他景观元素也是沿着道路展开布局的。工业企业道路不仅具有交通、运输、组织车流、人流的功能,如果设计得体,还能形成优美的厂区道路景观。因此,厂区道路的设计除了考虑它的交通功能和基本功能外,还要考虑其比例、质感与周围环境以及与绿化、建筑的协调等景观功能。

10.4.5 仓储绿地

仓库周围的绿地设计,应注意以下几个方面:

①仓库区是生产物质、产品运输装卸的主要区域,绿地要充分考虑交通车辆进出的安全和方便,如树种选择时应注意选择分枝点高的树种,以免影响驾驶人员视线。

②要注意防火等安全要求,不宜种植针叶树和含油脂较多的树种;在仓库建筑周围必须留5~7 m宽的消防车通道,保证通道的宽度和净空高度,不得妨碍消防车作业。

③地下仓库上面,根据覆土厚度的情况,种植草皮、藤本植物和乔灌木,可起到装饰、隐蔽、降低地表温度和防止尘土飞扬的作用;装有易燃物的贮罐周围,应以草坪为主;露天堆场进行绿化时,首先不能影响堆场的操作,在堆场周围栽植生长强健、防火隔尘效果好的落叶阔叶树,林下种植花灌木和地被,形成优美的带状绿地。

10.4.6 防护绿地

《工业企业卫生设计标准》(GBZ 1—2010)规定,凡产生有害物质的工业企业与居住区之间应有一定的卫生防护距离,在此范围内进行绿化,营造防护林,使工业企业排放的有害物质得以稀释、过滤,以改善城市环境质量。卫生防护林带的设置,要根据主要污染物的种类、排放形式及污染源的位置、高度、排放浓度及当地气象特点等因素而定。

根据我国目前工业企业的生产性质、规模,污染物排放的数量、对环境的污染程度,《工业企业卫生设计标准》(GBZ 1—2010)把污染程度分成5级,并对防护林带的宽度、数量和间距做了详细规定(表10.1)。

表10.1 工业企业绿地防护林设计标准

企业污染等级	防护林带总宽度/m	防护林带条数/条	每条防护林带宽度/m	每条防护林带间距/m
Ⅰ	1 000	3~4	20~50	200~400
Ⅱ	500	2~3	10~30	150~300
Ⅲ	400	1~2	10~30	150~300
Ⅳ	100	1~2	10~20	40
Ⅴ	50	1	10~20	

工业企业防护绿地的主要作用是滞滤粉尘、净化空气、吸收有毒气体、减轻污染,以及有利于工业企业周围的农业生产。因此作为防护林的树种应结合不同企业的特点,选择生长健壮、病虫灾害少、抗污染性强、吸收有害气体能力强、树体高大、枝叶茂密、根系发达的乡土树种。此

外要注意常绿树与落叶树相结合、乔木与灌木相结合、阳性树与耐阴树相结合、速生树与慢长树相结合、净化与美化相结合。林带结构以乔灌木混交的紧密结构和半通透结构为主,外轮廓保持梯形或屋脊形,防护效果较好。

10.5　工业绿地树种规划

10.5.1　工业绿地树种选择的基本原则

(1)选择抗污能力强的树种　工业企业在生产过程中常常会排放各种有害气体、粉尘及其他物质,污染环境,因此树种选择时首先要考虑其抗污、净化能力,种植抗性和吸毒能力都强的植物种类。各种植物的抗污染能力有很大差异,具体种类选择时要有针对性。有些树种能抗多种有害气体,如构树、大叶黄杨对二氧化硫、氟化氢、氯气等有毒气体都有很强的抗性;有些树种只对某种有害气体抗性强,如杏树抗氨气而不抗氟化氢,所以应根据污染物的不同种类选择相应的绿化树种。

(2)选择适应当地气候及土壤条件的乡土树种　植物的生态习性与栽植地点的气候和土地条件相适应,是保证植物生长健壮的重要因素。

植物对日照、温度、水分、湿度的要求是进行树种选择的重要依据。乡土树种适应本地区生长,容易成活,又能反映地方的绿化特色,应优先选用。为丰富植物景观,从自然条件相似的地区引种的植物,经过实践证明可以种植并长势良好的也可考虑适当地使用。

(3)选择易管理的树种　一般而言,工业绿地中植物生长条件差,管理人员少,因此,应选择容易繁殖、移栽、少病虫害、耐修剪、易管理的树种。

(4)满足生产工艺流程对环境的要求　不同类型的工业企业、同一企业不同生产车间,生产工艺流程不同,对环境也有不同的要求,选择树种时应考虑这一要求。如精密仪器类企业或车间,要求车间周围空气洁净,尘埃少,要选择滞尘能力强的树种,如榆、刺楸等,不能栽植杨、柳、悬铃木等有飘毛飞絮的树种。

对有防火要求的厂区、车间、场地应选择油脂少、枝叶水分多、燃烧时不会产生火焰的防火树种,如珊瑚树、蚊母、银杏等。

10.5.2　工厂绿化常用树种

工厂绿化用能抗污染气体的树种。

(1)抗二氧化硫树种

①抗性强的树种:大叶黄杨、雀舌黄杨、瓜子黄杨、海桐、蚊母、山茶、女贞、小叶女贞、棕榈、凤尾兰、夹竹桃、枸骨、枇杷、金橘、构树、无花果、枸杞、青冈栎、白腊、木麻黄、相思树、榕树、十大功劳、九里香、侧柏、银杏、广玉兰、北美鹅掌楸、柽柳、梧桐、重阳木、合欢、皂荚、刺槐、槐树、紫穗槐、黄杨。

②抗性较强的树种:华山松、白皮松、云杉、赤松、杜松、罗汉松、龙柏、桧柏、侧柏、石榴、月桂、广玉兰、冬青、珊瑚树、柳杉、栀子花、青桐、臭椿、桑树、楝树、白榆、榔榆、朴树、黄檀、腊梅、榉树、毛白杨、丝棉木、木槿、丝兰、桃树、红背桂、芒果、枣、榛树、椰子、蒲桃、米子兰、菠萝、石栗、沙枣、印度榕、高山榕、细叶榕、苏铁、厚皮香、扁桃、枫杨、红茴香、凹叶厚朴、含笑、杜仲、细叶油茶、七叶树、八角金盘、日本柳杉、花柏、粗榧、丁香、卫矛、柃木、板栗、无患子、玉兰、八仙花、地锦、梓树、泡桐、槐树、银杏、刺槐、香梓、连翘、金银木、紫荆、黄葛榕、柿树、垂柳、胡颓子、紫藤、三尖杉、

杉木、太平花、紫薇、银华、蓝桉、乌桕、杏树、枫香、加杨、旱柳、垂柳、木麻黄、小叶朴、木菠萝。

③反应敏感的树种：苹果、梨、羽毛槭、郁李、悬铃木、雪松、油松、马尾松、云南松、湿地松、落叶松、白桦、毛樱桃、樱花、贴梗海棠、油梨、梅花、玫瑰、月季。

（2）抗氯气的树种

①抗性强的树种：龙柏、侧柏、大叶黄杨、海桐、蚊母、山茶、女贞、夹竹桃、凤尾兰、棕榈、构树、木槿、紫藤、无花果、樱花、枸骨、臭椿、榕树、小叶女贞、丝兰、广玉兰、柽柳、合欢、皂荚、槐树、黄杨、白榆、红棉木、正木、沙枣、椿树、苦楝、白腊、杜仲、厚皮香、桑树、柳树、枸杞。

②抗性较强的树种：桧柏、珊瑚树、樟、栀子花、青桐、楝树、朴树、板栗、无花果、罗汉松、桂花、石榴、紫薇、紫荆、紫穗槐、乌桕、悬铃木、水杉、天目木兰、凹叶厚朴、银杏、柽柳、桂香柳、枣、丁香、白榆、江南红豆树、细叶榕、蒲葵、枳橙、枇杷、瓜子黄杨、山桃、刺槐、铅笔柏、毛白杨、石楠、榉树、泡桐、银桦、云杉、柳杉、太平花、蓝桉、梧桐、重阳木、黄葛榕、小叶榕、木麻黄、蒲葵、梓树、扁桃、杜松、天竺桂、旱柳、小叶女贞、鹅掌楸、卫矛、接骨木、地锦、人心果、米子兰、芒果、君迁子、月桂。

③反应敏感的树种：池柏、薄壳山核桃、枫杨、木棉、樟子松、紫椴、赤杨。

（3）抗氟化氢的树种

①抗性强的树种：大叶黄杨、海桐、蚊母、山茶、凤尾兰、瓜子黄杨、龙柏、构树、朴树、花石榴、石榴、桑树、香椿、丝棉木、青冈栎、侧柏、皂荚、槐树、柽柳、黄杨、木麻黄、白榆、正本、沙枣、夹竹桃、棕榈、红茴香、细叶香桂、杜仲、厚皮香。

②抗性较强的树种：桧柏、女贞、白玉兰、珊瑚树、无花果、垂柳、桂花、枣树、樟树、青桐、木槿、楝树、榆树、臭椿、刺槐、合欢、杜松、白皮松、拐枣、柳、山植、胡颓子、楠木、垂枝榕、滇朴、紫茉莉、白腊、云杉、广玉兰、榕树、柳杉、丝兰、太平花、银桦、梧桐、乌桕、小叶朴、梓树、泡桐、小叶女贞、油茶、鹅掌楸、含笑、紫薇、地锦、柿树、山植、月季、丁香、樱花、凹叶厚朴、栌木、银杏、天目琼花、金银花。

③反应敏感的树种：葡萄、杏、梅、山桃、榆叶梅、紫荆、梓树、金丝桃、慈竹、池柏。

（4）抗二氧化氮树种　龙柏、黑松、夹竹桃、大叶黄杨、棕榈、女贞、樟树、构树、广玉兰、臭椿、无花果、桑树、栎树、合欢、枫杨、刺槐、丝棉木、乌桕、石榴、酸枣、旱柳、糙叶树、垂柳、蚊母树、泡桐。

（5）抗烟尘树种　樟树、黄杨、女贞、苦槠、青冈香榧、粗榧栎、楠木、冬青、珊瑚树、桃叶珊瑚、广玉兰、石楠、枸骨、桂花、大叶黄杨、夹竹桃、栀子花、槐树、厚皮香、银杏、刺楸、榆树、朴树、木槿、重阳木、刺槐、苦栎、臭椿、构树、三角枫、桑树紫薇、悬铃木、泡桐、五角枫、乌桕、皂荚、榉树、青桐、麻栎、樱花、蜡梅、黄金树、大绣球。

（6）滞尘能力较强的树种　臭椿、槐树、栎树、皂荚、刺槐、白榆、麻栎、白杨、柳树、悬铃木、樟树、榕树、凤凰木、海桐、黄杨、青冈栎、女贞、冬青、广玉兰、珊瑚、石楠、夹竹桃、厚皮香、枸骨、榉树、朴树、银杏。

案例分析

南京某厂区绿地规划设计

1）项目概况

该厂区位于南京市经济技术开发区，占地面积6.8万 m^2 ，是生产专业显微镜和大型光电仪器的企业。

2) 规划设计总体构想

　　运用规则式与自然式结合的手法,营造以植物造景为主,兼顾企业文化展示和职工室外休息活动需求,色彩明快、线条简洁、经济适用的现代化企业景观。

3) 分区规划(图 10.8、图 10.9)

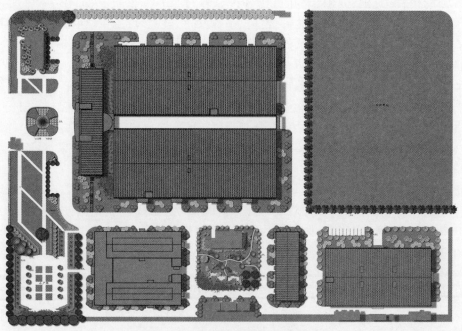

图 10.8　南京某厂区绿地规划平面图

图 10.9　南京某厂区绿地规划效果图

（1）入口区　中心以色彩明快的小叶黄杨、红花檵木和螺旋状旱喷造景,直观地表现企业职工同心协力追求企业业绩稳步上升的精神。

（2）正门右侧绿地　以大面积草坪和小广场为主。视线始点铺设大面积草坪增加空间的开敞性,营造深远、舒适的氛围,其中孤植大雪松,象征企业在激烈竞争中独树一帜。广场入口的眼球状铺装和端点处眼球造型的景墙相互辉映,其造型充分与企业特点相结合,同时在景墙上撰写企业发展历史。广场两侧花团锦簇的花灌木和景墙后由竹子、水杉组成的绿色屏障,围合成幽深宁静又轻松愉快的优美佳景。

（3）食堂前职工活动绿地　利用富有变化的地形和道路组织空间,营造小中见大的意境;一定面积的硬质铺装和活动设施,满足职工工作之余休息、建设的需求。绿地周边种植大量的乔灌木,既与外界隔离,又可美化周边道路环境。

（4）道路绿地　以规则式左右对称种植为主,营造整齐、简洁的工作氛围。

思考与练习

1. 工业绿地的功能有哪些?
2. 工业绿地规划时应遵循哪些原则?
3. 调查学校所在地某一园林式工厂的绿化现状,并谈谈你的看法。

实　训

1）实训目标

（1）通过调研学习国内外优秀工业绿地的规划设计实例,了解其具体的规划设计手法,并能学会灵活应用。

（2）掌握工业绿地的规划设计方法与步骤,提高规划设计水平。

2）实训任务

图10.10为位于南京经济技术开发区的某一拟新建厂区,该厂以生产机电设备为主,厂房规划、道路系统规划已确定,绿地规划方案已委托相关单位规划设计,规划设计方案如图9.10所示。但厂家对规划方案不满意,要求进行重新规划。本实训任务为根据图9.10所给的设计条件,对该厂区绿地进行重新规划设计。由于厂家疏忽,在所提供的图9.10中并未标出比例尺,其他具体数据也未提供,只说明其北侧的兴业路道路红线宽度为20 m。

3）实训要求

（1）充分了解任务书的要求,研读相关领域的优秀案例。
（2）了解规划设计条件,确定规划设计风格。
（3）分析各种因素,做出总体构思,进行分区和草图设计。
（4）经推敲,确定总平面图。
（5）绘制正图。包括总平面图、分区图、剖面图、局部小景效果图或总体鸟瞰图、植物种植设计、编写设计说明等。
（6）图纸要求:1号图,手绘或电脑绘图均可。

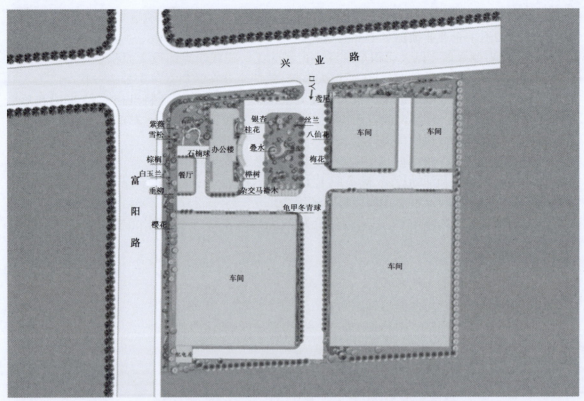

图 10.10 南京经济技术开发区的某一拟新建厂区绿地规划图

11 区域绿地规划

11 微课

[本章导读]本章共分四节,分别是风景名胜区、森林公园、湿地公园和生产绿地的规划设计。每节先概述该类绿地的概念、发展现状、类型、功能,再具体介绍规划设计的基本原则、工作流程、相关方法和成果要求。本章作为前面各类绿地规划设计的补充,便于加强读者知识的系统性。

11.1 风景名胜区规划

11.1.1 风景名胜区概述

1)风景名胜区概念

风景名胜区是指具有观赏、文化或者科学价值,自然景观、人文景观比较集中,环境优美,可供人们游览或者进行科学、文化活动的区域。

我国的风景名胜区源于古代的名山大川和郊邑游憩地,是以自然和人文景物为核心,包括其他珍贵的风景名胜资源,环境优美、有一定规模、范围明确的地域。它具有较高的科学、文化、美学和游览观赏价值,能有效保护自然与文化资源、促进旅游业发展、供人观赏和休憩、推动文化和教育事业。风景名胜区归国家所有,分为国家级和省级,分别由相应级别人民政府审定并划定范围,分归各级政府建设部门主管。

国家级风景名胜区与国际上的国家公园(National Park)齐名,徽志为圆形图案,中间部分系万里长城和自然山水缩影,象征伟大祖国悠久、灿烂的名胜古迹和江山如画的自然风光;两侧由银杏树叶和茶树叶组成的环形镶嵌,象征风景名胜区和谐、优美的自然生态环境。图案上半部英文"NATIONAL PARK OF CHINA",直译为"中国国家公园",即国务院公布的"国家级风景名胜区";下半部为汉语"中国国家级风景名胜区"全称(图11.1)。

图11.1 国家级风景名胜区徽志

2)我国风景名胜区发展现状

1982年以来,国务院先后审定公布了九批国家级风景名胜区名单:

第一批:1982年11月08日公布,共44处。

第二批:1988年08月01日公布,共40处。

第三批:1994年01月10日公布,共35处。

第四批:2002 年 05 月 17 日公布,共 32 处。

第五批:2004 年 01 月 13 日公布,共 26 处。

第六批:2005 年 12 月 31 日公布,共 10 处。

第七批:2009 年 12 月 28 日公布,共 21 处。

第八批:2012 年 10 月 31 日公布,共 17 处。

第九批:2017 年 3 月 21 日公布,共 19 处。

截至 2017 年底,国务院共批准设立国家级风景名胜区 244 处。

为了依法保护风景名胜资源,国家先后制定了一系列法规和规章制度。1985 年国务院发布了《风景名胜区管理暂行条例》,并颁布了一系列有关加强风景名胜区管理和保护、加强城乡规划监督管理等重要法规和文件。建设部相继制定了《风景名胜区管理暂行条例实施办法》等一系列规范性文件。在风景名胜事业发展过程中,全国大部分省结合各地实际情况,制定了相应的地方性法规和规章,形成了完整的风景名胜区管理法规体系。

2006 年 9 月,在广泛调查研究及征求意见的基础上,国务院发布了《风景名胜区条例》(中华人民共和国国务院令第 474 号)。《风景名胜区条例》的颁布实施,是我国风景名胜区事业发展的一个重要里程碑,它标志着我国政府在对风景名胜区资源实行规范化、法制化保护和管理方面又步入了一个更高的阶段。

3)风景名胜区类型

我国风景名胜区有多种分类方式,按级别可分为国家级、省级;按用地规模可分为小型($20\ km^2$ 以下)、中型($21 \sim 100\ km^2$)、大型($101 \sim 500\ km^2$)、特大型($500\ km^2$ 以上);按结构特征可分为单一型、复合型、综合型等;按景观类型则大致可分为以下几类:

(1)山岳型风景名胜区:以高、中、低山和各种山景为主体景观特点的风景名胜区。

(2)峡谷型风景名胜区:以各种峡谷风光为主体景观特点的风景名胜区。

(3)岩洞型风景名胜区:以各种岩溶洞穴或溶岩洞景为主体景观特点的风景名胜区。

(4)江河型风景名胜区:以各种江河溪瀑等动态水体水景为主体景观特点的风景名胜区。

(5)湖泊型风景名胜区:以各种湖泊水库等水体水景为主体景观特点的风景名胜区。

(6)海滨型风景名胜区:以各种海滨海岛等海景为主体景观特点的风景名胜区。

(7)森林型风景名胜区:以各种森林及其生物景观为主体景观特点的风景名胜区。

(8)草原型风景名胜区:以各种草原草地、沙漠风光及其生物景观为主体景观特点的风景名胜区。

(9)史迹型风景名胜区:以历代园景、建筑和史迹景观为主体景观特点的风景名胜区。

(10)综合型景观风景名胜区:以各种自然和人文景源融合成综合性景观为其特点的风景名胜区。

4)风景名胜区功能

风景区的功能,主要是指人与大自然精神联系的种种形式及其发展和演进,也就是人们利用风景区价值的方式。例如,因风景区的科学价值而相应产生科研和科教功能,因美学价值而产生审美、游览功能,因历史文化价值而产生考古的、研究历史的功能。由于多种价值的交叉感悟,而激发爱国情怀和山水文化创作的灵感等。

功能是发展变化的,也是因人而异的。帝王封禅;百姓求福;僧人修行;羽士求仙;隐士避

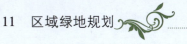

世;君子"洗心""涤虑";雅士"超然尘表";文人审美;学者求知;画家"师法自然";诗人寻求灵感;志士仁人"登高壮观天地间"……这就是中国几千年积淀于名山大川中的独特的山水文化和精神,各种不同的名山胜水,各有不同的文化积淀和精神意蕴。

　　风景区的功能是随着时代的发展而发展变化的,有的功能随着封建帝制的结束,而成为历史,如封禅祭祀、隐居读书等。有的功能随着现代科学的发展而产生,还有许多功能得到了延续和发展,如游览、审美、创作体验等。我国的风景名胜区应在继承山水文化精神的基础上,积极吸收现代国际共识的国家公园主要功能,综合形成科研、教育、游览、启智及创作山水文化体验等现代功能,尤其是科学教育功能。

11.1.2　风景名胜区规划

1)风景名胜区规划相关术语

　　(1)风景名胜区规划　也称风景区规划。是保护培育、开发利用和经营管理风景区,并发挥其多种功能作用的统筹部署和具体安排。经相应的人民政府审查批准后的风景区规划,具有法律权威,必须严格执行。

　　(2)风景资源　也称景源、景观资源、风景名胜资源、风景旅游资源。是指能引起审美与欣赏活动,可以作为风景游览对象和风景开发利用的事物与因素的总称,是构成风景环境的基本要素,是风景区产生环境效益、社会效益、经济效益的物质基础。

　　(3)景点　由若干相互关联的景物所构成,具有相对独立性和完整性,并具有审美特征的基本境域单位。

　　(4)景群　由若干相关景点所构成的景点群落或群体。

　　(5)景区　在风景区规划中,根据景源类型、景观特征或游赏需求而划分的一定用地范围,包含有较多的景物和景点或若干景群,形成相对独立的分区特征。

　　(6)风景线　也称景线。由一连串相关景点所构成的线性风景形态或系列。

2)风景名胜区规划原则

　　风景区规划必须坚持生态文明和绿色发展理念,符合我国国情,符合风景区的功能定位和发展实际,因地制宜地突出风景区特性,并应遵循下列原则:

　　(1)科学指导,综合部署　应树立和践行绿水青山就是金山银山的理念,依据现状资源特征、环境条件、历史情况、文化特点以及国民经济和社会发展趋势,统筹兼顾,综合安排。

　　(2)保护优先,完整传承　应优先保护风景名胜资源及其所依存的自然生态本底和历史文脉,保护原有景观特征和地方特色,维护自然生态系统良性循环,加强科学研究和科普教育,促进景观培育与提升,完整传承风景区资源和价值。

　　(3)彰显价值,永续利用　应充分发挥风景资源的综合价值和潜力,提升风景游览主体职能,配置必要的旅游服务设施,改善风景区管理能力,促使风景区良性发展和永续利用。

　　(4)多元统筹,协调发展　应合理权衡风景环境、社会、经济三方面的综合效益,统筹风景区自身健全发展与社会需求之间的关系,创造风景优美、社会文明、生态环境良好、景观形象和游赏魅力独特、设施方便、人与自然和谐的壮丽国土空间。

　　(5)因地制宜,突出特色　应在深入调查研究基础上,从风景名胜资源的资源特征、历史文化、环境条件以及国民经济和社会发展趋势等现状出发,因地制宜,突出特色。

3）风景名胜区规划流程

风景区规划应分为总体规划、详细规划两个阶段进行。大型而又复杂的风景区,可以增编分区规划和景点规划。一些重点建设地段,也可以增编控制性详细规划或修建性详细规划。从实际工作流程来看,风景区规划工作分为资源调查分析、编制规划大纲、总体规划、方案决策和管理实施规划编制 5 个阶段。

（1）资源调查分析阶段　对资源进行调查、分析、分类、评价,并收集基础资料(表 11.1)。

（2）编制规划大纲阶段　在前阶段基础上对风景区开发中重大问题进行分析论证。

（3）总体规划阶段　以评议审批通过的规划大纲为依据,编制风景区规划说明书、绘制规划图纸。

（4）方案决策阶段　政府部门组织有关专家对规划方案进行评审,做出技术鉴定报告,经修改后的总体规划文件再报有关部门审批、定案。

（5）管理实施规划编制阶段　此阶段是风景区建设及管理的规划,主要包括管理体制的调整和设置及人才规划;制定风景区保护管理条例及执行细节;旅游经营方式及导游组织方案的实施;各项建设的投资落实及设计方案制定;实施规划的具体步骤、计划及措施;经营管理体制及措施的建议规划。

表 11.1　风景名胜区基础资料调查类别表

大类	中类	小类
一、测量资料	1. 地形图	小型风景区图纸比例为 1/2 000～1/100 000; 中型风景区图纸比例为 1/10 000～1/25 000; 大型风景区图纸比例为 1/25 000～1/50 000; 特大型风景区图纸比例为 1/50 000～1/200 000
	2. 专业图	航片、卫片、遥感影像图、地下岩洞与河流测图、地下工程与管网等专业测图
二、自然与资源条件	1. 气象资料	温度、湿度、降水、蒸发、风向、风速、日照、冰冻等
	2. 水文资料	江河湖海的水位、流量、流速、流向、水量、水温、洪水淹没线;江河区的流域情况、流域规划、河道整治规划、防洪设施;海滨区的潮汐、海流、浪涛;山区的山洪、泥石流、水土流失等
	3. 地质资料	地质、地貌、土层、建设地段承载力;地震或重要地质灾害的评估;地下水存在形式、储量、水质、开采及补给条件
	4. 自然资源资料	景源、生物资源、水土资源、农林牧副渔资源、能源、矿产资源等的分布、数量、开发利用价值等资料;自然保护对象及地段
三、人文与经济条件	1. 历史与文化	历史沿革及变迁、文物、胜迹、风物、历史与文化保护对象及地段
	2. 人口资料	历来常住人口的数量、年龄构成、劳动构成、教育状况、自然增长和机械增长;服务职工和暂住人口及其结构变化;游人及结构变化;居民、职工、游人分布状况
	3. 行政区划	行政建制及区划、各类居民点及分布、城镇辖区、村界、乡界及其他相关地界
	4. 经济社会	有关经济社会发展状况、计划及其发展战略;风景区范围的国民生产总值、财政、产业产值状况;国土规划、区域规划、相关专业考察报告及其规划
	5. 企事业单位	主要农林牧副渔和教科文卫军与工矿企事业单位的现状及发展资料;风景区管理现状

续表

大类	中 类	小 类
四、设施与基础工程条件	1. 交通运输	风景区及其可依托的城镇的对外交通运输和内部交通运输的现状、规划及发展资料
	2. 旅游设施	风景区及其可以依托的城镇的旅行、游览、饮食、住宿、购物、娱乐、保健等设施的现状及发展资料
	3. 基础工程	水电气热、环保、环卫、防灾等基础工程的现状及发展资料
五、土地与其他资料	1. 土地利用	规划区内各类用地分布状况,历史上土地利用重大变更资料,土地资源分析评价资料
	2. 建筑工程	各类主要建筑物、工程物、园景、场馆场地等项目的分布状况、用地面积、建筑面积、体量、质量、特点等资料
	3. 环境资料	环境监测成果,三废排放的数量和危害情况;垃圾、灾变和其他影响环境的有害因素的分布及危害情况;地方病及其他有害公民健康的环境资料

资料来源:《风景名胜区规划规范》(GB 50298—2018)

4)风景名胜区总体规划

风景名胜区总体规划的编制,应当体现人与自然和谐相处、区域协调发展和经济社会全面进步的要求,坚持保护优先、开发服从保护的原则,突出风景名胜资源的自然特性、文化内涵和地方特色。

风景名胜区应当自设立之日起两年内编制完成总体规划,总体规划的规划期一般为20年。国家级风景名胜区规划由省、自治区人民政府建设主管部门或者直辖市人民政府风景名胜区主管部门组织编制,由省、自治区、直辖市人民政府审查后,报国务院审批。省级风景名胜区规划由县级人民政府组织编制,由省、自治区、直辖市人民政府审批,报国务院建设主管部门备案(图11.2)。

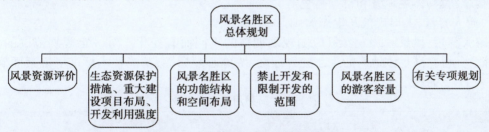

图 11.2 风景名胜区总体规划内容

(1)风景资源评价 风景资源评价应以真实资料为基础,现场踏查与资料分析相结合,采取定性概括与定量分析相结合的方法,实事求是、综合地评价景源的特征。例如,同为名山,华山险、泰山雄、黄山奇、峨眉秀,"险""雄""奇""秀"就是不同的景源特征。

风景资源评价结论应由景源等级统计表、评价分析、特征概括三部分组成。评价分析应表明主要评价指标的特征或结果分析;特征概括应表明风景资源的级别数量、类型特征及其综合特征。

(2)范围、性质与发展目标

①范围:为加强风景名胜区的规划、保护、利用和管理,须确定其范围和外围保护地带,确定的原则如下:景源特征及其生态环境的完整性;历史文化与社会的连续性;地域单元的相对独立

性;保护、利用、管理的必要性与可行性。

②性质:风景区的性质,必须依据风景区的典型景观特征、游览欣赏特点、资源类型、区位因素,以及发展对策与功能选择来确定,并明确表述风景特征、主要功能、风景区级别三方面内容。

③发展目标:风景区的发展目标,应依据风景区的性质和社会需求,提出适合本风景区的自我健全目标和社会作用目标两方面的内容,并应遵循以下原则:

a. 贯彻严格保护、统一管理、合理开发、永续利用的基本原则;

b. 充分考虑历史、当代、未来三个阶段的关系,科学预测风景区发展的各种需求;

c. 因地制宜地处理人与自然的和谐关系;

d. 使资源保护和综合利用、功能安排和项目配置、人口规模和建设标准等各项主要目标,同国家与地区的社会经济技术发展水平、趋势及步调相适应。

(3)分区、结构与布局

①分区:风景区有不同的分区方式,如调节控制功能特征的功能分区;组织景观和游赏特征的景区划分;确定保护培育特征的保护区划分。大型或复杂的风景区中,可以几种方法协调并用。但不管是哪种分区方式都应保持同一区内规划对象的特性和存在环境、规划原则、措施及其成效特点基本一致,并应尽量保持原有的自然、人文、线状等单元界限的完整性。

②结构:风景区应依据规划目标和规划对象的性能、作用及其构成规律来组织整体规划结构或模型。凡含有一个乡或镇以上的风景区,或其人口密度超过 100 人/km² 时,还应进行风景区的职能结构分析与规划。

③布局:风景区的布局,应依据规划对象的地域分布、空间关系和内在联系进行综合部署,形成合理、完善而又有自身特点的整体布局,并应遵循下列原则:

a. 正确处理局部、整体、外围三层次的关系;

b. 解决规划对象的特征、作用、空间关系的有机结合问题;

c. 调控布局形态对风景区有序发展的影响,为各组成要素、各组成部分能共同发挥作用创造满意条件;

d. 构思新颖,体现地方和自身特色。

(4)游人容量、人口规模及生态原则

①游人容量:风景区游人容量应随规划期限的不同而有变化。对一定规划范围的游人容量,应综合分析并满足该地区的生态允许标准、游览心理标准、功能技术标准等因素而确定,并应符合表 11.2 的规定。

表11.2　游憩用地生态容量

用地类型	允许容人量和用地指标	
	人/hm²	m²/人
(1)针叶林地	2~3	5 000~3 300
(2)阔叶林地	4~8	2 500~1 250
(3)森林公园	<15~20	>660~500
(4)疏林草地	20~25	500~400
(5)草地公园	<70	>140
(6)城镇公园	30~200	330~50
(7)专用浴场	<500	>20
(8)浴场水域	1 000~2 000	20~10
(9)浴场沙滩	1 000~2 000	10~5

资料来源:《风景名胜区规划规范》(GB 50298—2018)

游人容量由一次性游人容量、日游人容量、年游人容量三个层次表示,单位分别以"人/次""人次/日""人次/年"表示。游人容量的计算方法宜分别采用线路法、卡口法、面积法、综合平衡法。游人容量计算结果应与当地的淡水供水、用地、相关设施及环境质量等条件进行校核与综合平衡,以确定合理的游人容量。游人容量的计算方法有:

a.线路法:以每个游人所占平均道路面积计,5~10 m²/人。

b.面积法:以每个游人所占平均游览面积计,其中:主景景点 50~100 m²/人(景点面积);一般景点 100~400 m²/人(景点面积);浴场海域 10~20 m²/人(海拔 0~-2 m 以内水面)。

c.卡口法:实测卡口处单位时间内通过的合理游人量。单位以"人次/单位时间"表示。

②人口规模:风景区人口包括外来游人、服务职工、当地居民三类;一定用地范围内的人口发展规模不应大于其总人口容量;职工人口应包括直接服务人口和维护管理人口;居民人口应包括当地常住居民人口。

风景区内部的人口分布根据游赏需求、生境条件、设施配置等因素对各类人口进行相应的分区分期控制;应有合理的疏密聚散变化,使其各得其所;既要防止因人口过多或不适当集聚而不利于生态与环境,也要防止因人口过少或不适当分散而不利于管理与效益。

③生态原则:风景区的生态原则应符合下列规定。制止对自然环境的人为消极作用,控制和降低人为负荷,分析游览时间、空间范围、游人容量、项目内容、开发强度等因素,并提出限制性规定或控制性指标;保持和维护原有生物种群、结构及其功能特征,保护典型而有示范性的自然综合体;提高自然环境的复苏能力,提高氧、水、生物量的再生能力与速度,提高其生态系统或自然环境对人为负荷的稳定性或承载力。风景区生态分区及利用保护措施见表 11.3。

表 11.3 生态分区及其保护与利用措施

生态分区	评估因素			保护与利用措施
	生态价值	生态系统敏感性	生态状况	
Ⅰ类区	极高	极高	优/良	应完全限制发展,并不再发生人为压力,实施综合的自然保育措施
	高	极高	优/良	
Ⅱ类区	高	高/中	优/良	应限制发展,对不利状态的环境要素要减轻其人为压力,实施针对性的自然保护措施
Ⅲ类区	中	+	+	应稳定对环境要素造成的人为压力,实施对其适用的自然保护措施
Ⅳ类区	低	+	+	应规定人为压力的限度,根据需要而确定自然保护措施

注:+表示均适用

资料来源:《风景名胜区总体规划标准》(GB/T 50298—2018)

(5)专项规划 风景名胜区规划的专项规划包括保护培育规划、风景游赏规划、典型景观规划、游览设施规划、基础工程规划、居民社会调控规划、经济发展引导规划、土地利用协调规划、分期发展规划。

①保护培育规划:保护培育规划包括查清保育资源、明确保育的具体对象、划定保育范围、确定保育原则和措施等基本内容。

②风景游赏规划:风景游赏规划包括景观特征分析与景象展示构思、游赏项目组织、风景单元组织、游线组织与游程安排、游人容量调控、风景游赏系统结构分析等基本内容。

③典型景观规划:风景区应依据其主体特征景观或有特殊价值的景观进行典型景观规划,包括典型景观的特征与作用分析;规划原则与目标;规划内容、项目、设施与组织;典型景观与风景区整体的关系等内容。

④游览设施规划:旅行游览接待服务设施规划包括游人与游览设施现状分析、客源分析预测与游人发展规模的选择、游览设施配备与直接服务人口估算、旅游基地组织与相关基础工程、游览设施系统及其环境分析五部分。

⑤基础工程规划:风景区基础工程规划包括交通道路、邮电通信、给水排水和供电能源等内容,根据实际需要,还可进行防洪、防火、抗灾、环保、环卫等工程规划。

⑥居民社会调控规划:凡含有居民点的风景区,应编制居民点调控规划;凡含有一个乡或镇以上的风景区,必须编制居民社会系统规划。它包括现状、特征与趋势分析;人口发展规模与分布;经营管理与社会组织;居民点性质、职能、动因特征和分布;用地方向与规划布局;产业和劳力发展规划等内容。

⑦经济发展引导规划:经济发展引导规划应以国民经济和社会发展规划、风景与旅游发展战略为基本依据,形成独具风景区特征的经济运行条件。它包括经济现状调查与分析、经济发展的引导方向、经济结构及其调整、空间布局及其控制、促进经济合理发展的措施等内容。

⑧土地利用协调规划:土地利用协调规划包括土地资源分析评估、土地利用现状分析及其平衡表、土地利用规划及其平衡表等内容。

⑨分期发展规划:风景区总体规划分期如下。第一期或近期规划(5年以内);第二期或远期规划(5~20年);第三期或远景规划(大于20年)。在安排每一期的发展目标与重点项目时,应兼顾风景游赏、游览设施、居民社会的协调发展,体现风景区自身发展规律与特点。

5)风景名胜区规划成果

风景区规划的成果应包括风景区规划文本、规划图纸、规划说明书、基础资料汇编4个部分。规划文本应以法规条文方式,直接叙述规划主要内容的规定性要求。规划图纸应清晰准确,图文相符,图例一致,并应在图纸的明显处标明图名、图例、风玫瑰、规划期限、规划日期、规划单位及其资质图签编号等内容。规划设计的主要图纸应符合表11.4的规定。规划说明书应分析现状,论证规划意图和目标,解释和说明规划内容。

表11.4　风景区总体规划图纸规定

图纸资料名称	比例尺				制图选择			图纸特征
	风景区面积/km²				综合型	复合型	单一型	
	20以下	20~100	100~500	500以上				
1. 区位关系图	—	—	—	—	▲	▲	▲	示意图
2. 现状图(包括综合现状图)	1:5 000	1:10 000	1:25 000	1:50 000	▲	▲	▲	标准地形图上制图
3. 景源评价与现状分析图	1:5 000	1:10 000	1:25 000	1:50 000	▲	△	△	标准地形图上制图

续表

图纸资料名称	比例尺				制图选择			图纸特征
	风景区面积/km²				综合型	复合型	单一型	
	20 以下	20 ~ 100	100 ~ 500	500 以上				
4. 规划总图	1 : 5 000	1 : 10 000	1 : 25 000	1 : 50 000	▲	▲	▲	标准地形图上制图
5. 风景区和核心景区界线坐标图	1 : 25 000	1 : 50 000	1 : 100 000	1 : 200 000	▲	▲	▲	可以简化制图
6. 分级保护规划图	1 : 10 000	1 : 25 000	1 : 50 000	1 : 100 000	▲	▲	▲	可以简化制图
7. 游赏规划图	1 : 5 000	1 : 10 000	1 : 25 000	1 : 50 000	▲	▲	▲	标准地形图上制图
8. 道路交通规划图	1 : 10 000	1 : 25 000	1 : 50 000	1 : 100 000	▲	▲	▲	可以简化制图
9. 旅游服务设施规划图	1 : 5 000	1 : 10 000	1 : 25 000	1 : 50 000	▲	▲	▲	标准地形图上制图
10. 居民点协调发展规划图	1 : 5 000	1 : 10 000	1 : 25 000	1 : 50 000	▲	▲	▲	标准地形图上制图
11. 城市发展协调规划图	1 : 10 000	1 : 25 000	1 : 50 000	1 : 100 000	△	△	△	可以简化制图
12. 土地利用规划图	1 : 10 000	1 : 25 000	1 : 50 000	1 : 100 000	▲	▲	▲	标准地形图上制图
13. 基础工程规划图	1 : 1 000	1 : 25 000	1 : 50 000	1 : 100 000	▲	▲	△	可以简化制图
14. 近期发展规划图	1 : 10 000	1 : 25 000	1 : 50 000	1 : 100 000	▲	△	△	标准地形图上制图

注:1. ▲表示应单独出图,△表示可作图纸,一表示不适用。2. 图 13 可与图 4 或图 9 合并,图 14 可与图 4 合并。

资料来源:《风景名胜区总体规划标准》(GB/T 50298—2018)

11.2 森林公园规划

11.2.1 森林公园概述

1) 森林公园概念

关于"森林公园"的概念,学术界有不同提法,但其表达的实质是清楚的:即以森林景观为背景,融合了自然与人文景观的旅游及教科文活动区域。

1995 年原林业部颁发的《森林公园总体设计规范》(LY/T 5132—95),对森林公园的定义是"以良好的森林景观和生态环境为主体,融合自然景观与人文景观,利用森林的多种功能,以开展森林旅游为宗旨,为人们提供具有一定规模的游览、度假、休憩、保健疗养、科学教育、文化娱乐的场所"。

1999 年国家技术监督局颁布的《中国森林公园风景资源质量等级评定》国家标准(GB/T 1805—1999),对"森林公园"(Forest Park)定义是指具有一定规模和质量的森林风景资源和环境条件,可以开展森林旅游,并按法定程序申报批准的森林地域。

2）我国森林公园发展现状

伴随着城市化的迅猛发展和城市人口的高速增长，环境污染加剧，城市生态系统失调，居民生活环境不断恶化。越来越多的市民已不满足于城市狭小的生活空间和环境，渴望回归自然，到森林中领略秀丽风光、调节身心。世界上国家森林公园发展已有100多年历史，很多国家在长期的保护、管理和发展中取得了明显的成果。有关资料显示，至1997年，美国、英国、挪威用于游憩的森林面积已分别占本国森林总面积的27%、27%和25%；日本也把国土面积的15%划为森林公园。

20世纪80年代初，我国开始建立森林公园，虽然起步较晚，但发展迅猛。自第一个森林公园——湖南省张家界国家森林公园于1982年9月建立开始至2017年，我国共建立各级森林公园3 505处，面积超过2 028.19万 hm^2，其中经原林业部和国家林业局批准建立的国家级森林公园881处，逐步形成了以国家森林公园为骨干，国家级、省级和县（市）级森林公园相结合的森林游憩结构体系。

3）森林公园分类

我国幅员辽阔，广袤的国土上地理地貌、自然气候、动植物区系、历史文化等方面都有很大差异，因此，我国森林公园类型十分多样。

我国森林公园分类方式有多种，如按管理级别可分为国家级、省级、市县级森林公园。

若按规模大小可分为特大型（超过6万 hm^2，如浙江千岛湖森林公园面积9.48万 hm^2）、大型（2万~6万 hm^2，如陕西楼观台森林公园面积2.75万 hm^2）、中型（0.6万~2万 hm^2）、小型（200~6 000 hm^2）和微型森林公园（200 hm^2 以下）。

按旅游半径分为城市型、近郊型、郊野型、山野型森林公园；按主要旅游功能分为游览观光型、休闲度假型、游憩娱乐型、疗养保健型、探险狩猎型、科普教育型。

按景观类型可分为山岳型（如张家界国家森林公园）、湖泊型（如浙江千岛湖国家森林公园）、火山型（如黑龙江省火山口国家森林公园）、沙漠绿洲型（如新疆塔里木胡杨森林公园）、冰川型（如四川海螺沟国家森林公园）、海岛型（如山东长岛国家森林公园）、海滨型（如河北海滨国家森林公园）、溶洞型（如江西灵岩洞国家森林公园）、温泉型（如广西龙胜温泉国家森林公园）、草原型（如内蒙古克什克腾旗的桦木沟国家森林公园）及城郊园林型（如安徽琅琊山国家森林公园）等森林公园。

4）森林公园功能

（1）游憩　森林公园内植被覆盖率高，生态环境良好。其景观类型多样，有古树名木、奇花异草、珍禽异兽等绚丽多彩的动植物景观；有生物化石、巍峨名山、浩瀚沙漠、奇峰怪石、碧波湖海、溪泉瀑潭、溶洞温泉等雄壮秀美的地质地貌景观；有日出日落、霞光异彩、云雾冰雪等变幻莫测的天象景观；还有历史遗迹、民俗风情、古代建筑等内涵丰富的人文景观。因此，森林公园是人们拥抱自然、游憩放松的理想选择。

森林公园内除可进行一般游憩活动，如远足、爬山、划船、游泳、垂钓、漂流、野营、观赏、山地自行车游等外，它还具有较高的情趣和娱乐性，如滑雪、骑马、采集标本、摄影绘画、休息疗养、观赏野生动物、洞穴探险以及限制性狩猎等。但必须强调的是，在森林公园内，游憩活动类型及娱乐服务设施建设不得以破坏自然景观和生态环境为代价，应控制不同区域的游客类型、数量和行为，这样不仅能有效地减少游憩对资源造成的负面影响，同时也能最大限度地满足游客的游憩愿望。

（2）保护　森林是陆地生态系统中分布范围最广,生物总量最大的植被类型,其结构、分布和数量影响着公园景观的观赏价值,影响着以其为生境的野生动植物。森林公园保留着较完整的森林生态系统,有的森林公园还拥有特殊的地质、地貌遗迹。然而,森林公园却承受着空气和水污染、游客干扰、气候变化和外来物种的侵扰等各方面的压力。通过森林公园的建立与管理,能有效地限制当地居民和旅游者对自然资源和森林生态环境的过度利用和破坏,保护野生动植物,保护生物多样性,保护自然和人文景观。从某种程度上讲,森林公园是自然保护区的一种补充形式,在生物多样性保护方面发挥着重要作用。

森林公园建设已作为我国自然资源保护、生物多样性保护、生态环境建设与保护的重要手段,被列入《中国环境保护》白皮书。

（3）科研与教育　森林公园内栖息着各种动植物、微生物等,其中仍有不少方面至今不为人知,其资源长期受到保护,其中许多地区受人类活动影响小,甚至相对未受到人类活动的改变。因此,森林公园具有巨大的科研价值,为科研工作者提供了广阔的研究空间,在揭开自然与人类历史、进化适应性、生态系统的动态性和其他自然过程奥秘的科学研究中,具有越来越重要的地位。

通过与大自然直接接触,森林公园的使用者获得的第一手体验,比任何一种学习方式更生动、更持久。学生可通过在森林公园的观察实习,更容易透彻地理解食物链、生态系统的演替,以及其他一些自然现象和过程;游客可通过牌示、文字材料、传单以及导游对景点和当地文化的解释来获取知识;对于艺术家而言,森林公园也可成为写生和创作基地。因此,建立森林公园,可增强游客环保意识,逐步树立起人们热爱自然、关注生态环境的观念。

11.2.2　森林公园规划设计

1)森林公园规划相关术语

（1）森林旅游资源　指以森林景观为主体,其他自然景观为依托,人文景观为陪衬的一定森林旅游环境中,具有游览价值与旅游功能,并能吸引旅游者的自然与社会、有形与无形的一切因素。包含自然资源与人文资源。

（2）风景资源质量　风景资源所具有的科学、文化、生态和旅游等方面的价值。

（3）景素　指具有观赏、科学文化价值并能吸引游人的景物、自然与社会现象或意境,是构成景观的基本要素。

（4）环境容量　在保证旅游资源质量不下降和生态环境不退化的条件下,一定空间和时间范围内,可容纳游客的极限数量。

2)森林公园规划原则

森林公园规划设计应以良好的森林生态环境为主体,充分利用森林旅游资源,在已有的基础上进行科学保护、合理布局、适度开发建设,为人们提供旅游度假、休憩、疗养、科学教育、文化娱乐的场所,逐步提高经济效益、生态效益和社会效益。具体应遵守以下原则:

①以森林旅游资源为基础,以旅游客源市场为导向,其建设规模必须与游客规模相适应。应充分利用原有设施,进行适度建设,切实注重实效。

②以森林生态环境为主体,突出自然野趣和保健等多种功能,因地制宜,发挥自身优势,形成独特风格和地方特色。

③统一布局,统筹安排建设项目,做好宏观控制;建设项目的具体实施应突出重点、先易后

难,可视条件安排分步实施。

3)森林公园规划流程

森林公园规划设计流程与风景名胜区规划流程类似,主要由资源调查分析、编制可行性研究文件、总体规划、方案决策、管理实施规划编制 5 个阶段组成。

(1)资源调查分析阶段 包括基本情况调查、一般林业调查和景观资源调查。基本情况调查包括自然地理、社会经济、旅游气候资源、植被资源、野生动植物资源、环境质量、旅游基础设施、旅游市场、障碍因素调查;一般林业调查包括森林资源调查、林特及林副产品资源调查;景观资源调查包括自然景观资源、人文景观资源和可借景物调查。

(2)编制可行性研究文件 由可行性研究报告、图面材料和附件三部分组成。可行性研究报告包括项目背景、建设条件论证、方案规划设想、投资估算与资金筹措、项目评价,并附上相关图件和附件;图面材料包括森林公园现状图、功能分区及景区景点布局图、对外关系图;附件包括森林公园野生动、植物名录,森林公园自然、人文景观综述,森林公园自然、人文景观照片,有关声像资料,有关技术经济论证资料。

(3)总体规划阶段 以评议审批通过的可行性研究文件为依据,编制说明书和图纸因各森林公园的范围、等级、现状基础、服务对象、游人规模和开发程度的不同有所差异。

(4)方案决策阶段 政府部门组织有关专家对规划方案进行评审,做出技术鉴定报告,经修改后的总体规划文件再报有关部门审批、定案。

(5)管理实施规划编制阶段 此阶段是森林公园建设及管理的规划,主要包括管理体制的调整和设置及人才规划;制定森林公园管理条例及执行细节;旅游经营方式及导游组织方案的实施;各项建设的投资落实及设计方案制订;实施规划的具体步骤、计划及措施;经营管理体制及措施的建议规划。

4)森林公园总体规划

森林公园总体规划要有利于保护和改善生态环境,妥善处理开发利用与保护、游览、生产、服务、生活等诸多方面之间的关系。从全局出发,统一安排;充分合理利用地域空间,因地制宜地满足森林公园多种功能需要,合理组织各功能系统,使各功能区之间相互配合、协调发展,构成一个有机整体。并要有长远观点,为今后发展留有余地。

(1)功能分区 根据《森林公园总体设计规范》(LY/T 5132—95),及森林公园综合发展需要,结合地域特点,因地制宜设置不同功能区(表 11.5)。

表 11.5 森林公园功能分区表

分 区		主要功能
森林旅游区	游览区——景区	为游客游览观光区域。主要用于景区、景点建设;在不降低景观质量的条件下,为方便游客及充实活动内容,可根据需要适当设置一定规模的饮食、购物、照相等服务与游艺项目
	游乐区	对于距城市 50 km 之内的近郊森林公园,为填补景观不足、吸引游客,在条件允许的情况下,需建设大型游乐与体育活动项目时,应单独划分区域
	狩猎区	为狩猎场建设用地
	野营区	为发展野营、露宿、野炊等活动用地
	休、疗养区	主要用于游客较长时期的休憩疗养、增进身心健康之用地

续表

分　区		主要功能
森林旅游区	接待服务区	用于相对集中建设宾馆、饭店、购物、娱乐、医疗等接待服务项目及其配套设施
	生态保护区	以涵养水源、保持水土、维护公园生态环境为主要功能的区域
生产经营区		从事木材生产、林副产品等非森林旅游业的各种林业生产区域
管理、生活区	行政管理区	为行政管理建设用地。主要建设项目为办公楼、仓库、车库、停车场等
	居民生活区	为森林公园职工及公园境内居民集中建设住宅及其配套设施用地

资料来源:《森林公园总体设计规范》(LY/T 5132—95)

（2）环境容量与游客规模

①环境容量:合理的环境容量必须在保证旅游资源质量不下降和生态环境不退化的条件下,取得最佳经济效益,并应满足游客的舒适、安全、卫生、方便等旅游需求。环境容量一般采用面积法、卡口法、游路法三种测算方法,可因地制宜加以选用或综合运用。

a. 面积法:游人可进入游览的面积空间可采用此法。

$$C = (A/a) \times D$$

式中　C——日环境容量,人次;

　　　A——可游览面积,m^2;

　　　a——每位游人应占有的合理面积,m^2/人;

　　　D——周转率,D＝景点开放时间/游玩景点所需时间。

b. 卡口法:适用于溶洞类及通往景区、景点必经并对游客量具有限制因素的卡口要道。

$$C = D \times A$$

式中　C——日环境容量,人次;

　　　D——日游客批数,$D = t_1/t_3$;

　　　A——每批游客人数,人;

　　　t_1 为每天游览时间(min),$t_1 = H - t_2$,H 为每天开放时间(min),t_2 为游完全程所需时间(min);t_3 为两批游客相距时间(min)。

c. 线路法:适用于游人只能沿山路步行游览观赏风景的地段。

$$C = (M/m) \times D$$

式中　C——日环境容量,人次;

　　　M——游道全长,m;

　　　m——每位游客占用合理游道长度,m/人;

　　　D——周转率,D＝游道全天开放时间/游完全游道所需时间。

在环境容量基础上,结合旅游季节特点,按景点、景区、公园换算日、年游人容量。现行《森林公园总体设计规范》未对游人人均合理占地指标做出规定,可参考现行《风景名胜区总体规划规范》中的相关指标。

②游客规模:总体规划设计前,应对可行性研究提出的游客规模进行核实。根据森林公园所处地理位置、景观吸引能力、公园改善后的旅游条件及客源市场需求程度,按年度分别预测国际与国内游客规模。已开展旅游的森林公园游客规模,可在充分分析旅游现状及发展趋势的基础上,按游人增长速度变化规律进行推算;未开展旅游的新建公园可参照条件类似的森林公园

及风景区游客规模变化规律推算,也可依据与游客规模紧密相关诸因素发展变化趋势预测公园的游客规模。

(3)景点与游览线路设计

①景点规划设计:景点规划设计内容包括景点平面布置、景点主体与特色、景点内各种建筑设施及其占地面积、体量、风格、色彩、材料及建设标准。

组景必须与景点布局统一构图,以达到景点与总体环境相协调。景点设计要充分利用已有景点,新设景点必须以自然景观为主,突出自然野趣;以人文景观做必要的点缀。除特殊功能需要外,景区内部不宜设置大型人造景点。景点主题必须突出,个性必须鲜明;各景点主题之间应相互连贯,但不可雷同。景点布局应遵循以下原则:

a.突出森林公园主题,从公园整体到局部都应围绕公园主题安排。

b.总体布局应突出主要景区,以主要景区为中心;景区内应突出主要景点,以主要景点为中心;运用烘托与陪衬等手段,合理安排背景与配景。

c.静态空间布局与动态序列布局紧密结合,处理好动静之间的关系,使之协调,构成一个有机的艺术整体。

②游览线路规划设计:游览线路设计内容包括选择游览方式、组织游览线路、确定游览内容。

游览方式选择应合理利用地形、地势等自然地理条件,充分体现景点特点,紧密结合游览功能需要,因地因景制宜、统筹安排。游览方式有陆游、水游、空游、地下游览。

游览路线的设置要布局合理,充分利用各种游览方式,形成有机结合,提供丰富的游览内容,且具有鲜明的阶段性、空间序列变化的节奏感、便捷、安全,使游人能感受和利用森林公园的多种效益功能,并有利于森林公园景观资源和环境保护,有利于合理安排游人的行、食、住、购、娱等旅游服务设施。

5)森林公园规划成果

森林公园总体规划文件,由设计说明书、规划设计图纸和附件三部分组成。森林公园设计说明书,包括总体设计说明书和单项工程设计说明书。规划设计图纸应符合表11.6的要求。附件包括森林公园的可行性研究报告及其批准文件、有关会议纪要和协议文件、森林旅游资源调查报告。

表11.6　森林公园总体规划设计图纸要求

图纸名称	比例尺	主要内容
森林公园现状图	1:10 000~1:50 000	森林公园境界、地理要素(山脉、水系、居民点、道路交通等)、森林植被类型及景观资源分布、已有景点景物、主要建(构)筑设施及基础设施等
森林公园总体布局图	1:10 000~1:50 000	森林公园境界及四邻、内部功能分区、景区、景点,主要地理要素、道路、建(构)筑物、居民点等
景区景点设计图	1:1 000~1:10 000	游览区界、景区划分、景点景物平面布置、游览线路组织等
单项工程设计图	1:500~1:10 000	植物景观设计图、保护工程设计图、道路交通设计图、给水工程设计图、排水工程设计图、供电工程设计图、供热工程设计图、通信工程设计图、广播电视工程设计图、燃气工程设计图、旅游服务设施工程设计图等

资料来源:《森林公园总体设计规范》(LY/T 5132—95)

11.3 湿地公园规划

11.3.1 湿地公园概述

1)湿地公园概念

（1）湿地 湿地被喻为"地球之肾"，和森林、海洋并称为全球三大生态系统，对整个地球和人类意义重大。由于湿地和水域、陆地之间没有明显边界，加上不同学科对湿地的研究重点不同，造成湿地的定义一直存在分歧。

1971年2月2日签订的《湿地公约》采用广义的湿地定义，即湿地是指天然或人工、长久或暂时性的沼泽地、泥炭地或水域地带、静止或流动、淡水、半咸水、咸水体，包括低潮时水深不超过6 m的水域。

（2）湿地公园 湿地公园（Wetland Park）的概念类似于小型保护区，但又不同于自然保护区和一般意义上公园的概念，是指以保护湿地生态系统完整性，维护湿地生态系统服务功能，充分发挥湿地效益，合理利用湿地资源为目的，可供开展湿地保护、恢复、科研监测、宣传教育、休闲旅游等活动的特定区域。

（3）城市湿地公园 根据住建部2017年发布的《城市湿地公园规划设计导则》，城市湿地公园是在城市规划区范围内，以保护城市湿地资源为目的，兼具科普教育、科学研究、休闲游览等功能的公园绿地。

城市湿地公园与其他水景公园的区别在于强调了湿地生态系统的生态特性和基本功能的保护和展示，突出了湿地所特有的科普教育内容和自然文化属性；与湿地自然保护区的区别在于其强调利用湿地开展生态保护和科普活动的教育功能，以及充分利用湿地的景观价值和文化属性丰富居民休闲游乐活动的社会功能。

2)我国湿地公园发展现状

中国湿地面积占世界湿地的10%，位居亚洲第一位，世界第四位。从1992年加入《湿地公约》截至2022年，列入国际重要湿地名录的湿地已达64处，总面积732万 hm^2。

我国湿地公园建设起步较晚但发展迅速，自2004年建立我国第一个湿地公园——肇庆星湖湿地公园以来，截止到2020年3月底，全国共建立湿地公园1 600余处，其中国家湿地公园899处（含试点）。2022年5月，住建部颁布了《湿地公园设计标准》（CJJ/T 308—2021），促进了湿地公园规划建设规范化水平的提高。

3)湿地公园功能

我国的湿地公园是依据《国务院办公厅关于加强湿地保护管理的通知》（国办发〔2004〕50号）中有关"采取多种形式，加快推进自然湿地的抢救性保护……对不具备条件划建自然保护区的，也要因地制宜，采取建立湿地保护小区、各种类型湿地公园、湿地多用途管理区或划定野生动植物栖息地等多种形式加强保护管理"及其他湿地保护管理文件的精神指引下划建的公园类型，是国家湿地保护体系的重要组成部分，发挥着重要的生态、社会和经济效益，主要功能概括如下：

（1）生态功能为主，保护湿地生态系统 湿地生态系统结构的复杂性和稳定性较高，是生物演替的温床和遗传基因库，具有丰富的生物和遗传多样性。以广东肇庆星湖湿地公园为例，其鸟类多达188种，其中被称为"湿地之神"的丹顶鹤为南中国之最，还有火烈鸟、东方白鹳等各种鸟类。另外,湿地还有减缓径流、蓄洪防旱、固定二氧化碳、调节区域气候、降解污染、净化水质和防浪固岸等多种作用。湿地公园的建立首先要发挥对湿地的保护功能,进而更好地发挥湿地的生态效益。

(2)科普教育、文化科研、休闲娱乐功能 湿地公园物种丰富、景观独特,对现代人有着强烈的吸引力。在湿地公园天然质朴的环境中,游人与自然充分接触,欣赏植物之美,体会鱼鸟之乐,放松身心的同时还可获取知识。依托湿地开展科普文化活动,加强游人环境意识,能起到寓教于乐的作用,如杭州西溪湿地举办的小学生观鸟赛、溱湖国家湿地公园的湿地科普馆等。除此,由于湿地公园基本保持湿地生态系统的本来面目,也为相关科研活动提供了场所。

(3)合理利用湿地资源,发挥经济效益 湿地作为全球可持续发展战略的重要资源之一,对经济的可持续发展起一定的支持作用。例如,在北美地区依赖湿地生态系统的观鸟已成为一项产业,每年可直接产生经济效益约250亿美元,还可以提供6万个就业机会。湿地公园在保护的基础上合理利用资源可发挥较好的经济效益。

11.3.2 湿地公园规划设计

湿地公园的规划设计应根据各地区人口、资源、生态和环境的特点,以维护城市湿地系统生态平衡、保护城市湿地功能和湿地生物多样性,实现资源的可持续利用为基本出发点,坚持"全面保护、生态优先、合理利用、持续发展"的方针,充分发挥城市湿地在城市建设中的生态、经济和社会效益。

1)城市湿地公园规划设计原则

(1)生态优先 湿地公园规划设计应遵循尊重自然、顺应自然、生态优先的基本原则,围绕湿地资源全面保护与科学修复制定有针对性的公园设计方案,始终将湿地生态保护与修复作为公园的首要功能定位。

(2)因地制宜 在尊重场地及其所在地域的自然、文化、经济等现状条件,尊重所有相关上位规划的基础上开展公园设计,保障设计切实可行,彰显特色。

(3)协调发展 通过综合保护、系统设计等保障湿地与周边环境共生共荣;保持公园内不同区域及功能协调共存;实现科学保护、合理利用、良性发展。

2)湿地公园规划设计流程

(1)编制规划设计任务书

(2)界定规划边界与范围 湿地公园规划范围的确定应根据地形地貌、水系、林地等因素综合确定,应尽可能以水域为核心,将区域内影响湿地生态系统连续性和完整性的各种用地都纳入规划范围,特别是湿地周边的林地、草地、溪流、水体等。

湿地公园边界线的确定应以保持湿地生态系统的完整性,以及与周边环境的连通性为原则,应尽量减轻城市建筑、道路等人为因素对湿地的不良影响,提倡在湿地周边增加植被缓冲地带,为更多的生物提供生息的空间。为充分发挥湿地的综合效益,城市湿地公园应具有一定的规模,一般不应小于 20 hm^2。

(3)基础资料调研与分析 基础资料调研在一般性城市公园规划设计调研内容的基础上,综合运用多学科研究方法,对场地的现状及历史进行全面调查。重点调查与基址相关的生态系统动态监测数据、水资源、土壤环境、生物栖息地等。根据各地情况和不同湿地类型与功能,建立合理的评价体系,对现有资源类别、优势、保护价值、存在的矛盾与制约等进行综合分析评价,提出相应的设计对策与设计重点,形成调研报告及图纸。有条件的可建立湿地公园基础数据库。

（4）规划论证　在湿地公园总体规划编制过程中,应组织风景园林、生态、湿地、生物等方面的专家针对规划设计成果的科学性与可行性进行评审论证工作。

（5）设计程序　湿地公园设计工作,应在湿地公园总体规划的指导下进行,可以分为以下几个阶段:方案设计、初步设计、施工图设计。

3）城市湿地公园规划设计内容

（1）湿地公园总体规划　根据湿地区域的自然资源、经济社会条件和湿地公园用地的现状,确定总体规划的指导思想和基本原则,划定公园范围和功能分区,确定保护对象与保护措施,测定环境容量和游人容量,规划游览方式、游览路线和科普、游览活动内容,确定管理、服务和科学工作设施规模等内容。提出湿地保护与功能的恢复和增强、科研工作与科普教育、湿地管理与机构建设等方面的措施和建议。

对于有可能对湿地以及周边生态环境造成严重干扰甚至破坏的城市建设项目,应提交湿地环境影响专题分析报告。

（2）规划功能分区　湿地公园应依据基址属性、特征和管理需要科学合理分区,至少包括生态保育区、生态缓冲区及综合服务与管理区。各地也可根据实际情况划分二级功能区。分区应考虑生物栖息地和湿地相关的人文单元的完整性。生态缓冲区及综合服务与管理区内的栖息地应根据需要划设合理的禁入区及外围缓冲范围。

①生态保育区:对场地内具有特殊保护价值,需要保护和恢复的,或生态系统较为完整、生物多样性丰富、生态环境敏感性高的湿地区域及其他自然群落栖息地,应设置生态保育区。区内不得进行任何与湿地生态系统保护和管理无关的活动,禁止游人及车辆进入。应根据生态保育区生态环境状况,科学确定区域大小、边界形态、联通廊道、周边隔离防护措施等。

②生态缓冲区:为保护生态保育区的自然生态过程,在其外围应设立一定的生态缓冲区。生态缓冲区内生态敏感性较低的区域,可合理开展以展示湿地生态功能、生物种类和自然景观为重点的科普教育活动。生态缓冲区的布局、大小与形态应根据生态保育区所保护的自然生物群落所需要的繁殖、觅食及其他活动的范围、植物群落的生态习性等综合确定。区内除园务管理车辆及紧急情况外禁止机动车通行。在不影响生态环境的情况下,可适当设立人行及自行车游线,必要的停留点及科普教育设施等。区内所有设施及建构筑物须与周边自然环境相协调。

③综合服务与管理区:在场地生态敏感性相对较低的区域,设立满足与湿地相关的休闲、娱乐、游赏等服务功能,以及园务管理、科研服务等区域。可综合考虑公园与城市周边交通衔接,设置相应的出入口与交通设施,营造适宜的游憩活动场地。除园务管理、紧急情况和环保型接驳车辆外,禁止其他机动车通行。可适当安排人行、自行车、环保型水上交通等不同游线,并设立相应的服务设施及停留点。可安排不影响生态环境的科教设施、小型服务建筑、游憩场地等,并合理布置雨洪管理设施及其他相关基础设施。

4）湿地公园规划设计成果

湿地公园规划设计成果应包含以下几项:湿地公园及其影响区域的基础资料汇编、湿地公园规划说明书、湿地公园规划图纸、相关影响分析与规划专题报告。

11.4　生产绿地规划

生产绿地是指为城市绿化提供苗木、花草、种子的苗圃、花圃、草圃等圃地。生产绿地为城

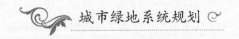

市的景观绿化与人居环境建设提供植物材料和其他园林产品,是城市绿化的生产基地和科研基地,同时也可供游人观赏游览,改善城市生态环境。

11.4.1　生产绿地的布局

生产绿地一般应设置在城市近郊或城市组团的分隔地带,并有良好土壤、水源、较少污染的地段。同时,生产绿地的布局应综合考虑城市绿地系统规划中近期建设与远期发展的结合。远期要建立的公园、植物园、动物园等绿地,均可作为近期的生产绿地。这类生产绿地的设置既可以充分利用土地、就地育苗,又可熟化土地、改善环境,为远期的建设创造有利条件。如上海植物园、杭州植物园原来均为苗圃,上海共青森林公园也是由苗圃改建而成。

11.4.2　生产绿地的用地选择

生产绿地的选择,直接影响苗木的产量、质量和育苗、经营、销售的成本以及城市生态景观,合理选择生产绿地的用地主要应从区位条件、自然环境条件两方面入手。

1) 生产绿地的区域位置选择

生产绿地的区位一般要求交通方便、道路良好,距城市中心一般不宜超过 20 km,既能保证生产电力的正常供应、劳动力和技术管理的投入,又能缩短与城镇运输距离,以便就近出圃,降低成本,提高苗木成活率,尤其对培育大苗移栽,交通方便与否极为重要。盆栽苗圃最好选在主要公路两侧或苗圃较为集中,以及能集中经营的城镇附近。园林苗圃应比较均匀地分布在市区周围,例如,北京的东北旺苗圃、西南郊苗圃和小汤山苗圃,就分别设在市区的东北、西南和西北部郊区。

2) 生产绿地的自然条件

(1)地形条件　生产绿地宜建在地形平坦、地势较高、便于排灌的地区,生产区的坡度一般不宜大于 0.2%。在地形平坦的圃地,影响苗木生长的温度、土壤、湿度等生态因子在较大范围内差异较小,对苗木影响程度相近,有利于调节控制,也便于生产中的机械化作业,节省人力,降低成本。

若在山地建设生产绿地,应选择坡度适中、灌溉方便、排涝良好的区域。如果要将坡度较大的黏土区域作为生产绿地,可采用梯田种植方式,可以防止水土流失,提高土壤肥力。在地形起伏较大的地区,坡向选择尤为重要。一般而言,北方地区宜选择东南坡向的区域,南方地区选择东南、东北坡向的山地。此外,由于不同苗木品种其生物生态学特性不同,在这类地区还应特别注意特殊小气候生境条件对苗木生长的影响。

(2)土壤环境　土壤是苗木生长的基础,土壤的质地、结构、肥力和持水力对苗木的生长影响极大。苗圃用地应选择理化性状良好的土壤:通气良好,具有较好保水、保肥能力,土层深度在 50 cm 以上,pH 值宜为中性(6.0 ~ 7.5),含盐量宜低于 0.2%,有机质含量不低于 2.5%,N、P、K 的含量与比例应适宜。具有团粒结构的壤土是最理想的土壤,其中地栽苗圃应选择具有团粒结构的中壤土——轻黏土土壤,有利于圃地保水保肥,并能使起苗带土球,保证苗木移栽成活率;盆栽苗圃则应选择具有一定团粒结构的沙壤土——中壤土土壤,有利于盆土的集中、上盆、浇水和追肥。

(3)水源环境　生产绿地应选择水源充足、水质良好、含盐量低、排灌方便,并无严重的大气和水源污染的用地,如天然水源(江、河、湖泊、水库等)的附近,以利于引水灌溉,若无天然水

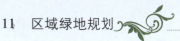

源或天然水源不足,也可选择地下水源充足,可打井或挖水池蓄水的地方作为生产绿地。同时,地下水位过高,会引起积水、积盐、潮湿,影响苗木的生长,生产绿地的地下水位宜在2 m左右,沙土1~1.5 m以下,沙壤土2.5 m以下,碱性土壤4 m以下。

（4）病虫害及杂草　育苗工作中常常因病虫危害而造成很大损失,因此生产绿地应选择病源、虫源较少的地方建设,避免建在病虫害多发地区。此外,有恶性杂草和杂草源的地方以及长期种植烟草、棉花、玉米、薯类等的地方,不宜作为生产绿地。

11.4.3　生产绿地的规划设计

1）前期工作

在进行生产绿地规划设计之前,应由规划设计、工程技术以及经营管理人员共同组成团队进行基地调研分析,收集与基地有关的技术资料和进行实地踏勘、测量,了解并掌握场地各种有关的外部条件和客观情况,以及可能影响工程的其他客观因素,并充分了解建设投资方的具体要求:概念意愿、投资额度、时间期限、设计要求等,有的放矢地开展下一阶段工作。场地调研的主要内容包括:

（1）场地概况　包括场地基本情况、用地范围、区位分析、对外交通及场地周边环境用地类型等。

（2）自然条件　主要包括地形、地貌、水文、土壤、植被等自然生态因子。

①地形:标有地形的现状底图是基地调查、分析不可缺少的最基本资料,通常称为基地底图,地形图比例尺一般为1:500~1:2 000,等高距为20~50 cm。与规划有关的各种地形、地貌、河流、建筑及其他构筑物、设施等都要绘入图中,在此基础上可以结合实地调查进一步掌握现有地形的起伏与分布、整个基地的坡级分布、坡向和自然排水类型。

②水文:水体现状调查和分析的内容有。现有水面的位置、范围、水质、平均水深;常水位、最低和最高水位、洪涝水面的范围和水位;水面岸带情况（包括岸带的形式、岸带边的植物、现有驳岸的稳定性）;地下水位情况（包括地下水水质、地下常水位等）;水体污染源的位置及污染物成分;现有水面与基地外水系的关系（包括流向与落差、水坝、水闸等各种水工设施）;汇水区与汇水线分析等。水体调研对生产绿地灌溉、排水系统的设计以及植物的生长和景观的营造、雨洪安全均有较大关系。

③土壤:根据生产绿地的地形、地势及指示植物分布,选择典型土壤剖面,调查土壤类型、厚度、结构、质地、酸碱度、有机质含量、土壤含水量、透水性、承载力、冻土层深度、冻土期长短、地下水位及土壤受侵蚀状况等各种因子,并调查生产绿地以往土壤改良的时间和方法,必要时采集样本进行室内分析,并在地形图上绘出土壤分布图,以便生产中应用。

④植被:包括现状植被的种类、数量、分布以及可利用程度等,尤其应注意的是现状植被可能对生产绿地生产产生的影响,如种间关系、遗传稳定性等。

（3）气象资料　气象资料主要包括长期的气象资料和基地范围内的小气候资料两部分。

①常年气象资料:包括基地日照分析、极端最高温度、最低温度、年积温、年平均温度、各月平均温度、土表最高温度、无霜期、冻土层厚度,年降水量、降水季节分布、主导风向、风力强度等。应对这些资料建立生产档案,长期保存,以便生产经营管理中随时查阅。

②小气候条件:由于小地形、水面和植被情况等下垫面构造特征的不同,从而形成了近地面大气层中局部地段特殊的小气候,它与基地所在地区的气候条件既有联系又有区别。通常在了

解基地气候条件之后,通过实地观察,合理地评价和分析基地地形、坡向、植被、地表状况、人工设施等对基地日照、温度、风和湿度条件的影响,可以获得较为直观的小气候资料。小气候条件对于生产绿地生产,尤其是对于那些对生长环境条件要求较为特殊的引种植物的培育,有着十分重要的意义。

(4)人工设施 人工设施的调查与分析包括以下几方面的内容:

①建筑和构筑物:了解基地现有的建筑物、构筑物等的位置、建筑平面、立面、标高以及使用情况。

②道路:了解现有道路的宽度和分级、道路面层材料、道路平曲线及主要点的标高、道路排水形式、道路边沟的尺寸和材料。

③管线:管线有地上和地下两部分,包括电线、电缆线、通信线、给水管、排水管、煤气管等各种管线。

2)分区规划设计

生产绿地一般分为生产用地分区和非生产(辅助)用地分区两大分区。

(1)生产用地分区 苗圃作业以作业区为基本单位,因而作业区也是最小的分区单位,生产用地的规划,首先要保证各个作业区的合理布局。每个作业区的面积和形状应根据各自的生产特点、机械化程度和地形来决定。大中型机械化程度高的苗圃或采用喷灌等先进灌溉方法的生产绿地,作业区长度可较长,一般为 200~300 m;以手工、畜力和小型机具为主要耕作方式或以沟渠为主要灌溉方式的小型生产绿地,作业区的划分较为灵活,作业区长度以 50~100 m 为宜。作业区的宽度主要依土壤质地、排水情况而定,排水良好的生产绿地可适当宽些,一般以 40~100 m 为宜。作业区的方向应根据地形、地势、坡向、主风方向、圃地形状确定,一般情况下,小区长边最好采用南北向以利于苗木生长,当生产绿地地形坡度较大时,作业区长边应与等高线平行。

生产用地分区一般可划分为播种区、营养繁殖区、移植区、大苗区、母树区、引种驯化区、温室及大棚区等,这些分区可以是一个或多个作业区。

①播种区:播种区是苗圃中培育播种苗的地区,是苗木繁殖任务的关键部分。由于幼苗对不良环境的抵抗力弱,要求精细管理,因而应选择全圃自然条件和经营条件最有利的地段作为播种区,人力、物力、生产设施均应优先满足。具体要求其地势较高而平坦,坡度小于 0.2%;接近水源,灌溉方便;土质优良,深厚肥沃,理化指标适宜;背风向阳,便于防霜冻;且靠近管理区。

②营养繁殖:营养繁殖区是苗圃中培育扦插苗、压条苗、分株苗和嫁接苗的区域,其对自然条件、经营条件的要求与播种区要求基本相同,也应设在土层深厚、地下水位较高、灌溉方便的地方,但没有播种区要求严格。由于有些营养繁殖需要经过培养室组织培养育苗阶段后,才能进入大田繁殖,因而还要建设专门的培养室及配套设施。

③移植区:移植区是培育各种移植苗的地区。由播种区、营养繁殖区中繁殖出来的苗木,需要进一步培养成规格较大的苗木时,则应移入移植区中进行培育。移植区一般设在生产绿地中自然条件中等,地块大而整齐的地方,同时也要依苗木的不同生长习性进行合理安排。由于培养大苗需要较大的生长空间和较长的时间,有的还需要多次移植,因此移植区一般占地面积要足够大。

④大苗区:大苗区是培育的苗木植株体型、苗龄均较大并经过整形的各类大苗的作业区。在大苗区培育的苗木,通常是在移植区内进行过一次或多次移植,培育的年限较长,可以直接用

于园林绿化建设。大苗区的植株行距大,一般选用土层较厚,地下水位较低,而且地块整齐的地段,同时为了出圃时运输方便,最好能设在靠近苗圃的主要干道或苗圃的外围运输方便处。

⑤母树区:在经营时间长、永久性的生产绿地中,为了获得优良的种子、插条、接穗等繁殖材料,可设立采种、采条的母树区。本区占地面积小,可利用零散地块、沟边、渠旁、路边或结合防护林带进行栽植,但要土壤深厚、肥沃,地下水位较低。

⑥引种驯化区:用于种植引入新的树种和品种、丰富城市园林绿化树种的区域,一般要选择小气候条件较好的生境地段,使苗木能逐渐适应新的生长环境。

⑦温室及大棚区:用于培育从热带、亚热带引种的花木,同时也可作为育苗和观赏场所,一般设在管理区附近或建在管理区内,便于配套基础设施的建设。

(2)辅助用地分区　苗圃的辅助(非生产)用地包括道路系统、灌溉系统、排水系统、防护林带、服务管理及附属设施区5个组成部分。

①道路系统:生产绿地的道路系统分为主干道(一级路)、支道或副道(二级路)、步道(三级路)及环路,要求遍及各个生产区、辅助区和生活区。

②灌溉系统:生产绿地灌溉系统包括水源、提水设备和引水设施三部分。水源主要有地面水(河流、湖泊、池塘、水库等)和地下水(泉水、井水)两类,也有采用城市市政供水的情况;提水设备多使用抽水机(水泵),可视育苗蓄水量的情况,选用不同规格的抽水机;引水设施有地面渠道引水和管道引水两种。灌溉目前主要有渠道灌溉、管道灌溉、喷灌和滴灌4种形式。

③排水系统:排水系统是保障苗圃生产安全不可缺少的重要设施,对地势低、地下水位高及降雨量多而集中的地区尤为重要。排水系统由大小不同的排水沟组成,排水沟分明沟和暗沟两种,目前采用明沟排水较多,离城市排水管网较近的苗圃可考虑建设地下管道,进入市政排水系统。排水网络与渠道灌溉网络正好相反,地表径流先经由小的沟渠,再汇入大的排水沟渠,最终排入河、湖等自然水域或市政排水系统。排水沟的设计应与道路系统相结合,在地形、坡向一致时,排水沟和灌溉渠往往各在道路一侧,形成沟、路、渠并列的布局。一般大排水沟口宽 1 m 以上,深 0.5～1.0 m;作业区内小排水沟口宽 0.3～1.0 m,深 0.3～0.6 m。

④防护林带:为了降低风速,避免苗木遭受风沙危害,减少土壤水分蒸发和苗木水分蒸腾,创造良好的小气候条件和适宜的生态环境,在风害威胁严重的地区,生产绿地中应设置防护林带。防护林带的设计规格依生产绿地的大小和风害程度而异。一般小型生产绿地与主导风向垂直的一侧设一条林带;中型生产绿地在四周设置林带;大型生产绿地除在周围设置环圈林带外,应在圈内结合道路设置与主导风方向垂直的若干辅助林带。防护林的规划设计要点详见本章第二部分防护绿地规划的相关内容。

⑤服务管理及附属设施区:专业性育苗应设有服务管理及附属设施区,包括宿舍、食堂、办公室、工具室、水源站、变电站、贮藏室、消毒室、包装场、排灌设施、蓄粪池等建筑和构筑物,以及运动场、晒场、积肥场等配套场地设施。该区域应设在交通方便、地势较高、基础设施较好的区域。

思考与练习

1. 风景名胜区规划应遵循哪些原则?
2. 湿地公园应包括哪些功能分区?
3. 生产绿地的生产用地包括哪些分区?

附 录

中华人民共和国行业标准
城市绿地分类标准(CJJ/T 85—2017)

1. 总则

1.0.1　为统一城市绿地(以下简称为"绿地")分类,依据《中华人民共和国城乡规划法》,科学地编制、审批、实施绿地系统规划,规范绿地的保护、建设和管理,便于改善城乡生态环境,促进城乡的可持续发展,制定本标准。

1.0.2　本标准适用于绿地的规划、设计、建设、管理和统计等工作。

1.0.3　绿地分类除执行本标准外,尚应符合国家现行有关标准的规定。

2. 绿地分类

2.0.1　绿地分类应与《城市用地分类与规划建设用地标准》(GB 50137—2011)相对应,包括城市建设用地内的绿地与广场用地和城市建设用地外的区域绿地两部分。

2.0.2　绿地应按主要功能进行分类。

2.0.3　绿地分类应采用大类、中类、小类三个层次。

2.0.4　绿地类别应采用英文字母组合表示,或采用英文字母和阿拉伯数字组合表示。绿地分类和代码应符合表2.0.4-1和表2.0.4-2的规定。

表2.0.4-1　城市建设用地内的绿地分类和代码

类别代码			类别名称	内　容	备　注
大类	中类	小类			
G1			公园绿地	向公众开放,以游憩为主要功能,兼具生态、景观、文教和应急避险等功能,有一定游憩和服务设施的绿地	
	G11		综合公园	内容丰富,适合开展各类户外活动,具有完善的游憩和配套管理服务设施的绿地	规模宜大于10 hm²
	G12		社区公园	用地独立,具有基本的游憩和服务设施,主要为一定社区范围内居民就近开展日常休闲活动服务的绿地	规模宜大于1 hm²
	G13		专类公园	具有特定内容或形式,有相应的游憩和服务设施的绿地	

类别代码			类别名称	内 容	备 注
大类	中类	小类			
G1	G13	G131	动物园	在人工饲养条件下,移地保护野生动物,进行动物饲养、繁殖等科学研究,并供科普、观赏、游憩等活动,具有良好设施和解说标识系统的绿地	
		G132	植物园	进行植物科学研究、引种驯化、植物保护,并供观赏、游憩及科普等活动,具有良好设施和解说标识系统的绿地	
		G133	历史名园	体现一定历史时期代表性的造园艺术,需要特别保护的园林	
		G134	遗址公园	以重要遗址及其背景环境为主形成的,在遗址保护和展示等方面具有示范意义,并具有文化、游憩等功能的绿地	
		G135	游乐公园	单独设置,具有大型游乐设施,生态环境较好的绿地	绿化占地比例应大于或等于65%
		G139	其他专类公园	除以上各种专类公园外,具有特定主题内容的绿地。主要包括儿童公园、体育健身公园、滨水公园、纪念性公园、雕塑公园以及位于城市建设用地内的风景名胜公园、城市湿地公园和森林公园等	绿化占地比例宜大于或等于65%
	G14		游园	除以上各种公园绿地外,用地独立,规模较小或形状多样,方便居民就近进入,具有一定游憩功能的绿地	带状游园的宽度宜大于12 m;绿化占地比例应大于或等于65%
G2			防护绿地	用地独立,具有卫生、隔离、安全、生态防护功能,游人不宜进入的绿地。主要包括卫生隔离防护绿地、道路及铁路防护绿地、高压走廊防护绿地、公用设施防护绿地等	
G3			广场用地	以游憩、纪念、集会和避险等功能为主的城市公共活动场地	绿化占地比例宜大于或等于35%;绿化占地比例大于或等于65%的广场用地计入公园绿地

续表

类别代码			类别名称	内　容	备　注
大类	中类	小类			
XG			附属绿地	附属于各类城市建设用地（除"绿地与广场用地"）的绿化用地。包括居住用地、公共管理与公共服务设施用地、商业服务业设施用地、工业用地、物流仓储用地、道路与交通设施用地、公用设施用地等用地中的绿地	不再重复参与城市建设用地平衡
	RG		居住用地附属绿地	居住用地内的配建绿地	
	AG		公共管理与公共服务设施用地附属绿地	公共管理与公共服务设施用地内的绿地	
	BG		商业服务业设施用地附属绿地	商业服务业设施用地内的绿地	
	MG		工业用地附属绿地	工业用地内的绿地	
	WG		物流仓储用地附属绿地	物流仓储用地内的绿地	
	SG		道路与交通设施用地附属绿地	道路与交通设施用地内的绿地	
	UG		公用设施用地附属绿地	公用设施用地内的绿地	

表2.0.4-2　城市建设用地外的绿地分类和代码

类别代码			类别名称	内　容	备　注
大类	中类	小类			
EG			区域绿地	位于城市建设用地之外,具有城乡生态环境及自然资源和文化资源保护、游憩健身、安全防护隔离、物种保护、园林苗木生产等功能的绿地	不参与建设用地汇总,不包括耕地

类别代码			类别名称	内　容	备　注
大类	中类	小类			
EG	EG1	EG11	风景游憩绿地	自然环境良好,向公众开放,以休闲游憩、旅游观光、娱乐健身、科学考察等为主要功能,具备游憩和服务设施的绿地	
			风景名胜区	经相关主管部门批准设立,具有观赏、文化或者科学价值,自然景观、人文景观比较集中,环境优美,可供人们游览或者进行科学、文化活动的区域	
		EG12	森林公园	具有一定规模,且自然风景优美的森林地域,可供人们进行游憩或科学、文化、教育活动的绿地	
		EG13	湿地公园	以良好的湿地生态环境和多样化的湿地景观资源为基础,具有生态保护、科普教育、湿地研究、生态休闲等多种功能,具备游憩和服务设施的绿地	
		EG14	郊野公园	位于城区边缘,有一定规模、以郊野自然景观为主,具有亲近自然、游憩休闲、科普教育等功能,具备必要服务设施的绿地	
		EG19	其他风景游憩绿地	除上述外的风景游憩绿地,主要包括野生动植物园、遗址公园、地质公园等	
	EG2		生态保育绿地	为保障城乡生态安全,改善景观质量而进行保护、恢复和资源培育的绿色空间。主要包括自然保护区、水源保护区、湿地保护区、公益林、水体防护林、生态修复地、生物物种栖息地等各类以生态保育功能为主的绿地	
	EG3		区域设施防护绿地	区域交通设施、区域公用设施等周边具有安全、防护、卫生、隔离作用的绿地。主要包括各级公路、铁路、输变电设施、环卫设施等周边的防护隔离绿化用地	区域设施指城市建设用地外的设施
	EG4		生产绿地	为城乡绿化美化生产、培育、引种试验各类苗木、花草、种子的苗圃、花圃、草圃等圃地	

3. 绿地的计算原则与方法

3.0.1　计算现状绿地和规划绿地的指标时,应分别采用相应的人口数据和用地数据;规划年限、城市建设用地面积、人口统计口径应与城市总体规划一致,统一进行汇总计算。

3.0.2 用地面积应按平面投影计算,每块用地只应计算一次。

3.0.3 用地计算的所用图纸比例、计算单位和统计数字精确度均应与城市规划相应阶段的要求一致。

3.0.4 绿地的主要统计指标为绿地率、人均绿地面积、人均公园绿地面积、城乡绿地率,应按下式计算:

$$\lambda_g = \left[(A_{g1} + A_{g2} + A'_{g3} + A_{xg})/A_c \right] \times 100\% \quad (3.0.4\text{-}1)$$

式中 λ_g——绿地率,%;

A_{g1}——公园绿地面积,m^2;

A_{g2}——防护绿地面积,m^2;

A'_{g3}——广场用地中的绿地面积,m^2;

A_{xg}——附属绿地面积,m^2;

A_c——城市的用地面积,m^2,与上述绿地统计范围一致。

$$A_{gm} = (A_{g1} + A_{g2} + A'_{g3} + A)/N_p \quad (3.0.4\text{-}2)$$

式中 A_{gm}——人均绿地面积,m^2/人;

A_{g1}——公园绿地面积,m^2;

A_{g2}——防护绿地面积,m^2;

A'_{g3}——广场用地中的绿地面积,m^2;

A_{xg}——附属绿地面积,m^2;

N_p——人口规模,人,按常住人口统计。

$$A_{g1m} = A_{g1}/N_p \quad (3.0.4\text{-}3)$$

式中 A_{g1m}——人均公园绿地面积,m^2/人;

A_{g1}——公园绿地面积,m^2;

N_p——人口规模,人,按常住人口进行统计。

$$\lambda_G = \left[(A_{g1} + A_{g2} + A'_{g3} + A_{xg} + A_{eg})/A_c \right] \times 100\% \quad (3.0.4\text{-}4)$$

式中 λ_G——城乡绿地率,%;

A_{g1}——公园绿地面积,m^2;

A_{g2}——防护绿地面积,m^2;

A'_{g3}——广场用地中的绿地面积,m^2;

A_{xg}——附属绿地面积,m^2;

A_{eg}——区域绿地面积,m^2;

A_c——城乡用地面积,m^2,与上述绿地统计范围一致。

3.0.5 绿地的数据统计应按表 3.0.5-1 的规定进行汇总。

表 3.0.5-1　绿地统计表

类别代码	类别名称	面积/hm²		占城市建设用地比例/%		人均面积/(m²·人)		占城乡用地比例/%	
		现状	规划	现状	规划	现状	规划	现状	规划
G1	公园绿地								
G2	防护绿地								
G3	广场用地								
	其中:广场用地中的绿地								
XG	附属绿地								
	小计								
EG	区域绿地								
	合计								

_____年现状城市建设用地_____hm²,现状人口_____万人;

_____年规划城市建设用地_____hm²,规划人口_____万人;

_____年城市总体规划用地_____hm²,现状总人口_____万人;规划总人口_____万人

注:广场用地中仅"广场用地中的绿地"参与小计及合计。

参考文献

[1] 仇保兴. 追求繁荣与舒适——转型期间城市规划、建设与管理的若干策略[M]. 2 版. 北京：中国建筑工业出版社，2002.

[2] 徐文辉. 城市园林绿地系统规划[M]. 2 版. 武汉：华中科技大学出版社，2014.

[3] 杨赉丽. 城市园林绿地规划[M]. 4 版. 北京：中国林业出版社，2016.

[4] 刘骏，蒲蔚然. 城市绿地系统规划与设计[M]. 2 版. 北京：中国建筑工业出版社，2017.

[5] 王浩，王亚军. 生态园林城市规划[M]. 北京：中国林业出版社，2008.

[6] 刘颂，刘滨谊，温全平. 城市绿地系统规划[M]. 北京：中国建筑工业出版社，2011.

[7] 孟刚，李岚，李瑞冬，等. 城市公园设计[M]. 2 版. 上海：同济大学出版社，2005.

[8] 孙施文. 现代城市规划理论[M]. 北京：中国建筑工业出版社，2007.

[9] 吴志强，李德华. 城市规划原理[M]. 4 版. 北京：中国建筑工业出版社，2010.

[10] 埃·霍华德. 明日的田园城市[M]. 金经元，译. 北京：商务印书馆，2000.

[11] 周一星. 城市地理学 [M]. 北京：商务印书馆，2013.

[12] 张京祥. 西方城市规划思想史纲[M]. 南京：东南大学出版社，2005.

[13] 谭纵波. 城市规划[M]. 2 版. 北京：清华大学出版社，2016.

[14] 杨小波，吴庆书. 城市生态学[M]. 3 版. 北京：科学出版社，2017.

[15] 王祥荣. 生态与环境——城市可持续发展与生态环境调控新论[M]. 南京：东南大学出版社，2000.

[16] 王祥荣，吴人坚，张浩，等. 中国城市生态环境问题报告[M]. 南京：江苏人民出版社，2006.

[17] 周淑贞，束炯. 城市气候学[M]. 北京：气象出版社，1994.

[18] L. 芒福德. 城市发展史——起源、演变和前景[M]. 宋峻岭，倪文彦，译. 北京：中国建筑工业出版社，2005.

[19] I. L. 麦克哈格. 设计结合自然[M]. 芮经纬，译. 天津：天津大学出版社，2008.

[20] S. 科斯托夫. 城市的组合：历史进程中的城市形态的元素[M]. 邓东，译. 北京：中国建筑工业出版社，2008.

[21] R. 卡逊. 寂静的春天[M]. 吕瑞兰，等，译. 上海：上海译文出版社，2008.

[22] 周维权. 中国古典园林史：珍藏版[M]. 3 版. 北京：清华大学出版社，2008.

[23] 俞孔坚，李迪华. 景观设计：专业学科与教育[M]. 北京：中国建筑工业出版社，2003.

[24] 许浩. 国外城市绿地系统规划[M]. 北京：中国建筑工业出版社，2003 .

[25] 李晖，李志英. 人居环境绿地系统体系规划[M]. 北京：中国建筑工业出版社，2009.

[26] 李敏. 城市绿地系统规划与人居环境规划[M]. 北京：中国建筑工业出版社，1999.

[27] 李敏. 城市绿地系统规划 [M]. 北京：中国建筑工业出版社，2008.

[28] 曾辉，陈利顶，丁圣彦. 景观生态学 [M]. 北京：高等教育出版社，2017.

[29] 姜允芳. 城市绿地系统规划理论与方法[M]. 北京：中国建筑工业出版社，2006.

［30］俞孔坚,李迪华,刘海龙,等."反规划"途径［M］.北京:中国建筑工业出版社,2005.

［31］A.福赛思.生态小公园设计手册［M］.杨志德,译.北京:中国建筑工业出版社,2007.

［32］杨瑞卿.徐州市城市绿地景观格局与生态功能及其优化研究［D］.南京:南京林业大学,2006.

［33］李铮生.城市园林绿地规划与设计［M］.2版.北京:中国建筑工业出版社,2006.

［34］于艺婧,马锦义,袁韵珏.中国园林生态学发展综述［J］.生态学报,2013,33（9）:2665-2675.

［35］周志翔,邵天一,唐石鹏,等.城市绿地空间格局及其环境效应:以宜昌市中心城区为例［J］.生态学报,2004,24（2）:186-192.

［36］熊春妮,魏虹.重庆市都市区绿地景观的连通性［J］.生态学报,2008,28（5）:2237-2244.

［37］金远.对城市绿地指标的分析［J］.中国园林,2006,22（8）:56-60.

［38］李树华.防灾避险型城市绿地规划设计［M］.北京:中国建筑工业出版社,2010.

［39］田国行.绿地景观规划的理论与方法［M］.北京:科学出版社,2006.

［40］马建武.园林绿地规划［M］.北京:中国建筑工业出版社,2007.

［41］王祥荣.国外城市绿地景观评析［M］.南京:东南大学出版社,2003.

［42］王浩.园林规划设计［M］.南京:东南大学出版社,2009.

［43］诺曼·K.布思.风景园林设计要素［M］.北京:北京科学技术出版社,2018.

［44］张浪.特大型城市绿地系统布局结构及其构建研究［M］.北京:中国建筑工业出版社,2009.

［45］张庆费,乔平,杨文悦.伦敦绿地发展特征分析［J］.中国园林,2003,19（10）:55-58.

［46］张庆费,杨文悦,乔平.国际大都市城市绿化特征分析［J］.中国园林,2004,20（7）:76-78.

［47］封云,林磊.公园绿地规划设计［M］.2版.北京:中国林业出版社,2004.

［48］车生泉,宋永昌.上海城市公园绿地景观格局分析［J］.上海交通大学学报（农业科学版）,2002,20（4）:322-327.

［49］中华人民共和国住房和城乡建设部.公园设计规范（GB 51192—2016）［S］.北京:中国建筑工业出版社,2017.

［50］中华人民共和国住房与城乡建设部.城市绿地分类标准（CJJ/T 85—2017）［S］.北京:中国建筑工业出版社,2018.

［51］王晓俊.风景园林设计［M］.3版.南京:江苏科学技术出版社,2009.

［52］苏晓毅.居住区景观设计［M］.北京:中国建筑工业出版社,2010.

［53］建设部住宅产业化促进中心.国家康居住宅示范工程方案精选 第一集［M］.北京:中国建筑工业出版社,2003.

［54］建设部住宅产业化促进中心.国家康居住宅示范工程方案精选 第二集［M］.北京:中国建筑工业出版社,2005.

［55］聂兰生,邹颖,舒平.21世纪中国大城市居住形态解析［M］.天津:天津大学出版社,2004.

［56］中华人民共和国住房与城乡建设部.城市居住区规划设计规范（2016年版 GB 58180—93）［S］.北京:中国建筑工业出版社,2016.

［57］刘骏.居住小区景观设计［M］.重庆:重庆大学出版社,2014.

［58］中国城市规划设计研究院.城市道路绿化规划与设计规范（CJJ 75—97）［S］.北京:中国建筑工业出版社,1998.

［59］中华人民共和国住房和城乡建设部.城市道路工程设计规范（CJJ 37—2012）［S］.北京:中

国建筑工业出版社,2012.

[60] 梁红. 工业企业绿地系统的建设[D]. 哈尔滨:东北林业大学,2006.

[61] 冯娟. 城市工业企业景观设计的研究[D]. 合肥:安徽农业大学,2007.

[62] 李文,吴研. 风景区规划[M]. 北京:中国林业出版社,2018.

[63] 李世东,陈鑫峰. 中国森林公园与森林旅游发展轨迹研究[J]. 旅游学刊,2007,22(5):66-72.

[64] 仇保兴. 城市湿地公园的社会、经济和生态意义[J]. 中国园林,2006,22(5):5-8.

[65] 吕咏,陈克林. 国内外湿地保护与利用案例分析及其对镜湖国家湿地公园生态旅游的启示[J]. 湿地科学,2006,4(4):268-273.

[66] 刘国强. 我国湿地公园规划、建设与管理问题的思考[J]. 湿地科学与管理,2006,2(3):21-24.

[67] 中华人民共和国建设部. 风景名胜区规划规范(GB 50298—1999)[S]. 北京:中国建筑工业出版社,1999.

[68] 中华人民共和国国务院. 风景名胜区条例[M]. 北京:中国建筑工业出版社,2006.

[69] 中华人民共和国林业部. 森林公园总体设计规范(LY/T 5132—95)[S]. 1996.

[70] 中华人民共和国住房和城乡建设部. 国家森林公园设计规范(GB/T 51046—2014)[S]. 北京:中国计划出版社,2015.

[71] 国家质量技术监督局. 中国森林公园风景资源质量等级评定(GB/T1805—1999)[S]. 北京:中国标准出版社,1999.

[72] 中华人民共和国住房和城乡建设部. 城市湿地公园设计导则[S]. 2017.

[73] 中华人民共和国住房和城乡建设部. 海绵城市建设技术指南——低影响开发雨水系统构建(试行)[M]. 北京:中国建筑工业出版社,2014.

[74] 中华人民共和国住房和城乡建设部. 城市绿线划定技术规范(GB/T 51163—2016)[S]. 北京:中国建筑工业出版社,2016.

[75] 李雄,张云路. 新时代城市绿色发展的新命题——公园城市建设的战略与响应[J]. 中国园林,2018,34(5):38-43.

[76] 中华人民共和国住房和城乡建设部. 城市居住区规划设计标准(GB 50180—2018)[S]. 北京:中国建筑工业出版社,2018.

[77] 中华人民共和国住房和城乡建设部. 湿地公园设计标准(CJJ/T 308—2021)[S]. 北京:中国建筑工业出版社,2022.

[78] 中华人民共和国住房和城乡建设部. 城市绿地规划标准(GB/T 51346—2019)[S]. 北京:中国建筑工业出版社,2019.

[79] 中华人民共和国住房和城乡建设部. 风景名胜区总体规划标准(GB/T 50298—2018)[S]. 北京:中国建筑工业出版社,2019.